工作手册式工匠系列教材

钳工实训

主　编　熊建武　徐文庆　谢学民
副主编　熊文伟　陆　唐　李　博
　　　　王　波　肖洪峰　王　健
主　审　胡智清　陈黎明

西安电子科技大学出版社

内 容 简 介

本书以培养学生钳工工艺、钳工操作基本技能为目标，为体现课程专业能力渐进规律，并兼顾便于教学实施，将课程内容划分为基础篇、提高篇两大部分。对五年制高职学生，可以划分为中职、高职两个教学阶段实施教学。

基础篇(中职阶段)介绍钳工安全生产和文明生产制度，机械零件的划线、錾削加工、锯削加工、锉削加工、钻削加工、螺纹加工等专业基础知识和钳工基本操作技能，建议安排24～48课时。

提高篇(高职阶段)介绍零件的研磨、抛光和去毛刺等专业基础知识和钳工操作技能，同时还安排了较典型机械零件的手工制作实例，并提供机械零件手工制作题例供学生实际操作，建议安排48～60课时。

本书适合于模具设计与制造、材料成型与控制技术、机械设计与制造、数控技术应用、机电一体化等机械装备制造类专业中高职衔接班及五年一贯制大专班使用，也适合成人教育院校汽车运用与维护、汽车制造与装配技术、新能源汽车等相关专业学生使用，还可供从事机械装备制造类工作的工程技术人员参考。

图书在版编目(CIP)数据

钳工实训/熊建武，徐文庆，谢学民主编. —西安：西安电子科技大学出版社，2021.1
ISBN 978-7-5606-5963-3

Ⅰ. ①钳…　Ⅱ. ①熊…　②徐…　③谢…　Ⅲ. ①钳工—职业教育—教材
Ⅳ. ①TG9

中国版本图书馆CIP数据核字(2021)第014586号

策划编辑　刘小莉
责任编辑　权列秀　阎　彬
出版发行　西安电子科技大学出版社(西安市太白南路2号)
电　　话　(029)88242885　88201467　　邮　　编　710071
网　　址　www.xduph.com　　电子邮箱　xdupfxb001@163.com
经　　销　新华书店
印刷单位　陕西天意印务有限责任公司
版　　次　2021年2月第1版　2021年2月第1次印刷
开　　本　787毫米×1092毫米　1/16　印张　12
字　　数　277千字
印　　数　1～2000册
定　　价　31.00元
ISBN 978-7-5606-5963-3/TG

XDUP 6265001-1

如有印装问题可调换

工作手册式工匠系列教材
编委会名单

付　刚(湖南省工业技师学院)
高　伟(湖南财经工业职业技术学院)
龚煌辉(湖南铁道职业技术学院)
龚林荣(祁阳县职业中等专业学校)
贺柳操(湖南机电职业技术学院)
胡少华(湖南兵器工业高级技工学校)
贾庆雷(中国中车株洲时代新材料科技股份有限公司新材料树脂事业部)
贾越华(湘西民族职业技术学院)
姜　星(衡东县职业中等专业学校)
赖　彬(平江县职业技术学校)
李　博(永州市工商职业中等专业学校)
李　刚(双牌县职业技术学校)
李　刚(山西综合职业技术学院)
李　立(长沙县职业中等专业学校)
李凌华(郴州职业技术学院)
李强(涟源工业贸易中等专业学校)
李强文(汨罗市职业中等专业学校)
李文元(湖南工业大学)
李向阳(郴州工业交通学校)
林瑞蕊(杭州萧山技师学院)
刘　波(湖南国防工业职业技术学院)
刘放浪(安化县职业中等专业学校)
刘海波(湘电集团湘电动力有限公司)
刘绘明(安化县职业中等专业学校)
刘隆节(湖南财经工业职业技术学院)
刘少华(湖南财经工业职业技术学院)
刘友成(邵阳职业技术学院)
刘正阳(湖南科技职业学院)
龙海玲(衡阳技师学院)
卢碧波(宁乡市职业中专学校)
陆　唐(湖南轻工高级技工学校)
陆元三(湖南财经工业职业技术学院)
罗　辉(永州职业技术学院)
欧　伟(长沙汽车工业学校)
欧阳盼(湘北职业中等专业学校)
彭向阳(平江县职业技术学校)
宋新华(张家界航空工业职业技术学院)
苏瞧忠(平江县职业技术学校)
孙　哲(湘潭电机集团股份有限公司)

孙忠刚（湖南工业职业技术学院）
谭补辉（益阳职业技术学院）
谭海林（湖南化工职业技术学院）
汤酞则（湖南师范大学）
唐　波（益阳职业技术学院）
涂承钢（常德财经中等专业学校）
汪哲能（湖南财经工业职业技术学院）
王安乐（益阳高级技工学校）
王　波（长沙汽车工业学校）
王端阳（祁东县职业中等专业学校）
王　健（衡南县职业中等专业学校）
王　静（永州市工商职业中等专业学校）
王小平（宁远县职业中等专业学校）
王正青（潇湘职业学院）
文　婕（醴陵市陶瓷烟花职业技术学校）
吴　伟（郴州综合职业中等专业学校）
吴亚辉（桂阳县职业技术教育学校）
夏　嵩（长沙市望城区职业中等专业学校）
肖洪峰（益阳高级技工学校）
肖洋波（宁乡市职业中专学校）
谢冬和（湖南汽车工程职业学院）
谢国峰（武汉职业技术学院）
谢学民（娄底技师学院）
熊福意（湖南省工业技师学院）
熊文伟（湖南机电职业技术学院）
徐灿明（东莞市电子科技学校）
徐　炯（娄底技师学院）
徐文庆（湖南工业职业技术学院）
杨志贤（湘阴县第一职业中等专业学校）
叶久新（湖南大学）
易　慧（醴陵市陶瓷烟花职业技术学校）
尹美红（邵阳市高级技工学校）
于海玲（咸阳职业技术学院）
余光群（湖南信息职业技术学院）
余　意（湖南工业职业技术学院）
张笃华（衡南县职业中等专业学校）
张红菊（衡南县职业中等专业学校）
张　军（长沙县职业中等专业学校）
张　舜（株洲市职工大学（工业学校））

张腾达（株洲市职工大学（工业学校））
张　幸（常德财经中等专业学校）
赵建勇（潇湘职业学院）
赵卫东（宁乡市职业中专学校）
钟志科（湖南省模具设计与制造学会）
周柏玉（郴州职业技术学院）
周　全（湖南工业职业技术学院）
周　钊（长沙汽车工业学校）
朱旭辉（湖南汽车工程职业学院）
邹立民（益阳高级技工学校）

前　　言

本书在借鉴德国双元制教学模式、总结近几年各院校模具设计与制造专业教学改革经验的基础上，由湖南工业职业技术学院、湖南财经工业职业技术学院、娄底技师学院等职业院校的专业教师联合编写，是湖南省“十三五”教育科学研究基地“湖南职业教育‘芙蓉工匠’培养研究基地”的研究成果，是湖南省教育科学规划课题“现代学徒制：中高衔接行动策略研究”“基于现代学徒制的‘芙蓉工匠’培养研究：以电工电器行业为例”“基于‘工匠精神’的高职汽车类创新创业人才培养模式的研究”“基于‘双创’需求的高职院校新能源汽车技术专业建设的研究”“基于工匠培养的‘学训研创’一体化培养体系探索与实践”的研究成果，是湖南省职业院校教育教学改革研究项目“融合‘现代学徒制’模式的高职院校‘双创’教育路径研究”“‘工匠’精神融入高职学生职业素养培育路径创新研究”的研究成果，是湖南省教育科学工作者协会课题“校企深度融合背景下 PDCA 模式在学生创新设计与制造能力培养中的应用研究”的研究成果。

本书以培养学生钳工工艺、钳工操作基本技能为目标，按照基于工作过程导向的原则，在行业企业、同类院校进行调研的基础上，重构课程体系，拟定典型工作任务，重新制定课程标准，按照由简到难的顺序，让学生在学习钳工工艺基础知识的同时进行实际动手制作，以使其具备简单机械零件钳工工艺编制、钳工制作技能，充分调动学生的学习积极性，使学生学有所成。

本书以通俗易懂的文字和丰富的图表，系统地介绍了机械制造企业的安全生产和文明生产制度，机械零件的划线、錾削、锯削、锉削、钻削、螺纹加工，以及研磨、抛光和去毛刺等内容，同时还安排了较典型机械零件的手工制作实例，并提供了机械零件手工制作题例供学生实际操作。根据能力递进、能力培养规律，为方便中高职衔接专业教学的实施，本书按照学习、实训难度将教学内容划分为基础篇(中职阶段)和提高篇(高职阶段)，分别建议安排 24～48 课时和 48～60 课时。

本书由熊建武、徐文庆、谢学民担任主编，由熊文伟、陆唐、李博、王波、肖洪峰、王健担任副主编。参与本书编写的还有张腾达、余意、李刚、徐炯、张军、周钊、肖洋波、王小平、文婕、付刚、林瑞蕊。熊建武负责全书的统稿和修改。胡智清(湖南财经工业职业技术学院，教授)、陈黎明(湖南财经工业技术学院，教授)担任主审。

在本书编写过程中，钟志科(湖南省模具设计与制造学会副理事长，教授)、杜俊鸿(湖南晓光汽车模具有限公司副总经理、工匠学院院长，高级工程师)、贾庆雷(湖南省模具设计与制造学会副理事长、中国中车株洲时代新材料科技股份有限公司副总经理，高级工程师)、陈国平(湖南维德科技发展有限公司总经理，高级工程师)对本书提出了许多宝贵意见和建议，湖南工业职业技术学院、湖南财经工业职业技术学院、娄底技师学院、衡南县职业中等专业学校、宁远县职业中等专业学校等院校领导给予了大力支持，在此一并表示感谢。

为了便于查阅有关资料、标准及拓展学习，本书特为相关内容设置了二维码，读者可扫描获取。同时，作者在撰写过程中搜集了大量有利于教学的资料和素材，限于篇幅未在书中全部呈现，感兴趣的读者可向作者索取。作者 E-mail：xiongjianwu2006@126.com。

本书适合于机械设计与制造、机械制造工艺及自动化、机械制造技术、模具设计与制造、材料成型与控制技术、数控技术应用、机电一体化等机械装备制造类专业高职（含中高职衔接及五年一贯制大专）学生使用，也可供中等职业学校机械装备制造类专业学生使用，还可供职业院校教师参考。

由于编者水平有限，书中不妥之处在所难免，恳请广大读者批评指正。

编　者

2020 年 9 月

目　　录

基础篇(中职阶段)

提高篇(高职阶段)

基 础 篇

（中职阶段）

项目 1 课 程 准 备

◎ 学习目标

- 了解钳工的主要工作任务。
- 了解钳工在机械设计制造中的地位和作用。
- 了解钳工的工作场地。
- 了解机械制造企业的安全生产和文明生产制度。
- 了解机械制造企业相关的安全生产标准。
- 能自觉遵守学校实习管理制度、企业安全生产和文明生产制度。

任务 1.1 钳工的工作任务

钳工分为机修钳工、装配钳工和工具钳工。根据《钳工国家职业标准》，钳工共设五个等级，即初级（国家职业资格五级）、中级（国家职业资格四级）、高级（国家职业资格三级）、技师（国家职业资格二级）和高级技师（国家职业资格一级）。

工具钳工的主要工作是工具、夹具、模具的制造、修理及维护。机修钳工的主要工作是使用工具、量具、刃具及辅助设备，对各类设备进行安装、调试和维修。装配钳工的主要工作是使用工具、量具、刃具及辅助设备，操作机械设备、仪器仪表，对各类机械设备零件、部件或成品进行组合装配与调试。

钳工是大多在钳工台上以手工工具为主对工件进行加工的工种，机械零件的手工制作是钳工的基本工作。手工制作的特点是技艺性强，加工质量的好坏主要取决于手工制作者技能水平的高低。凡是不适宜或难以采用机械设备进行加工的场合，通常可由钳工来完成，尤其是工装、夹具、检具、模具以及机械产品的装配、调试、安装、维修等更需要钳工操作。

钳工首先应具备各项基本操作技能，如划线、錾削、锉削、锯削、钻孔、扩孔、锪孔、铰孔、攻螺纹、套螺纹、矫正、弯曲、铆接、刮削、研磨、抛光、测量以及简单的热处理，还应掌握机械零件的手工制作方法，以及工装、夹具、检具、模具的修理和调试的技能。工具钳工还应掌握所加工模具的结构与构造、模具零部件加工工艺和工艺过程、模具材料及其性能、模具的标准化等相关知识。

钳工属于高技能工种，除应具备高中阶段的基础知识以外，还应具备机械制图、识图的相关知识，以及机械设计与制造方面的专业知识。钳工对技能要求较高，强调动手能力，除了具备有关模具、夹具、工具、量具等知识与技能以外，还要求具有操作各种机床的能力，比如车床、钻床、铣床、磨床等。

任务1.2　钳工的工作场地

钳工工作场地一般分为钳工工位区、台钻区、划线区和刀具刃磨区等区域。各区域用白线分隔开来，区域之间留有安全通道。钳工工作场地的平面布置如图1-1所示。

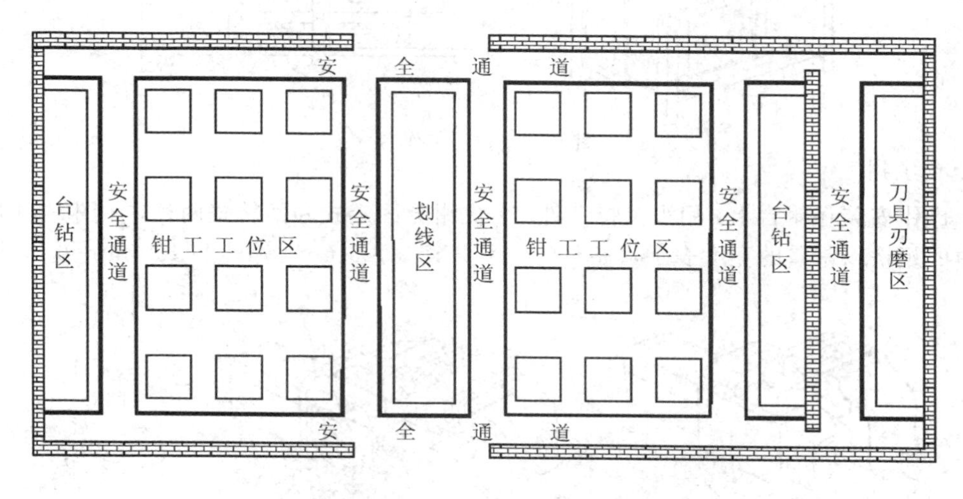

图1-1　钳工工作场地的平面布置图

钳工在制作机械零件以及安装和调试工装、夹具、检具、模具等各项操作中，都需要一定的场地和机床设备以及手动工具等。钳工的工作场地是一人或多人工作的固定地点，在工作场地常用的设备有钳工工作台、划线平板、台虎钳、砂轮机、钻床等。

钳工工具一般都放置在台虎钳的右侧，量具则放置在台虎钳的正前方，如图1-2所示。工、量具不得混放。摆放时，工具均平行摆放，并留有一定的间隙，工具的柄部均不得超出钳工台面，以免被碰落而砸伤人员或损坏工具。工作时，量具应平放在量具盒上，量具数量较多时，可放在台虎钳的左侧。

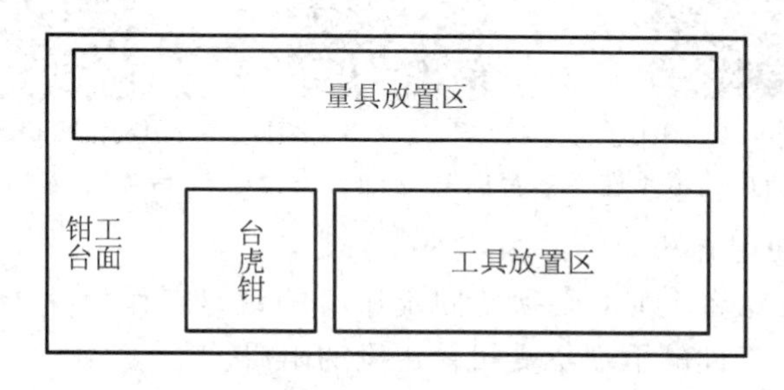

图1-2　工量具摆放位置示意图

1. 钳工工作台

钳工工作台简称钳台，如图1-3所示，上面装有台虎钳，抽屉用来存放钳工常用的工具、夹具、量具等。钳台是钳工工作的主要设备，采用木料或钢材制成，高度约为800～900 mm，长度和宽度根据场地和工作情况而定。

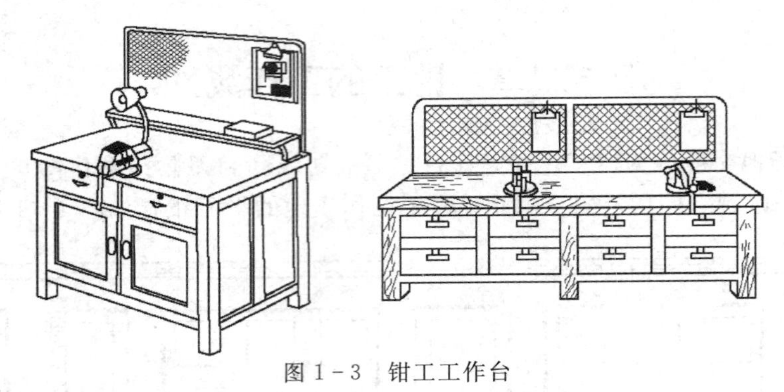

图 1-3　钳工工作台

2. 台虎钳

台虎钳安装在钳台上，用来夹持工件。台虎钳分固定式和回转式两种，如图 1-4 所示。台虎钳的规格以钳口的宽度表示，有 100 mm(4 in)、125 mm(5 in)和 150 mm(6 in)等。

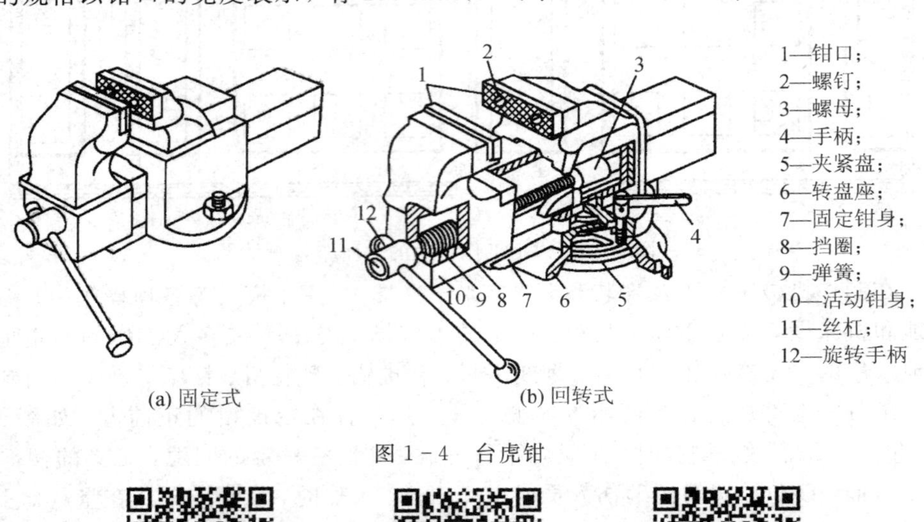

(a) 固定式　　(b) 回转式

图 1-4　台虎钳

QB/T 1558.1—2017
台虎钳 通用技术条件

QB/T 1558.2—2017
台虎钳 普通台虎钳

QB/T 1558.3—2017
台虎钳 多用台虎钳

台虎钳的安装和使用方法如下：

(1) 台虎钳安装在钳台上时，必须使固定钳身的钳口工作面处于钳台边缘之外，以保证夹持长条形工件时，工件的下端不受钳台边缘的阻碍。

(2) 台虎钳必须牢固地固定在钳台上，两个夹紧螺钉必须扳紧，以保证操作时钳身没有松动现象，否则容易损坏台虎钳，影响工作质量。

(3) 夹紧工件时只允许依靠手的力量来扳动手柄，不能用手锤敲击手柄或随意套上长管子来扳手柄，以免丝杠、螺母或钳身损坏。

(4) 在进行强力作业时，应尽量使力量朝向固定钳身，否则将增大丝杠和螺母的受力，易造成螺纹的损坏。

(5) 不要在活动钳身的光滑平面上进行敲击，以免降低活动钳身与固定钳身的配合性能。

(6) 丝杠、螺母和其他活动表面上要经常涂油并保持清洁，以利于润滑和防止生锈。

3. 砂轮机

砂轮机主要用来刃磨錾子、钻头、刮刀等刀具或样冲、划针等其他工具，也可以用于磨去工件或材料上的毛刺、锐边。砂轮机主要由砂轮、电动机和机体组成，如图 1-5 所示。

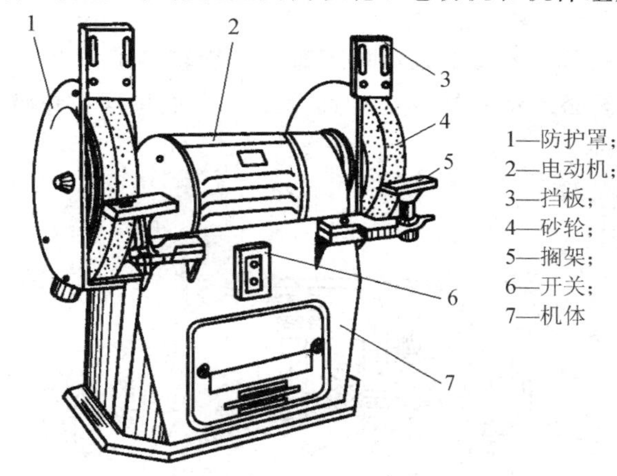

图 1-5　砂轮机

JB/T 4143—2014
台式砂轮机

JB/T 8799—1998
砂轮机 安全防护技术条件

JB/T 6092—2007
轻型台式砂轮机

GB 13960.5—2008
可移式电动工具的安全
第二部分：台式砂轮机的专用要求

砂轮的质地较脆，而且转速较高，使用砂轮机时应遵守安全操作规程，避免发生砂轮碎裂和人身事故。使用砂轮机一般应注意以下几点：

(1) 砂轮的旋转方向应正确，使磨屑向下方飞离砂轮。

(2) 启动后，待砂轮转速达到正常后再开始磨削。

(3) 磨削时要防止刀具或工件对砂轮发生剧烈的撞击或施加过大的压力。砂轮表面跳动严重时，应及时用修整器修整。

(4) 砂轮机的搁架与砂轮间的距离一般应保持在 3 mm 以内，否则容易造成磨削件被轧入的事故。

(5) 操作者尽量不要站立在砂轮的对面，而应站在砂轮的侧面或斜侧位置。

(6) 禁止戴手套磨削，磨削时应戴防护镜。

4. 钻床

1) 台式钻床

台式钻床简称台钻，是一种小型钻床，一般安装在工作台上或铸铁方箱上，其结构如图 1-6 所示。

台钻用于钻直径 13 mm 以下的孔，钻床的规格是指钻孔的最大直径，常用的有 6 mm 和 12 mm 等几种规格。由于台钻的最低转速较高(一般不低于 400 r/min)，不适用于锪孔、铰孔。常见的台钻型号为Z5032。使用台钻时应注意以下几点：

(1) 严禁戴手套操作钻床，女性操作者需戴工作帽。

(2) 使用台钻的过程中，工作台面必须保持清洁。

(3) 钻通孔时必须使钻头能通过工作台面上的让刀孔，或在工件下垫上垫铁，以免钻坏工作台面。

(4) 钻孔时要将工件固定牢固，以免加工时刀具旋转将工件甩出。

(5) 使用完台钻后，必须将其外露滑动面及工作台面擦净，并对各滑动面及注油孔加注润滑油。

(6) 切屑要用毛刷清理。

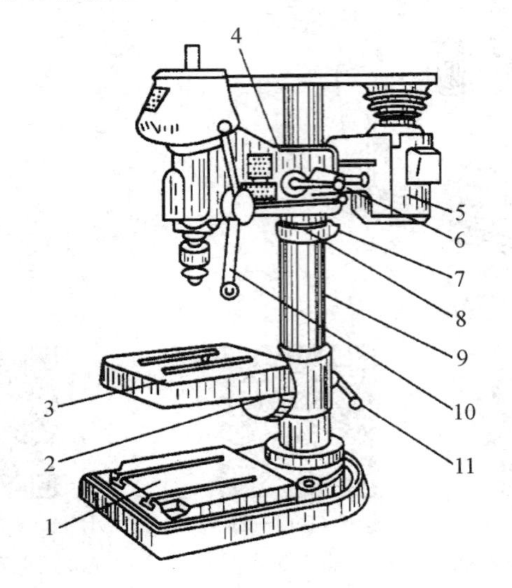

1—底座；
2—螺钉；
3—工作台；
4—机床本体；
5—电动机；
6, 11—锁紧手柄；
7—螺钉；
8—保险环；
9—立柱；
10—进给手柄

图 1-6　台式钻床

JB/T 5245.3—2011
台式钻床 第3部分：轻型 精度检验

JB/T 8647—1997
轻型台式钻床 精度检验

JB 5245.7—2006
台式钻床 第7部分：参数

2) 立式钻床

立式钻床简称立钻，一般用于钻、扩、锪、铰中小型工件上的孔，最大钻孔直径规格有25 mm、35 mm、40 mm和50 mm等几种。立钻的结构如图1-7所示，主要由主轴、变速箱、进给箱、工作台、立柱、底座等组成。

使用立钻时应注意以下几点：

(1) 使用立钻前必须先空转试车，待机床各机构正常工作时方可操作。

(2) 工作中不采用机动进给时，必须将三星手柄端盖向里推，断开机动进给传动。

(3) 变换主轴转速或机动进给量时，必须在停车后进行。

(4) 经常检查润滑系统的供油情况。

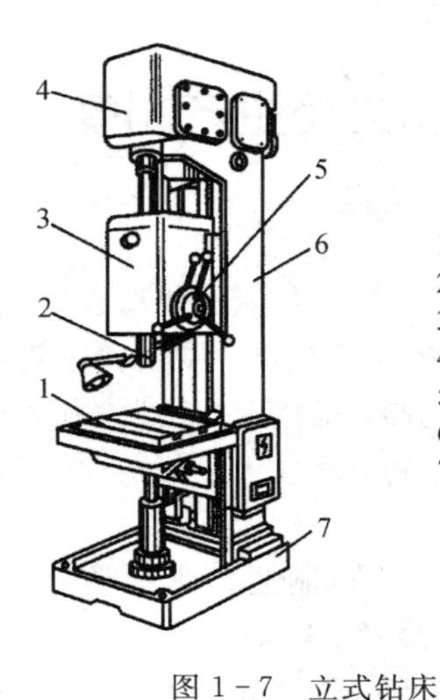

1—工作台；
2—主轴；
3—进给箱；
4—变速箱；
5—操纵手柄；
6—立柱；
7—底座

图 1-7 立式钻床

JB/T 4148—1999
十字工作台立式钻床精度检验

JB 9903.1—2006
立式钻床 第 1 部分参数

JB/T 3769—2006
方柱立式钻床技术条件

3) 摇臂钻床

摇臂钻床用于大工件及多孔工件的钻孔，需通过移(转)动钻轴对准工件上孔的中心来钻孔，其结构如图 1-8 所示。摇臂钻床主要由主轴、立柱、主轴变速箱、摇臂、工作台和底座组成，主轴变速箱能沿摇臂左右移动，摇臂又能回转 360°，摇臂的位置由电动涨闸锁紧在立柱上，主轴变速箱可用电动锁紧装置固定在摇臂上，这样主轴位置不会变动，刀具也不易振动。大型工件可直接固定在底座上加工，中型工件可放在工作台上加工。摇臂钻床可用于钻孔、扩孔、锪平面和沉孔、铰孔、镗孔、攻螺纹、环切大圆孔等。

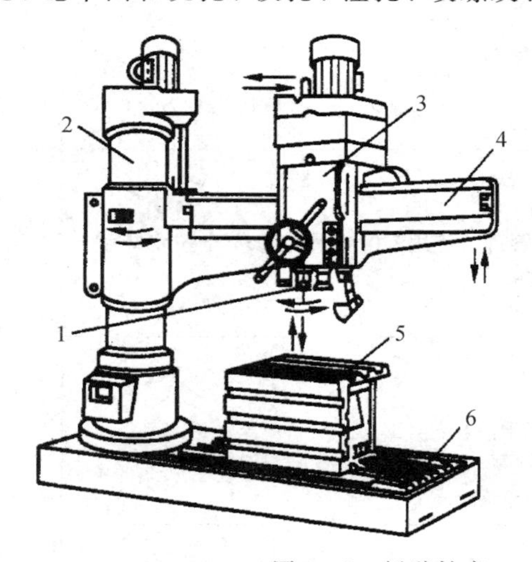

1—主轴；
2—立柱；
3—主轴变速箱；
4—摇臂；
5—工作台；
6—底座

图 1-8 摇臂钻床

JB/T 6335.3—2006
摇臂钻床 第 3 部分参数

GB/T 4017—1997
摇臂钻床 精度检验

JB/T 6335.2—2006
摇臂钻床 第 2 部分:技术条件

JB/T 9897—2011
无底座万向摇臂钻床精度检验

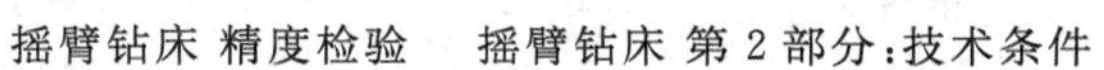

任务 1.3　机械制造企业的安全生产和文明生产制度

1. 机械制造企业安全生产标准化规范

安全生产是人命关天的大事。文明生产是现代工业文明的重要体现。依法设立生产、经营、修理设备设施和零部件的企业，都必须通过建立安全生产责任制，制定安全管理制度和操作规程，排查治理隐患和监控重大危险源，建立预防机制，规范生产行为，使各生产环节符合有关安全生产法律法规和标准规范的要求，人、机、物、环处于良好的生产状态，并持续改进，不断加强企业安全生产规范化建设。

按照国家标准《国民经济行业分类》(GB/T 4754—2011)，机械制造企业主要包括：金属制品业，通用设备制造业，专用设备制造业，汽车制造业，铁路、船舶、航空航天和其他运输设备制造业，电气机械和器材制造业，计算机、通信和其他电子设备制造业，仪器仪表制造业，金属制品、机械和设备修理业等 9 大类、69 个中类、233 个小类的企业。

国家标准《机械制造企业安全生产标准化规范》(AQ/T 7009—2013)相关的安全生产标准见表 1-1。

表 1-1　机械制造企业相关的安全生产标准

序号	标准号/标准名称	备注
1	GB 2894《安全标志及其使用导则》	
2	GB 3787《手持式电动工具的管理、使用、检查和维修安全技术规程》	
3	GB 4208《外壳防护等级(IP 代码)》	
4	GB 4674《磨削机械安全规程》	
5	GB/T 4754《国民经济行业分类》	

续表一

序号	标准号/标准名称	备注
6	GB 5226.1《机械电气安全 机械电气设备 第1部分：通用技术条件》	
7	GB/T 5972《起重机 钢丝绳 保养、维护、安装、检验和报废》	
8	GB 6441《企业职工伤亡事故分类》	
9	GB/T 1576《工业锅炉水质》	
10	GB 7144《气瓶颜色标志》	
11	GB 7231《工业管道的基本识别色、识别符号和安全标识》	
12	GB 7588《电梯制造与安装安全规范》	
13	GB/T 8196《机械安全 防护装置 固定式和活动式防护装置设计与制造一般要求》	
14	GB 13495《消防安全标志》	
15	GB 13955《剩余电流动作保护装置安装和运行》	
16	GB 16754《机械安全 急停 设计原则》	
17	GB 18218《危险化学品重大危险源辨识》	

续表二

序号	标准号/标准名称	备注
18	GB/T 19671《机械安全 双手控制装置 功能状况及设计原则》	
19	GB 23821《机械安全 防止上下肢触及危险区的安全距离》	
20	GB 50016《建筑设计防火规范》	
21	GB 50029《压缩空气站设计规范》	
22	GB/T 50033《建筑采光设计标准》	
23	GB 50034《建筑照明设计标准》	
24	GB 50054《低压配电设计规范》	
25	GB 50057《建筑物防雷设计规范》	
26	GB 50058《爆炸和火灾危险环境电力装置设计规范》	
27	GB 50060《3～110 KV 高压配电装置设计规范》	
28	GB 50074《石油库设计规范》	
29	GB 50140《建筑灭火器配置设计规范》	
30	GB 50168《电气装置安装工程电缆线路施工及验收规范》	
31	GB 50169《电气装置安装工程接地装置施工及验收规范》	
32	GB 50195《发生炉煤气站设计规范》	
33	GB 50217《电力工程电缆设计规范》	
34	GB 50205《钢结构工程施工质量验收规范》	
35	GBJ 22《厂矿道路设计规范》	
36	GBZ 1《工业企业设计卫生标准》	
37	GBZ 2.1《工作场所有害因素职业接触限值 第 1 部分：化学有害因素》	

续表三

序号	标准号/标准名称	备注
38	GBZ 2.2《工作场所有害因素职业接触限值 第2部分：物理因素》	
39	GBZ 158《工作场所职业病危害警示标识》	
40	AQ 3009《危险场所电气防爆安全规范》	
41	AQ/T 9002《生产经营单位安全生产事故应急预案编制导则》	
42	AQ/T 9006《企业安全生产标准化基本规范》	
43	CJJ 34《城镇供热管网设计规范》	
44	JB 5319.2《有轨巷道堆垛起重机 安全规范》	
45	DB51/T 1597－2013《企业安全文化建设实施规范》	四川省质量技术监督局
46	AQ/T 4208—2010《有毒作业场所危害程度分级》	

2. 钳工操作的具体规范

与钳工有关的安全生产和文明生产规范和制度，主要有以下内容：

(1) 钳工工作台要放在便于工作和光线适宜的场地，台钻和砂轮机应放在场地一角，确保安全。

(2) 不得擅自使用不熟悉的设备和工具。使用手提式风动工具时，接头要牢靠，风动砂轮应有完整的罩壳装置。

(3) 使用砂轮机时，要戴好防护眼镜。

(4) 钳台上要有防护网。清除切屑要用毛刷，不能直接用手清除或用嘴吹。

(5) 毛坯和加工零件应在规定位置摆放整齐，便于取放，避免刮伤已加工零件表面。

(6) 使用手提式电动工具时，插头必须完好，外壳接地，绝缘可靠。调换砂轮和钻头时，必须切断电源。设备发生故障应及时上报，维修前要停止使用。

(7) 禁止使用无柄的刮刀或锉刀、滑口或烂牙的板牙等有缺陷的工具。

(8) 錾削、磨削、装弹簧时，不许对准他人，锤击时要注意不要伤及他人。

(9) 对于大型和异型工件的支撑和装夹要注意其重心位置，以免坠落或颠覆伤人。

(10) 禁止在行车吊起的工件下进行操作或停留。

(11) 严禁使用 36 V 以上电压电源的手提式移动照明灯具。

(12) 在生产现场就地检修夹具、模具时，必须先断电。

(13) 工具、量具应按下列要求摆放：

① 为取用方便，右手取用的工具、量具放在右手边，左手取用的工具、量具放在左手边，且排列整齐，不能使其伸到钳台以外。

② 量具不能与工具或工件混放在一起，应放在量具盒内或专用板架上。精密的工具、量具要轻拿轻放。

③ 工具、量具用后不应随意堆放，以免精度受损和取用不便。工具、量具用后要定期维护、保养和检验精度。

(14) 保持工作场地整洁。工作结束后，对所用过的设备都应按要求进行清理、润滑，清扫工作场地，并将切屑及污物运送到指定地点。

思考与练习

1－1　简述钳工的工作任务。

1－2　使用台虎钳时有哪些注意事项？

1－3　使用砂轮机时有哪些注意事项？

1－4　使用台钻时有哪些事项？

1－5　钳工工具的摆放有哪些注意事项？

项目 2　零件的划线

◎ 学习目标

- 能用钢直尺、90°角尺、划线盘、方箱等划线工具划线。
- 掌握圆弧与两直线相切的划法。
- 掌握圆周三等分、五等分与六等分的划法。
- 掌握划线后冲眼的方法和要求。
- 能选择平面划线的基准。
- 掌握划线时的找正和借料方法。
- 掌握划线样板和连接孔的划线。

任务 2.1　用钢直尺划线

如图 2－1(a)所示，用左手食指和拇指紧握钢直尺，同时紧紧靠着基准边，用划针沿着钢直尺的零边划出一段线条。若工件一端有边可靠，则可将钢直尺的零边抵住靠边，在需要划线处，划出很短的线，如图 2－1(b)所示。

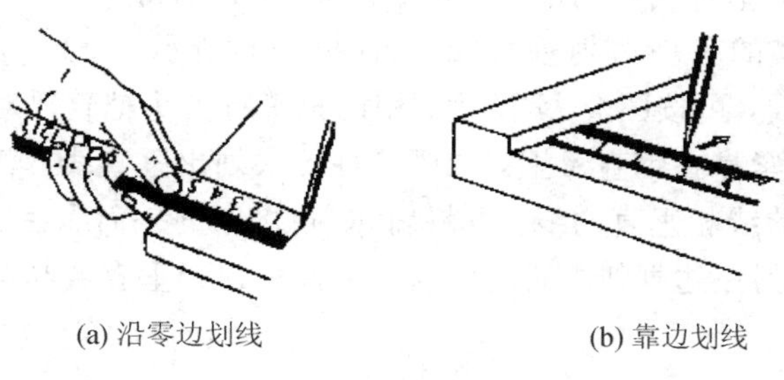

(a) 沿零边划线　　(b) 靠边划线

图 2－1　用钢直尺划线

JB/T 3411.64—1999
划针 尺寸

JB/T 9168.12—1998
切削加工通用工艺守则 划线

如图 2－2 所示，用钢直尺将划出的短线连接起来。划线时必须注意划针的尖端要沿着钢直尺的底边，如图 2－3(a)所示。否则划出的线会不直，划出的尺寸也不正确，如图 2－3(b)所示。

划线时，划针还必须沿划线方向倾斜 30°～60°，使针尖顺着倾斜方向拖去，如图 2－4 所示。这种方向碰到工件表面有不平处时，针尖能滑过去；若将划针垂直或反向倾斜，则碰到不平处针尖会跳动，划出的线条不直。

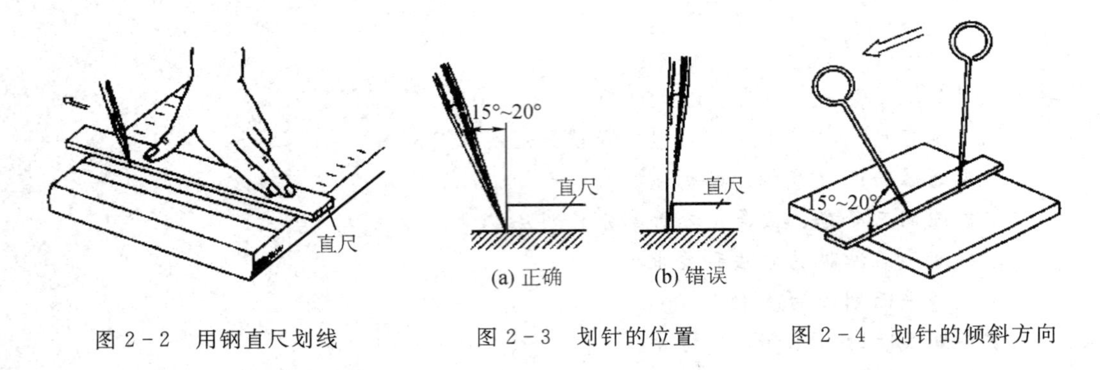

图 2－2　用钢直尺划线　　图 2－3　划针的位置　　图 2－4　划针的倾斜方向

任务 2.2　用 90°角尺划线

1. 划平行线

如图 2－5 所示，划平行线时，先用钢直尺靠着 90°角尺量好距离，然后用划针沿着 90°角尺划出平行线。

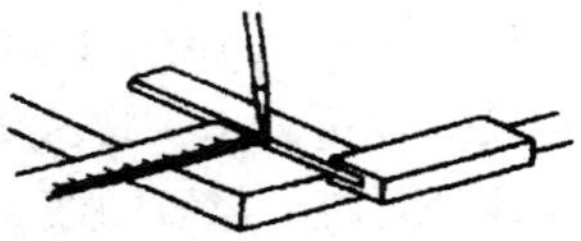

图 2－5　用 90°角尺划平行线

2. 划垂直线

划精度要求不高的垂直线可用扁 90°角尺来划。一边对准已划好的线，沿扁角尺的另一边划垂直线，如图 2－6 所示。若要划多条平行的垂线，可按图 2－7 所示，用两只平行夹头把直尺对准已划好的线夹紧固定，然后用扁 90°角尺紧靠在钢直尺上，依照工件要求划出垂直线。若划工件一条边的垂直线或划与侧面已划好的线相垂直的线，可将扁 90°角尺厚的一面靠在工件一边上，如图 2－8 所示，然后沿 90°角尺另一边划线，就能得到与工件一边相垂直或与侧面已划好的线相垂直的线。

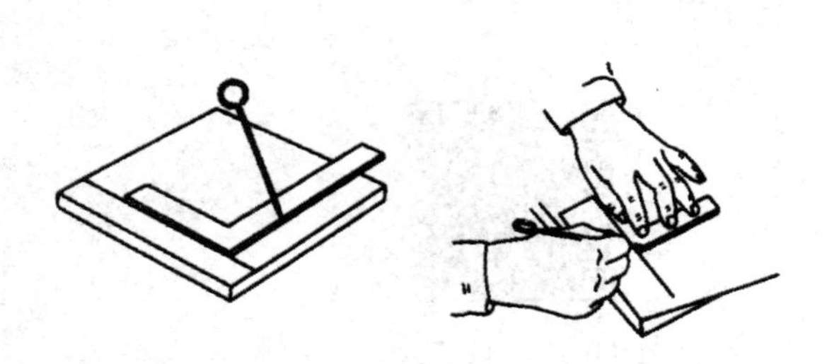

图 2－6　用扁 90°角尺对准线划垂直线

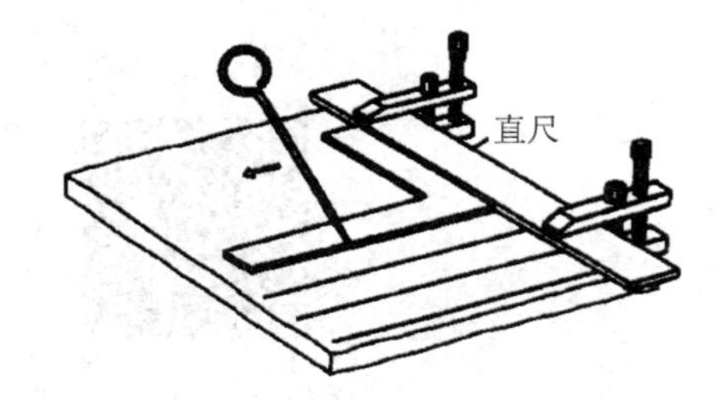

图 2－7　用 90°角尺和钢直尺配合划垂直线

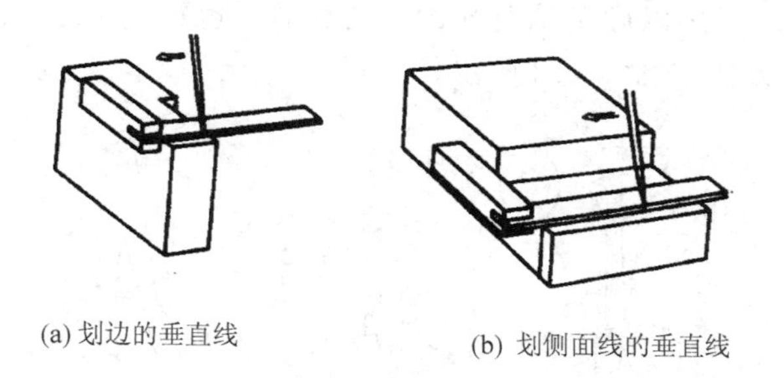

(a) 划边的垂直线　(b) 划侧面线的垂直线

图 2-8　在互成直角的面上划相连接的线

任务 2.3　用划规划圆弧线和平行线

1. 用划规划圆弧线

划圆弧前要先划出中心线，确定中心并在中心点上打样冲眼，再用划规按图样所要求的半径划出圆弧，如图 2-9 所示。若圆弧的中心点在工件边沿上，划圆弧时，就需使用辅助支座，如图 2-10 所示。将已打好样冲眼的辅助支座和工件一起夹在台虎钳上，用划规在工件上划圆弧。

当需划半径很大的圆弧，且圆弧中心在工件以外时，须用两只平行夹头将已打好样冲眼的延长板夹紧在工件上，再用滑杆划规划出圆弧，如图 2-11 所示。

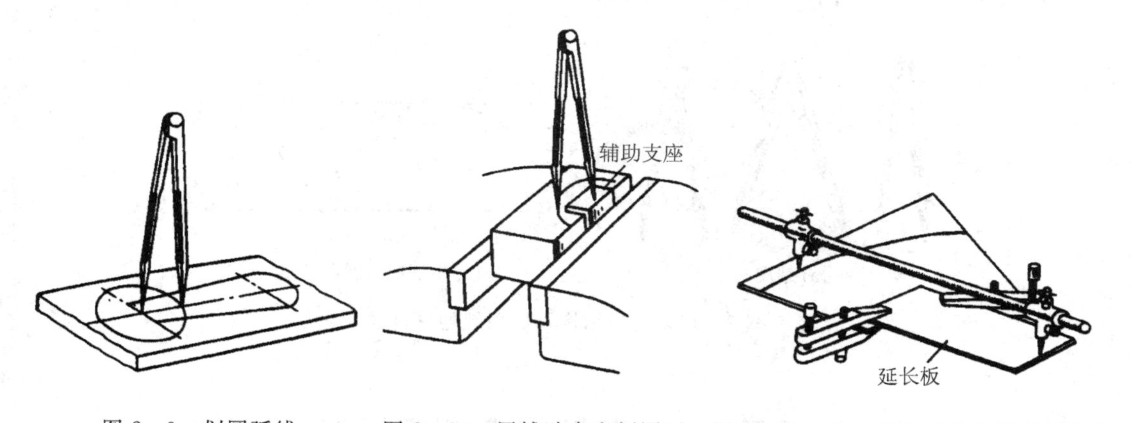

图 2-9　划圆弧线　图 2-10　用辅助支座划圆弧　图 2-11　中心点在工件外圆弧的划法

JB/T 3411.54—1999 划规 尺寸

JB/T 3411.55—1999 长划规 尺寸

划卡又称单脚规，可用以确定轴及孔的中心位置，也可用来划平行线。用划卡确定孔轴中心和划平行线的方法如图 2－12 所示。

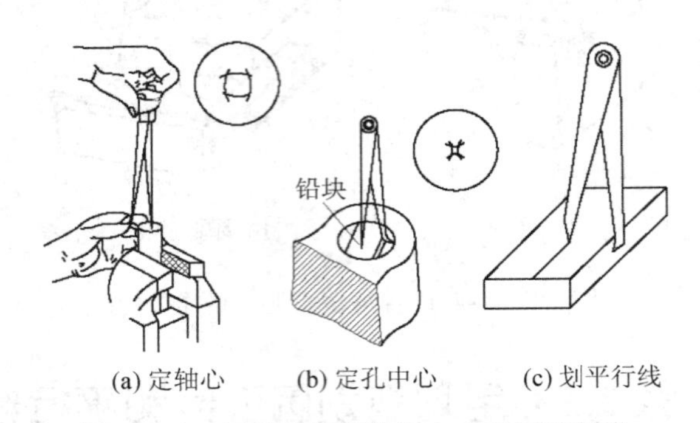

(a) 定轴心　(b) 定孔中心　(c) 划平行线

图 2－12　用划卡确定孔轴中心和划平行线

2. 用划规划平行线

划规的结构如图 2－13(a)所示，可用来划圆、量取尺寸和等分线。图 2－13(b)为划平行线示意图，具体方法如下：

① 用钢直尺和划针划一条基准线；

② 靠近基准线两端各取一点，分别以这两点为圆心，以平行线间的距离为半径，向基准线同一侧划圆弧；

③ 用钢直尺和划针作两圆弧的公切线，即为所求平行线。

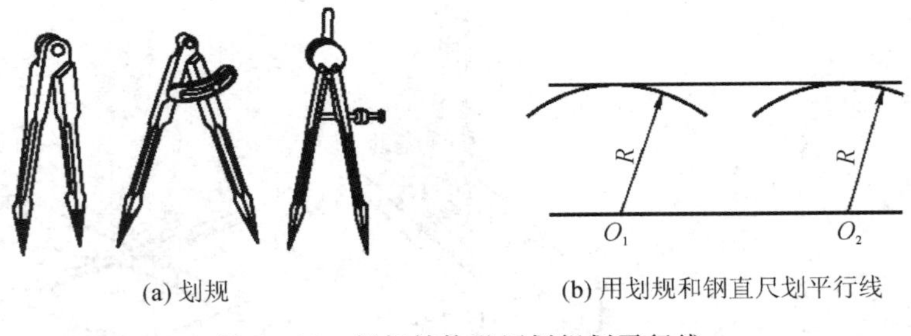

(a) 划规　(b) 用划规和钢直尺划平行线

图 2－13　划规结构及用划规划平行线

任务 2.4　用划线盘划平行线

划线盘一般用于立体划线和用来校正工件位置。划线盘由底座、立柱、划针和夹紧螺母等组成。划针的直头端用来划线，弯头端用来找正工件的位置。使用完后，应将划针的直头端向下，使其处于垂直状态。划线盘有普通划线盘和可调划线盘两种形式，如图 2－14(a)所示。通过调节划针高度和在平板上移动划线盘，即可在工件上画出与平板平行的线，如图 2－14(b)所示。

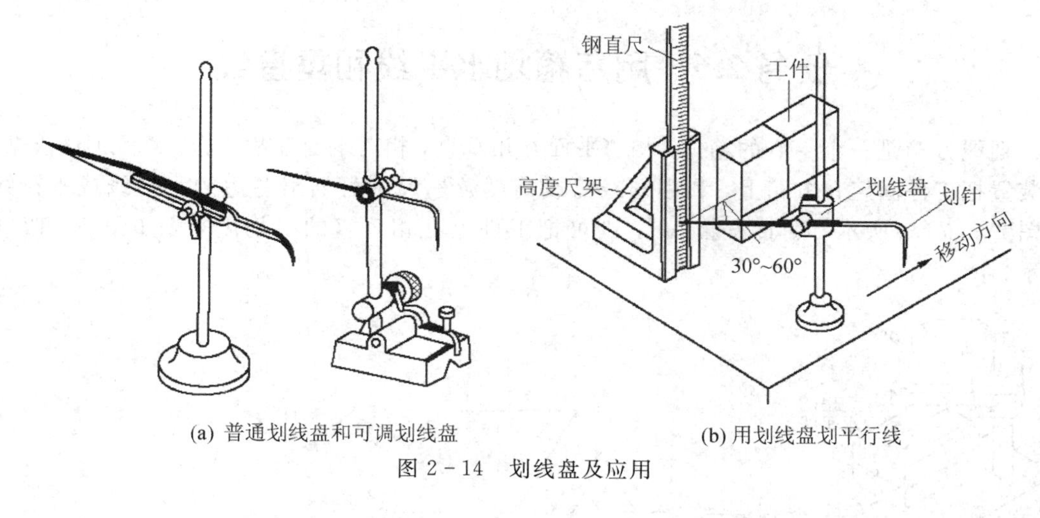

(a) 普通划线盘和可调划线盘　　(b) 用划线盘划平行线

图 2-14　划线盘及应用

JB/T 3411.65—1999 划线盘 尺寸

JB/T 3411.66—1999 大划线盘 尺寸

任务 2.5　在轴类零件上划圆心线

轴类零件一般需在端面钻中心孔，以备在车床或磨床上加工或在端面钻孔、铣槽等，这都需划出圆心线。如图 2-15 所示是用单脚划规在轴端面划圆心的方法。将单脚划规的两脚调节到约等于工件的半径，以边缘上四点为圆心，在端面划出 4 条短圆弧，中间形成近似的方框，在方框的中间打样冲眼，就是所求的圆心。如图 2-16 所示是用高度游标卡尺与 V 形块配合划圆心的方法。将轴类零件放在两块等高 V 形块的槽内，把高度游标卡尺的划线脚调整到轴顶面的高度，然后减去轴的半径，划出一条直线，再将轴翻转任意角度两次，划出两条直线，三条直线的交点或中间位置就是所求的圆心。

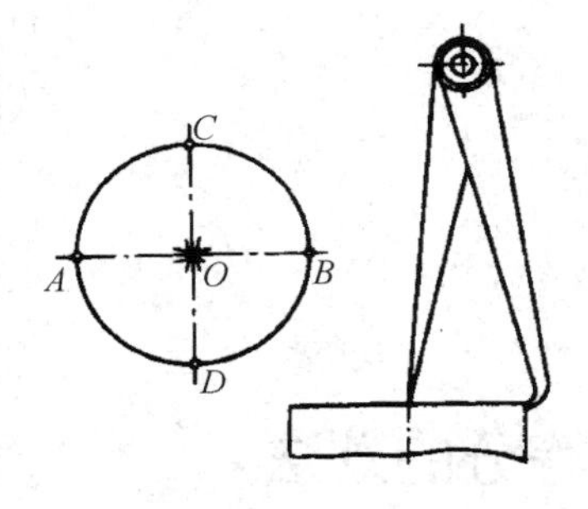

图 2-15　用单脚划规划圆心

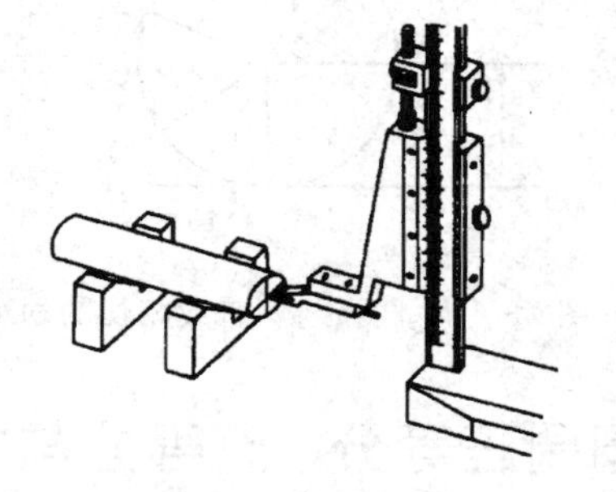

图 2-16　用高度游标卡尺与 V 形块配合划圆心

JB/T 3411.60—1999 划线用 V 形铁 尺寸

任务 2.6 用方箱划水平线和垂直线

划线方箱是一个空心的箱体，相邻平面互相垂直，相对平面互相平行。划线时，依靠夹紧装置把工件固定在方箱上，利用划线盘或高度游标尺则可划出各边的水平线或平行线，如图 2-17(a)所示。翻转方箱 90°，则可把工件上互相垂直的线划出来，如图 2-17(b)所示。

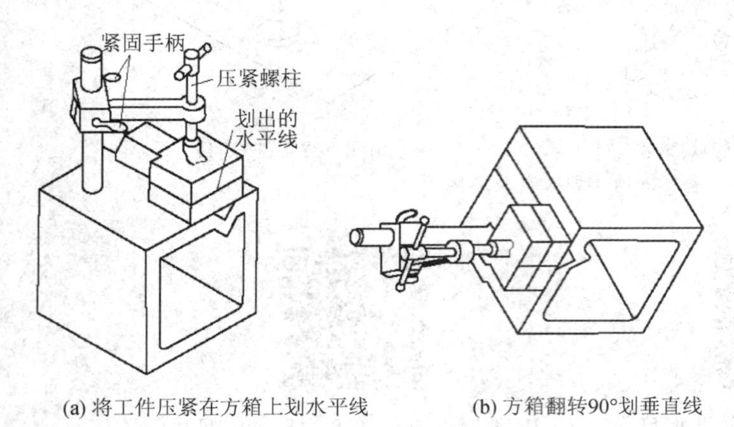

图 2-17 在方箱上划线

JB/T 3411.56—1999 方箱 尺寸

任务 2.7 圆弧与两直线相切的划法

根据两直线相交的角度(锐角、直角或钝角)划出两已知直线，再以相切圆的半径 r 为距离，作两条直线的平行线，两平行线的交点就是相切圆弧的圆心 O。以 O 为圆心，以 r 为半径就可划出与两直线相切的圆弧，如图 2-18 所示。

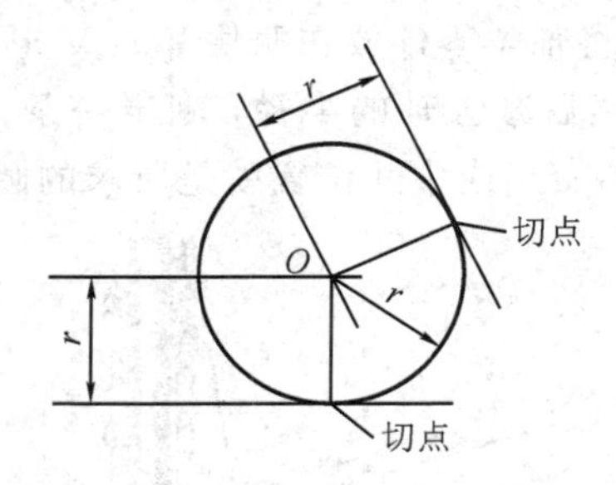

图 2-18 圆弧与两直线相切的划法

任务 2.8 圆周三等分、五等分与六等分的划法

圆周三等分的划法如图 2-19(a)所示，先划圆周的直径 AB，在 A 点以圆半径 r 为半径划弧交圆周于 C、D 两点，则 B、C、D 三点就是圆周上的三个等分点。

同理，可分圆周为六等分。如图 2－19(b)所示，再以 B 点为圆心，同样以圆半径 r 为半径划弧又可交圆周于 E、F 两点，则 A、B、C、D、E、F 六点就是圆周的六个等分点。

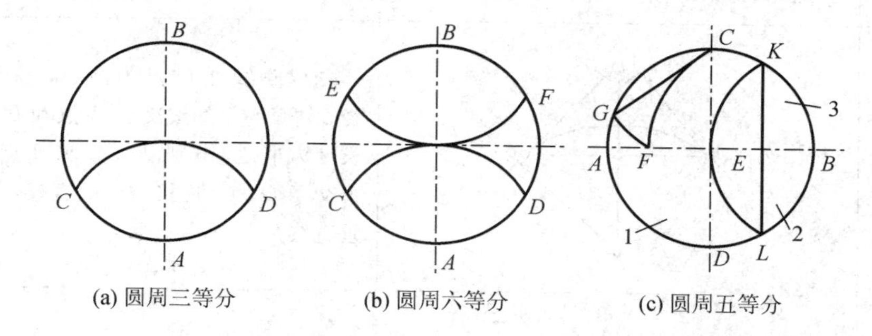

(a) 圆周三等分　(b) 圆周六等分　(c) 圆周五等分

图 2－19　圆周等分法

将圆周五等分，如图 2－19(c)所示，划出直径 AB 与 CD，以 B 为圆心，圆半径 r 为半径划圆弧，交圆周于 K、L 两点，连接 KL 与直径 AB 相交得 E 点；以 E 为圆心，CE 为半径划圆弧，与直径 AB 交于 F 点，再以 C 点为圆心，CF 为半径划圆弧交圆周于 G 点；以 CG 弦长($CG=CF$)依次在圆周上划等分点 1、2、3，则 C、G、1、2、3 五点就是圆周上的五个等分点。

常用线条的基本划法如表 2－1 所示。

表 2－1　常用线条的基本划法

名称	图　　例	划线方法说明
划垂直的十字线	C A　O　O₁　B D	划直线 AB，取任意两点 O 和 O_1 为圆心，OO_1 为半径，作圆弧交于上下两点 C 和 D，通过 C、D 连线，就是 AB 垂直线
划定距离平行线	a　b A　C　D　B	划直线 AB，线上任取两点 C 和 D，分别以 C 点和 D 点为圆心，以一定距离 R 为半径划弧 a 和 b，划两弧的公切线，就是所要求的平行线
过线外一点划平行线	F　C A　D　E　B	先以直线 AB 外点 C 为圆心，用较大半径划圆弧交直线 AB 于 D 点，再以 D 点为圆心，以同样半径划弧交直线于 E 点；再以 D 点为圆心，以 CE 为半径划弧交第一次弧线于 F 点，连接 CF 就是所要求的平行线

续表一

名称	图 例	划线方法说明
过线外一点划垂直线	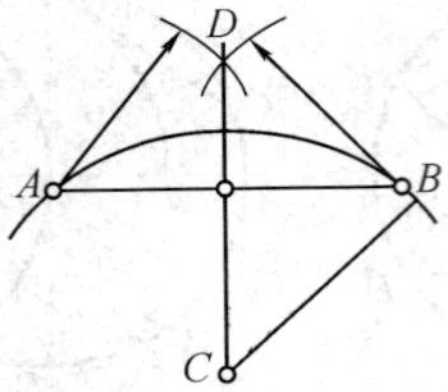 D, A, B, C	先以直线外 C 点为圆心，适当长度为半径，划弧与已知线交于 A 点和 B 点；以适当长度为半径，分别以 A 点和 B 点为圆心，划弧交于 D 点，连接 CD 的直线，就是 AB 的垂直线
二等分线段	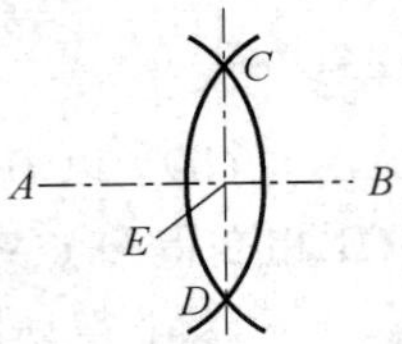 C, A, B, E, D	分别以线段 AB 两端的 A 点和 B 点为圆心，适当长度为半径，划弧交于 C 点和 D 点，连接 CD 和 AB 相交于 E 点，E 点就是线段 AB 的二等分点
二等分弧线	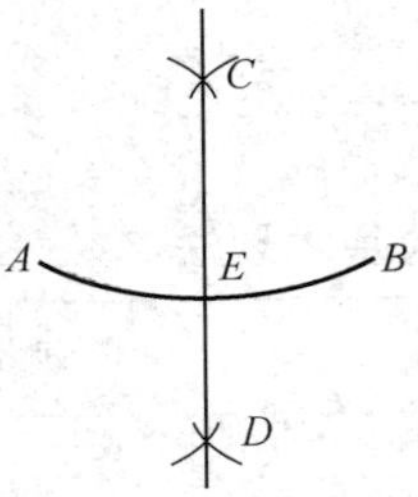 C, A, E, B, D	分别以弧线两端的 A 点和 B 点为圆心，适当长度为半径，划弧交于 C 点和 D 点，连接 CD，和 AB 弧相交于 E 点，E 点即弧的二等分点
二等分已知角	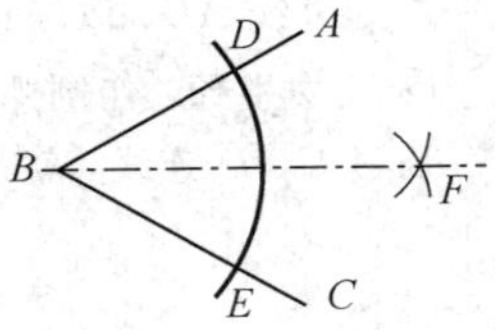 D, A, B, F, E, C	以$\angle ABC$ 的顶点为圆心，任意长度为半径，划弧与两边交于 D、E 两点；分别以 D 点和 E 点为圆心，适当长度为半径，划弧交于 F 点，连接 BF，就是$\angle ABC$ 的平分线
常用角度的划法	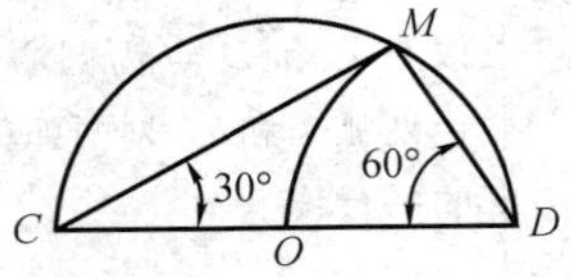 M, 30°, 60°, C, O, D	30°和 60°斜线的划法：以 CD 的中点 O 为圆心，$CD/2$ 为半径划一半圆，再以 D 点为圆心，用同一半径划弧交于 M 点，连接 CM 和 DM，则$\angle DCM$ 为 30°，$\angle CDM$ 为 60°
	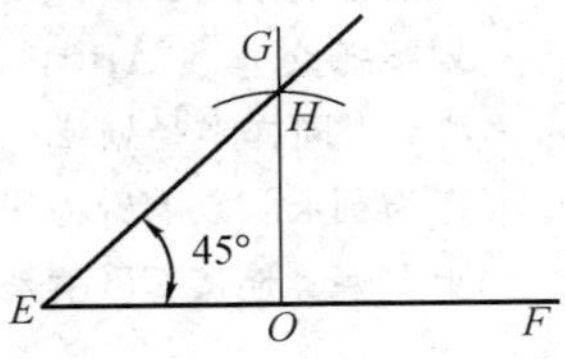 G, H, 45°, E, O, F	45°斜线的划法：先划线段 EF 的垂直平分线 OG，再以 $EF/2$ 为半径，以 O 点为圆心划弧，交垂直平分线于 H 点，连接 EH，则$\angle FEH$ 为 45°

续表二

名称	图例	划线方法说明
等分圆周	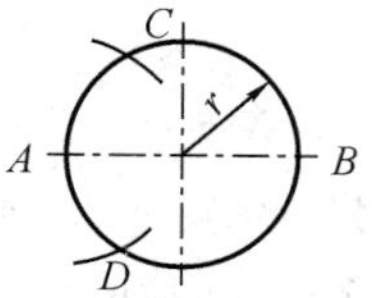 C, r, A, B, D	先作直径 AB，然后以 A 点为圆心，以圆半径 r 为半径作两圆弧，与圆周交于 C、D 点，则 B、C、D 即是圆周上的三等分点
	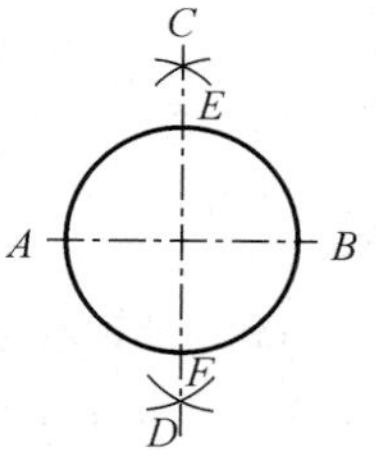 C, E, A, B, F, D	先做直径 AB，然后分别以 A 点、B 点为圆心，以大于圆半径 r 的任意半径作圆弧，连接圆弧的交点 C、D，与圆交于 E、F 点，则 A、B、E、F 即是圆周上的四等分点
	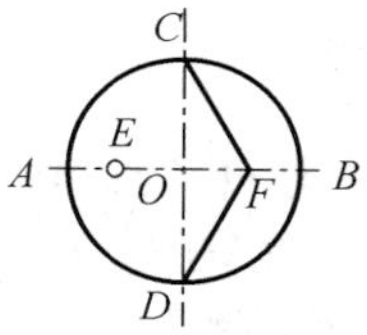 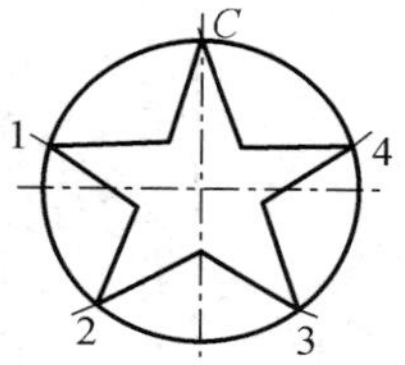 C, E, A, O, F, B, D; C, 1, 4, 2, 3	先过圆心 O 作垂直的直径 AB 和 CD，然后划出 OA 的中点 E，以 E 为中心，EC 为半径作弧，与 OB 交于 F 点，DF 或 CF 的长度就是五等分圆周的弦长(弦长就是每等分在圆周上的直线长度)，可采用此划法制作五角星
	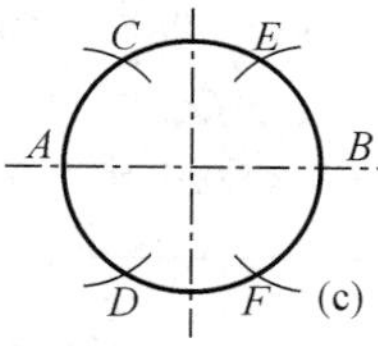 C, E, A, B, D, F, (c)	先作直径 AB，分别以 A 点、B 点为中心，以圆半径 r 为半径作弧，与圆交于 C、D、E、F 点，则 A、D、F、E、C 即是圆周上的六等分点
划任意角度的简易划法	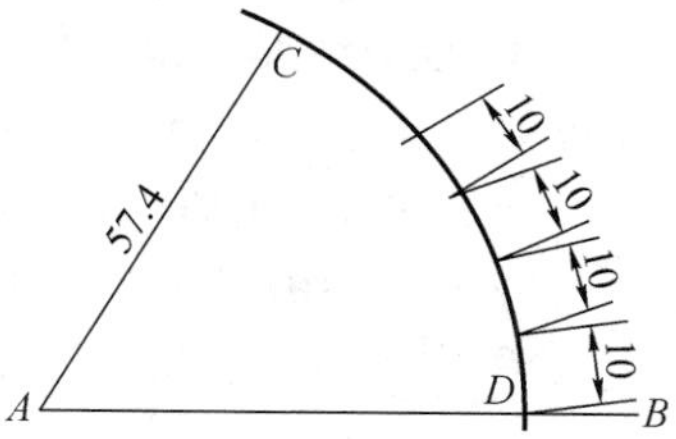 C, 57.4, 10, 10, 10, 10, A, D, B	作 AB 直线，以 A 为圆心，以 57.4 mm 为半径作圆弧 CD；在弧 CD 上截取 10 mm 的长度，向 A 连线的夹角为 10°，每 1 mm 弦长近似为 1°。实际使用时，应先用常用角划线法或平分角度法，划出临近角度后，再用此法划余量角。注意：可按比例放大，以利于截取小尺寸
划任意三点的圆心	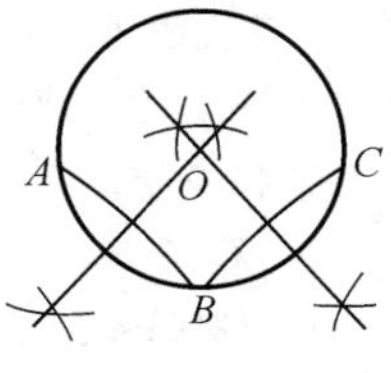 A, O, C, B	已知 A、B、C，分别将 AB 和 CB 用直线相连，再分别划 AB 和 CB 的垂直平分线，两垂直平分线的交点 O，即为 A、B、C 三点的圆心

续表三

名称	图　　例	划线方法说明
划圆弧的圆心	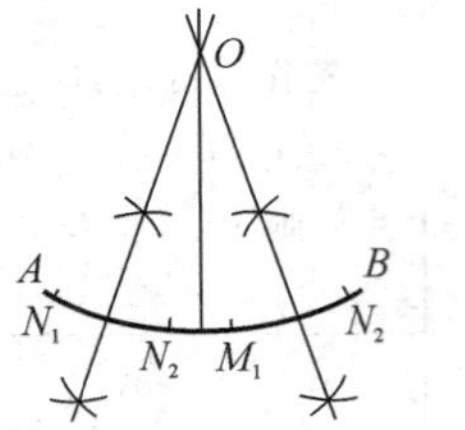	先在圆弧 AB 上任取 N_1、N_2 和 M_1、M_2，分别划弧 N_1N_2 和 M_1M_2 的垂直平分线，两垂直平分线的交点 O 即为弧 AB 的圆心
划圆弧与两直线相切	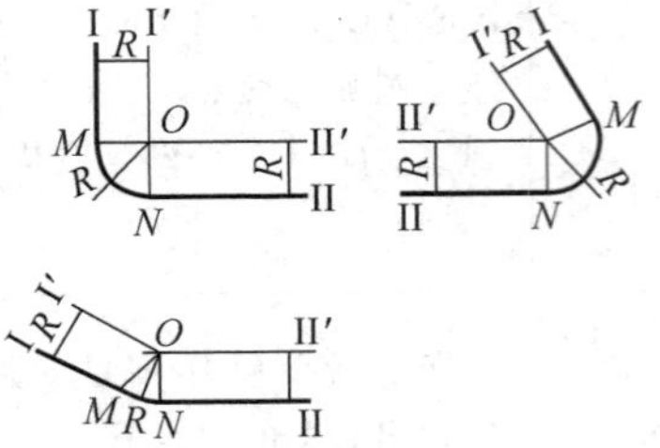	先分别划距离为 R 并平行于直线Ⅰ和Ⅱ的直线Ⅰ′、Ⅱ′，Ⅰ′和Ⅱ′交于 O 点，再以 O 为圆心，R 为半径，划圆弧 MN 和两直线相切
划圆弧与两圆外切	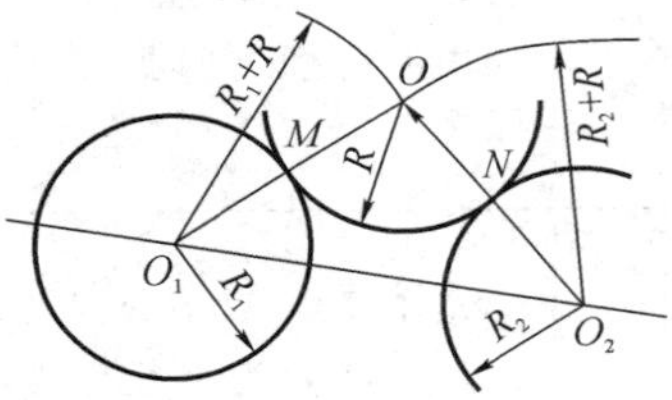	分别以 O_1 和 O_2 为圆心，以 R_1+R 及 R_2+R 为半径，划圆弧交于 O；以 O 为圆心，R 为半径，划圆弧与两圆外切于 M 点、N 点。 同理：以 $R-R_1$ 及 $R-R_2$ 为半径，划圆弧交于 O；以 O 为圆心，R 为半径，可划圆弧与两圆内切
划椭圆	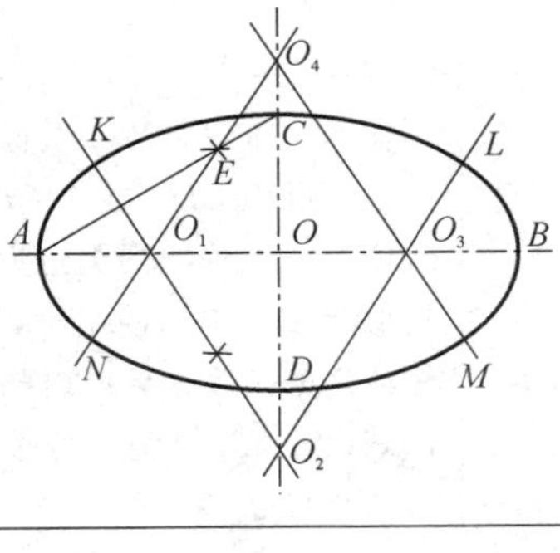	划互相垂直且平分的线段 AB（长轴）和 CD（短轴），连 AC，在 AC 上截取 $CE=OA-OC$，划 AE 的垂直平分线，与长、短轴各交于 O_1 及 O_2，并找出 O_1、O_2 的对称点 O_3、O_4，以 O_1、O_2、O_3、O_4 为圆心，O_1A（或 O_3B）和 O_2C（或 O_4D）为半径，分别划出四段圆弧，圆弧连接为椭圆
划蛋形圆	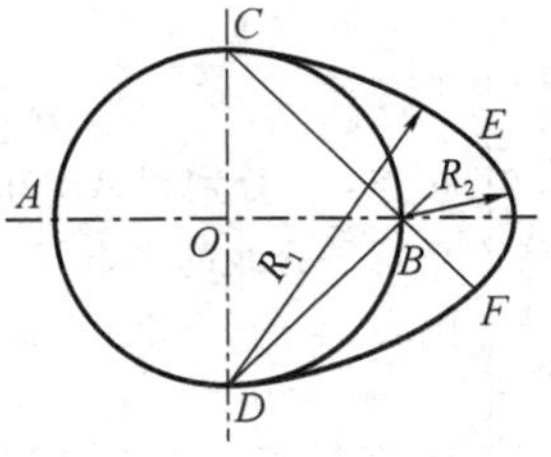	以垂直线 AB 和 CD 的交点 O 为圆心，分别以 C、D 为圆心，以 CD 为半径划弧，再通过 C 和 D 点划 CB 和 DB 的连线，并延长交于 E、F 两点；然后以 B 为圆心，BE 或 BF 为半径划圆弧，连接 E 和 F，即得蛋形圆

续表四

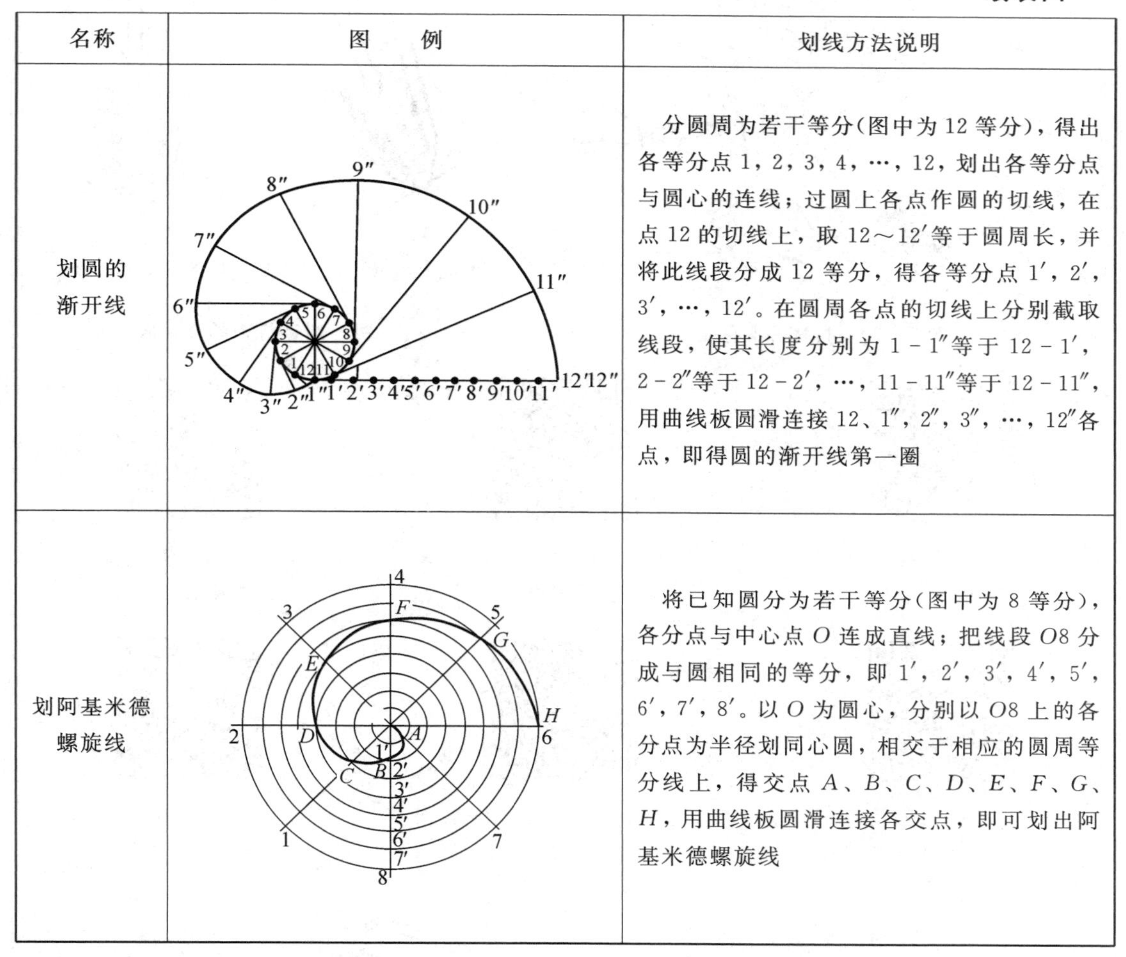

名称	图　例	划线方法说明
划圆的渐开线		分圆周为若干等分(图中为12等分)，得出各等分点1，2，3，4，…，12，划出各等分点与圆心的连线；过圆上各点作圆的切线，在点12的切线上，取12～12′等于圆周长，并将此线段分成12等分，得各等分点1′，2′，3′，…，12′。在圆周各点的切线上分别截取线段，使其长度分别为1-1″等于12-1′，2-2″等于12-2′，…，11-11″等于12-11″，用曲线板圆滑连接12、1″，2″，3″，…，12″各点，即得圆的渐开线第一圈
划阿基米德螺旋线		将已知圆分为若干等分(图中为8等分)，各分点与中心点O连成直线；把线段$O8$分成与圆相同的等分，即1′，2′，3′，4′，5′，6′，7′，8′。以O为圆心，分别以$O8$上的各分点为半径划同心圆，相交于相应的圆周等分线上，得交点A、B、C、D、E、F、G、H，用曲线板圆滑连接各交点，即可划出阿基米德螺旋线

任务2.9　划线后打样冲眼的方法和要求

1. 打样冲眼的方法

先将样冲外倾，使其尖端对准划线的中心点，然后将样冲立直打样冲眼，如图2-20所示。对打歪的样冲眼，应先将样冲斜放向划线的交点方向轻轻敲打，当样冲的位置校正到已对准划好的线后，再把样冲立直后重敲一下，如图2-21所示。对较薄的工件冲眼时，应放在金属平板上，如图2-22(a)所示，而不可放在不平的工作台上，否则冲眼时工件会弹跳而弯曲变形，如图2-22(b)所示。在工件的扁平面上冲眼时，需将工件夹持在台虎钳上再冲眼，如图2-23(a)所示。若将工件安放在两平行垫块上则因安放不稳，容易冲歪，如图2-23(b)所示。

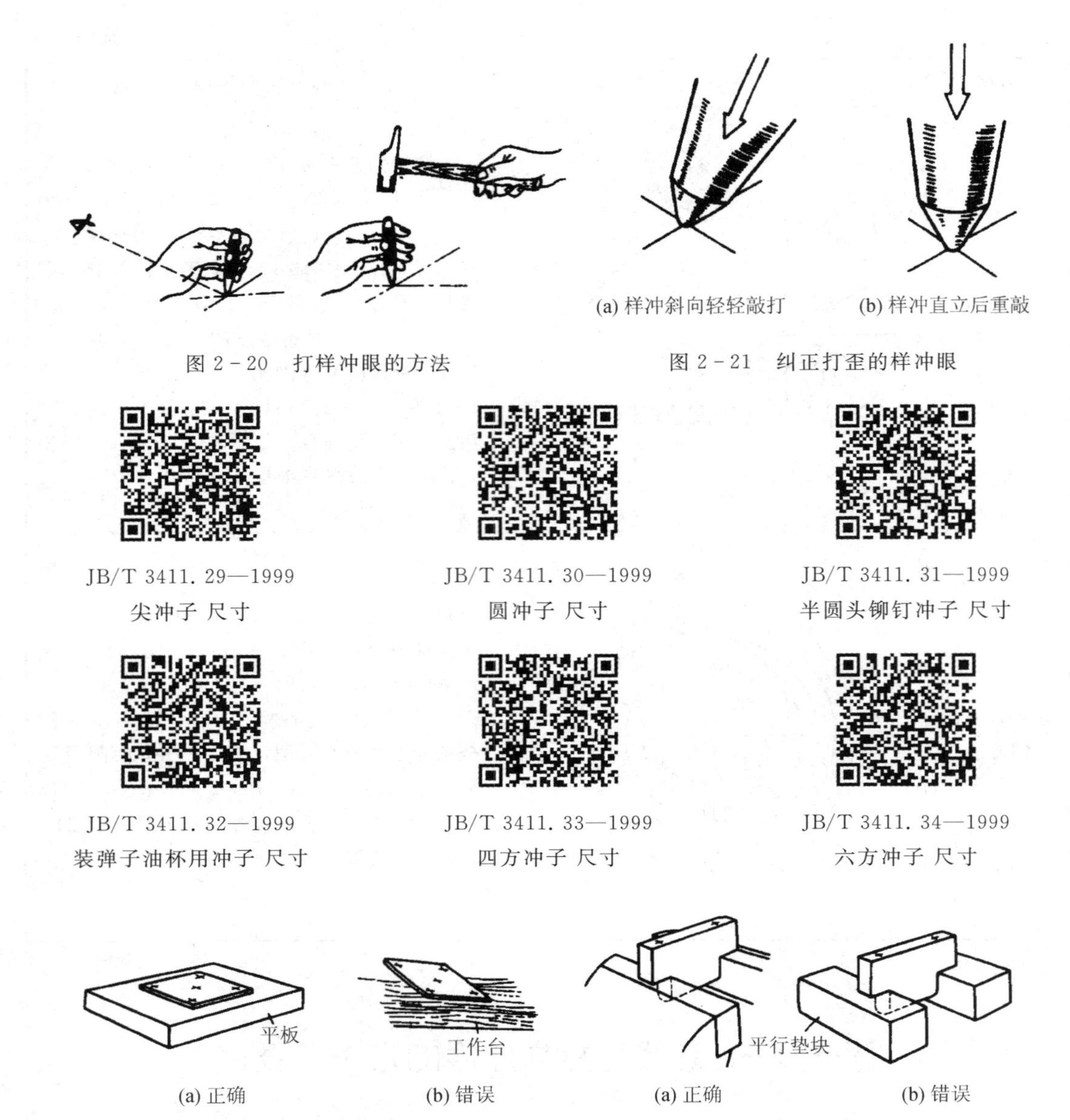

图 2-20　打样冲眼的方法

图 2-21　纠正打歪的样冲眼

图 2-22　薄工件打样冲眼的方法

图 2-23　扁平工件打样冲眼的方法

2. 打样冲眼的要求

(1) 在直线上打样冲眼，宜打得稀些，冲眼距离应相等，并且都正好冲在线上，如图 2-24(a)所示。如果样冲眼分布不均匀，并且不完全冲在线上，如图 2-24(b)所示，这样就不能准确地检查加工的精确度。

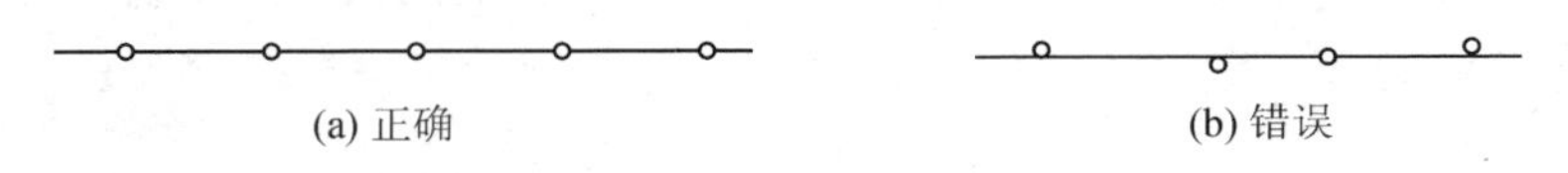

图 2-24　在直线上打样冲眼的要求

(2) 在曲线上打样冲眼，宜打得密一些，线条交叉点上也要打样冲眼，如图 2-25(a)所示。如果在曲线上打得太稀，如图 2-25(b)所示，则给加工后检查带来困难。

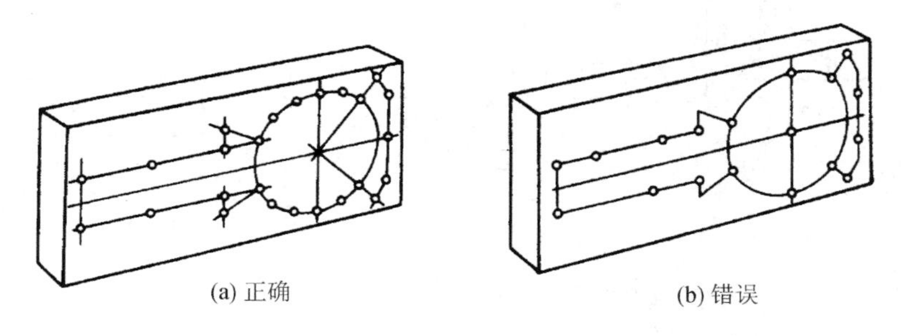
(a) 正确　　(b) 错误

图 2-25　在曲线上打样冲眼的要求

(3) 在加工界线上打样冲眼，宜打大些，使加工后检查时能看清所剩样冲眼的痕迹，如图 2-26 所示。在中心线、辅助线上样冲眼宜打得小些，以区别于加工界线。

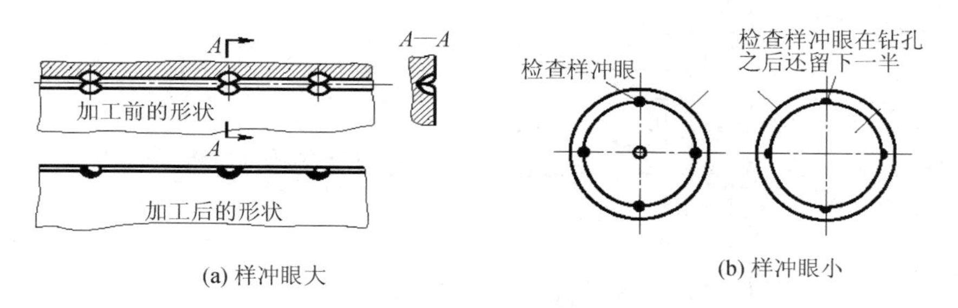

(a) 样冲眼大　　(b) 样冲眼小

图 2-26　在加工界线上冲眼的要求

任务 2.10　平面划线的基准选择

在划线时，选择工件上的某个点、线或面作为依据，用它来确定工件的各部分尺寸、几何形状及工件上各要素的相对位置，这个依据称为划线基准。

划线应从选择划线基准开始。选择划线基准的基本原则是：尽可能使划线基准和设计基准(设计图样上所采用的基准)重合，这样能直接量取划线尺寸，简化尺寸换算过程。

平面划线的基准选择有以下三种类型：

(1) 以两条直线作为基准。如图 2-27(a)所示，该零件上有两组相垂直方向的尺寸。每一方向的尺寸组都是依照它们的外缘直线确定的，则两条外缘线 *A* 即分别确定为这两个方向的划线基准。基准如图中 A 所示。

(2) 以两条中心线作为基准。如图 2-27(b)所示，该零件的大部分尺寸都与两条中心线对称，并且其他尺寸也是以中心线为依据确定的，这两条中心线就可分别确定为划线基准。

(3) 以一条直线和一条中心线作为基准。如图 2-27(c)所示，该零件高度方向的尺寸是以底线为依据而确定的，此底线即可作为高度方向的划线基准；而宽度方向的尺寸则对称于中心线，故中心线即可确定为宽度方向的划线基准。基准如图中 *A* 所示。

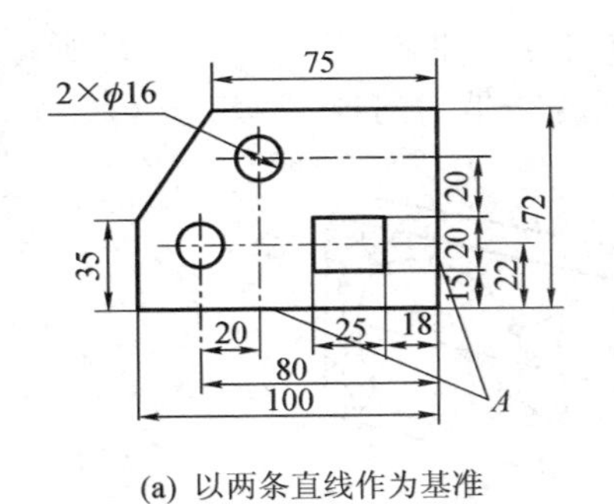

(a) 以两条直线作为基准

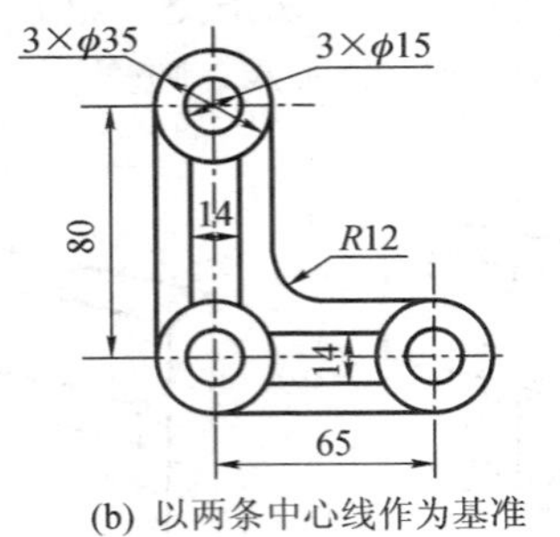

(b) 以两条中心线作为基准

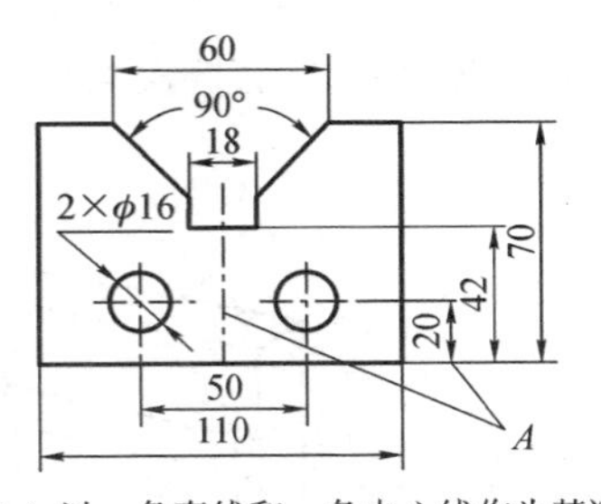

(c) 以一条直线和一条中心线作为基准

图 2－27 平面划线基准的选择

划线基准的三种类型如表 2－2 所示。

表 2－2 划线基准的三种类型

划线基准的类型	图　　例	划线方法
以两个互相垂直的直线(或平面)为基准	A B A⊥B	划线前先把工件加工成两个互相垂直的边或平面，划线时每一方向的尺寸都以它们的边或面作基准，划其余各线
以两条互相垂直的中心线为基准	M N A A⊥MN	划线前按工件已加工的边(或面)划出中心线作为基准，然后根据基准划其余各线
以互相垂直的一个平面和一条中心线为基线	M E F N	划线前先划出工件上两条互相垂直的中心线作为基准，然后再根据基准划其余各线

任务 2.11　划线时的找正和借料

1. 找正

找正就是利用划线工具(如划线盘、角尺、单脚划规等)使工件上有关的毛坯表面处于合适的位置。对毛坯工件划线前都要做好找正工作。找正的目的如下：

(1) 当毛坯有不加工表面时，通过找正后再划线，可使加工表面和不加工表面之间保持尺寸均匀。

(2) 当工件有两个以上的不加工表面时，应选择其中面积较大、较重要的或外观质量要求较高的表面为主要找正依据，并兼顾其他较次要的表面，使划线后的各主要不加工表面之间的尺寸（如壁厚、凸台的高低等）都尽量达到均匀和符合要求，而把难以弥补的误差反映到较次要或不显眼的部位上去。

（3）当毛坯没有不加工表面时，通过各加工表面自身位置找正后再划线，可使各加工表面的加工余量得到合理和均匀的分布。

2. 借料

借料就是通过试划线和调整，使工件各加工表面的加工余量合理分配，互相借用，从而保证各加工表面都有足够的加工余量，将误差和缺陷可在加工后排除。

借料的方法：如图 2－28(a)所示的圆环，其毛坯为铸造件。如果毛坯比较精确，就可按图样尺寸进行划线，操作较为简单，如图 2－28(b)所示。但如果毛坯由于铸造误差使外圆和内孔产生了较大偏心，则划线就偏心，这种情况下就需要借料。例如，不顾及内孔去划外圆，再划内孔时加工余量就不够，如图 2－29(a)所示；反之，如不顾及外圆去划内孔，则同样在划外圆时加工余量也就不够，如图 2－29(b)所示；只有在内孔和外圆都兼顾的条件下，恰当地选好圆心位置，划出的线才能保证内孔和外圆都有足够的加工余量，如图 2－29(c)所示。这就说明通过借料后，有误差的毛坯仍然可以利用。但若误差太大，无法通过借料补救，只能报废。

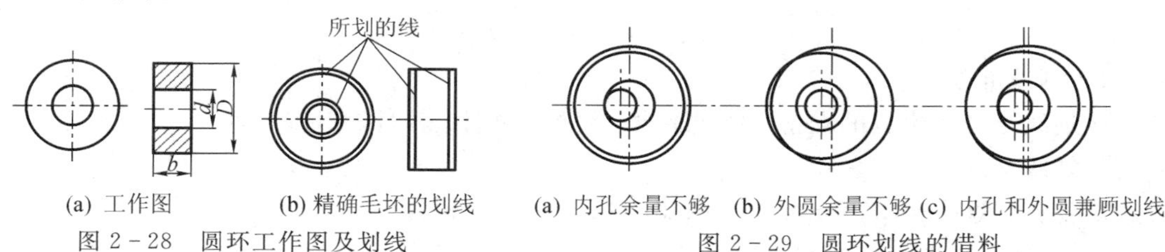

(a) 工作图　(b) 精确毛坯的划线

图 2－28　圆环工作图及划线

(a) 内孔余量不够　(b) 外圆余量不够　(c) 内孔和外圆兼顾划线

图 2－29　圆环划线的借料

任务 2.12　平面划线实例

1. 划线步骤

平面划线的步骤如下：

（1）看清图样，详细了解工件上需要划线的部位，明确工件及其划线有关部分在产品上的作用和要求，了解有关后续加工的工艺。

（2）确定划线基准。

（3）初步检查毛坯的误差情况。

（4）涂划线涂料。

（5）正确安放工件和选用工具。

（6）划线。

（7）仔细检查划线的准确性，以及是否有线条漏划。

（8）在线条上打样冲眼。

2. 划线样板的划线

（1）分析划线样板图，确定划线基准。

划线样板图样见图 2-30，按图中尺寸所示，要求在板料上把全部线条划出。划线前，选定以底边和右侧面这两条相互垂直的线为划线基准。

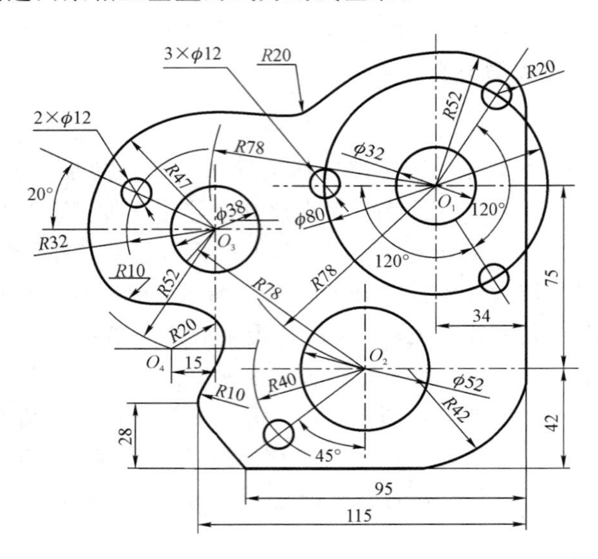

图 2-30　划线样板图

(2) 划线准备。

① 划线工具和量具的准备：划线平台、划规、划针、样冲、钢直尺等。

② 划线辅助工具：涂料。

③ 备料：薄铁皮(300 mm×250 mm×0.5 mm)，每人一件。

(3) 划线操作要点及步骤。

根据上述分析，划线样板可按表 2-3 所示步骤进行划线操作。

表 2-3　划线样板划线操作步骤及要点

步骤	操作要点
1	沿板料边缘划两条垂直基准线
2	划距底边尺寸为 42 mm 的水平线
3	划距底边尺寸为(42+75)mm 的水平线
4	划距右侧面尺寸为 34 mm 的垂直线
5	以 O_1 为圆心，$R78$ mm 为半径划弧，并截 42 mm 水平线得 O_2 点，通过 O_2 点作垂直线
6	分别以 O_1 点，O_2 点为圆心，$R78$ mm 为半径划弧相交得 O_3 点，通过 O_3 点作水平线和垂直线
7	通过 O_2 点作 45°线，并以 $R40$ mm 为半径截得小圆 $\phi12$ mm 的圆心
8	通过 O_3 点作与水平成 20°的线，并以 $R32$ mm 为半径截得另一小圆 $\phi12$ mm 的圆心
9	划垂直线与 O_3 垂直线的距离为 15 mm，并以 O_3 为圆心、$R52$ mm 为半径划弧截得 O_4 点

续表

步骤	操作要点
10	划距底边尺寸为 28 mm 的水平线
11	按尺寸 95 mm 和 115 mm 划出左下方的斜线
12	划出 ϕ32 mm、ϕ80 mm、ϕ52 mm 和 ϕ38 mm 的圆周线
13	把 ϕ80 mm 的圆周线按图作三等分
14	划出 5 个 ϕ12 mm 圆周线
15	以 O_1 为圆心、R52 mm 为半径划圆弧，并以 R20 mm 为半径作相切圆弧
16	以 O_3 为圆心、R47 mm 为半径划圆弧，并以 R20 mm 为半径作相切圆弧
17	以 O_4 为圆心、R20 mm 为半径划圆弧，并以 R10 mm 为半径作两处的相切圆弧
18	R42 mm 为半径作右下方的相切圆弧

在划线过程中，找出圆心后打样冲眼，以划规划圆弧。在划线交点以及划线上按一定间隔也要打样冲眼，以保证加工界限清楚和质量检查。对于表面经过磨削加工的精密工件，在划线后可不打样冲眼。

3. 连接孔划线

模具上模与下模的连接孔要求能互相吻合，如图 2－31 所示，这些连接孔的位置使用普通的划线方法往往定位不准确。这时，若使用图 2－32 所示的工具，不仅能保证质量，还能提高效率。在图 2－31 和图 2－32 所示的两个图中，外圆“D”和直径“D_1”配合，内孔“d”与上模的夹持部分外径“d_1”配合。在工具上作有 4 个小孔，位置要和上模中的 4 个小孔一样，并且要和工具的内外圆平行。另外作一个外圆比较精确的样冲，如图 2－33 所示，尖端 60°部分必须与外圆同心。在划上模的孔时，可将工具套在上模上，用一重物（如压板）将工具压紧，再把样冲放入每个孔中敲击一下，即可将 4 个连接孔的中心样冲眼冲出。在划下模的连接孔时，可将工具放进模具的窝座中去，压紧工具，用样冲依次冲出 4 个连接孔的中心样冲眼。用这种方法划出的连接孔线，都能互相吻合。

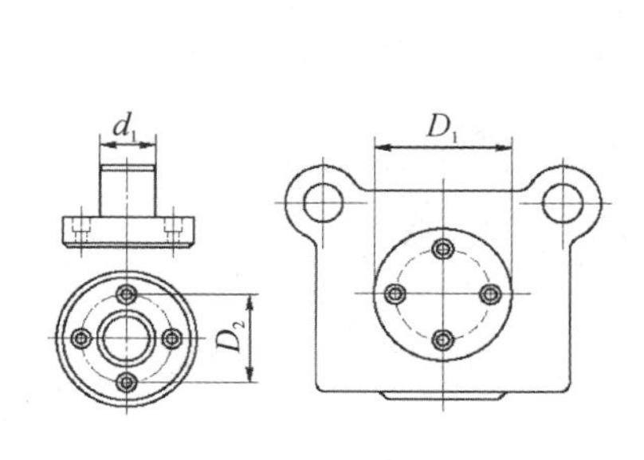

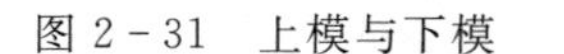

图 2－31　上模与下模

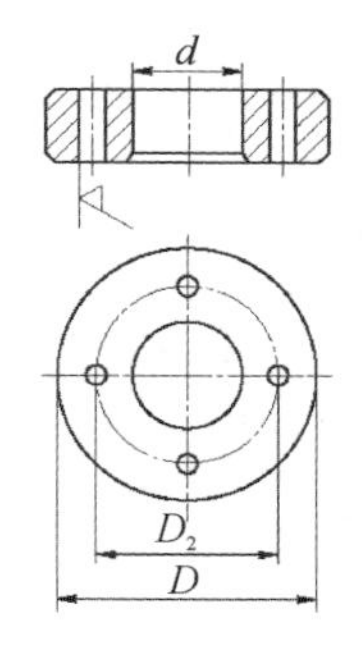

图 2－32　模具连接孔划线工具

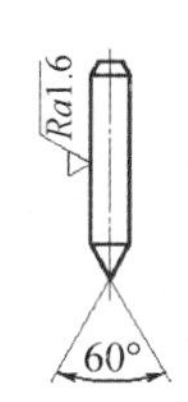

图 2－33　连接孔样冲

该方法不但可以用在模具上，类似的管道法兰盘上的孔也可以用这种方法来定孔的中心。此外，如果在该工具4个样冲孔的基础上将孔扩大，并装两个可换钻套(一个按螺孔底径，一个按螺杆外径)，则在大批制作这类模具连接孔时，可当作简单的钻模来使用。

思考与练习

2-1　什么是划线？划线分哪两种？划线的主要作用有哪些？

2-2　选择划线基准的基本原则是什么？

2-3　划线基准有哪三种基本类型？

2-4　什么叫借料？在什么情况下需要进行借料划线？

2-5　简述分度头的分度原理。

2-6　简述划线的基本步骤。

2-7　利用本章所学内容，在 ϕ50 mm，厚 3 mm 的钢板上划出一个五角星的轮廓线。

2-8　凸模零件如图2-34所示，板厚 5 mm，请按图划线并简述划线过程。

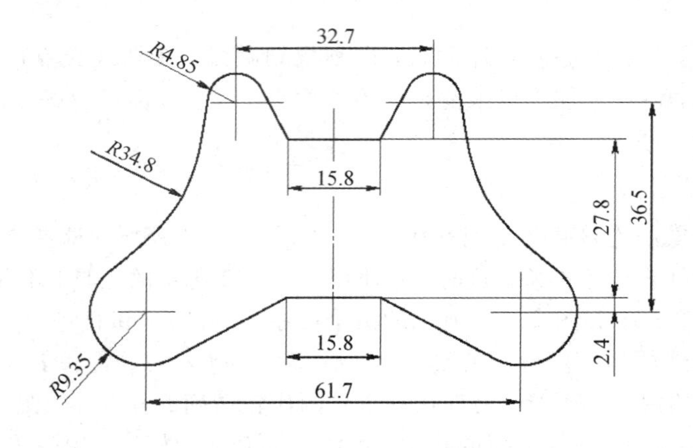

图2-34　凸模零件图

项目 3　零件的錾削加工

◎ 学习目标

- 掌握錾削工具及其使用方法。
- 掌握錾子的刃磨与热处理。
- 掌握錾削加工的安全注意事项。
- 掌握零件的錾削。

任务 3.1　錾削工具及其使用方法

錾削是钳工基本技能中比较重要的操作。錾削加工主要用于不便于机械加工的场合，如去毛坯上的凸缘、毛刺，分割材料，錾削平面及沟槽等。钳工在使用鉴削工具制作机械零件的过程中，可以练习锤击的准确性，为机械部件、工装、模具等装配打下扎实的基础。

1. 錾削的主要工具

1）錾子

錾子是錾削加工中要使用的主要工具。

(1) 錾子的种类及用途。

錾子的形状是根据工件不同的錾削要求而设计的。钳工常用的錾子有扁錾、尖錾和油槽錾三种类型，如表 3-1 所示。

表 3-1　錾子的种类及用途

名称	图　形	用　途
扁錾		切削部分扁平，刃口略带弧形。用来錾削凸缘、毛刺和分割材料，应用最广泛
尖錾		切削刃较短，切削刃两端侧面略带倒锥，防止在錾削沟槽时，錾子被槽卡住。主要用于錾削沟槽和分割曲线形板料

续表

名称	图　形	用　途
油槽錾		切削刃很短并呈圆弧形。錾子斜面制成弯曲形状，便于在曲面上錾削沟槽，主要用于錾削油槽

(2) 錾子的构造。

錾子由头部、柄部及切削部分组成。头部一般制成锥形，以便锤击力能通过錾子轴心。长度一般为150～200 mm，柄部一般制成六边形，以便于操作者定向握持。錾子的头部有一定锥度，顶部略带球形突起，如图3-1(a)所示。这种形状的优点是面小凸起，受力集中，錾子不易偏斜，刃口不易损坏。为防止錾子在手中转动，錾身应稍成扁形。不正确的錾子头部，如图3-1(b)所示，这样的头部不能保证锤击力落在錾刃的中心上，易击偏。錾子头部没有淬过火，因此，锤击多次后会打出卷曲的毛刺来。出现毛刺后，应在砂轮上磨去，以免发生危险。

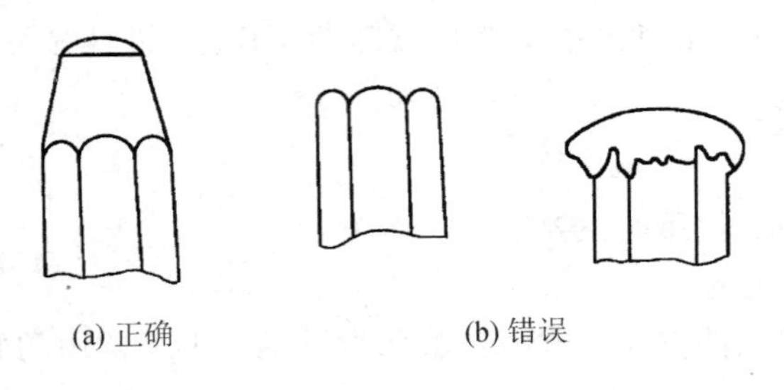

(a) 正确　　(b) 错误

图3-1　錾子头部

(3) 錾子的切削原理。

錾子切削金属必须具备两个基本条件：一是錾子切削部分材料的硬度，应该比被加工材料的硬度大；二是錾子切削部分要有合理的几何角度，主要是楔角。錾子在錾削时的几何角度如图3-2(a)所示。

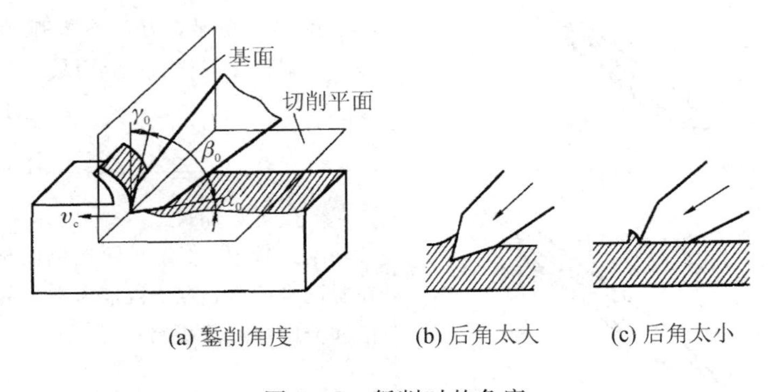

(a) 錾削角度　　(b) 后角太大　　(c) 后角太小

图3-2　錾削时的角度

① 前角 γ_0：前角是前刀面与基面间的夹角。前角大时，被切金属的切屑变形小，切削省力。前角越大越省力，如图 3-2(a)所示。

② 楔角 β_0：楔角是前刀面与后刀面之间的夹角。楔角越小，錾子刃口越锋利，錾削越省力。但楔角过小，会造成刃口薄弱，錾子强度差，刃口易崩裂；而楔角过大时，刀具强度虽好，但錾削很困难，錾削表面也不易平整。所以，錾子的楔角应在其强度允许的情况下，选择尽量小的数值。錾子錾削不同硬度材料时，对錾子强度的要求不同。因此，錾子楔角主要应该根据工件材料的硬度来选择，如表 3-2 所示。

表 3-2　錾子材料与楔角选用范围

材　料	楔角范围
中碳钢、硬铸铁等硬材料	60°～70°
一般碳素结构钢、合金结构钢等中等硬度材料	50°～60°
低碳钢、铜、铝等软材料	30°～50°

③ 后角 α_0：后角是錾削时錾子后刀面与切削平面之间的夹角，它的大小取决于錾子被握持的方向。錾削时一般取后角 5°～8°，后角太大会使錾子切入材料太深，錾不动，甚至损坏錾子刃口，如图 3-2(b)所示；若后角太小，錾子容易从材料表面滑出，不能切入，即使能錾削，由于切入很浅，效率也不高，如图 3-2(c)所示。在錾削过程中应握稳錾子使后角 α_0 不变，否则，工件表面将錾得高低不平。

由于基面垂直于切削平面，存在 $\alpha_0+\beta_0+\gamma_0=90°$ 的关系。当后角 α_0 一定时，前角 γ_0 由楔角 β_0 的大小来决定。

2）手锤

手锤又称锤子、榔头。錾削是借手锤的锤击力而使錾子切入金属的，手锤是錾削工作中不可缺少的工具，而且还是钳工装、拆零件时的重要工具。手锤一般分为硬手锤和软手锤两种。软手锤有铜锤、铝锤、木锤、硬橡皮锤等。软手锤一般用在装配、拆卸零件的过程中。硬手锤由碳钢淬硬制成，钳工所用的硬手锤有圆头和方头两种，如图 3-3 所示。圆头手锤一般在錾削和装、拆零件时使用，方头手锤一般在打样冲眼时使用。

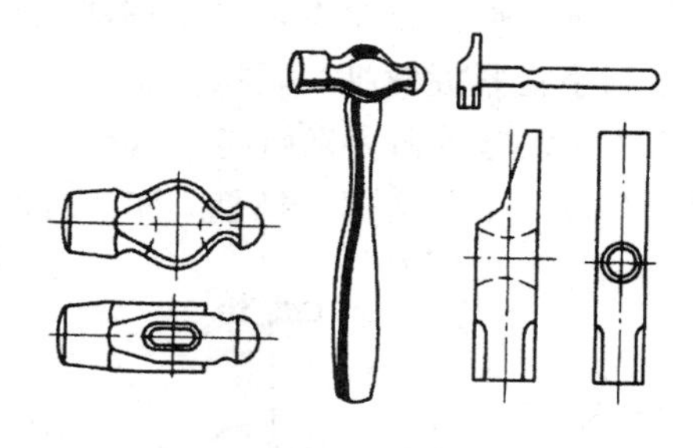

图 3-3　硬手锤

各种手锤均由锤头和锤柄两部分组成。手锤的规格是根据锤头的重量来确定的，钳工所用的硬手锤有 0.25 kg、0.5 kg、0.75 kg、1 kg 等，在英制中有 0.5 磅、1 磅、1.5 磅、2 磅等几种。锤柄的材料选用坚硬的木材，如胡桃木、檀木等，其长度应根据不同规格的锤头选用，如 0.5 kg 的手锤柄长一般为 350 mm。

无论哪一种形式的手锤，锤头上装锤柄的孔都要做成椭圆形的，而且孔的两端比中间大，成凹鼓形，以便于装紧。当手柄装入锤头时柄中心线与锤头中心线要垂直，且柄的最大椭圆直径方向要与锤头中心线一致。为了紧固不松动，避免锤头脱落，必须用金属楔子(上面刻有反向棱槽)或用木楔打入锤柄内加以紧固。金属楔子上的反向棱槽能防止楔子脱落，如图 3－4 所示。

2. 錾削的姿势

1）錾子和锤子的握法

(1) 錾子的握法。

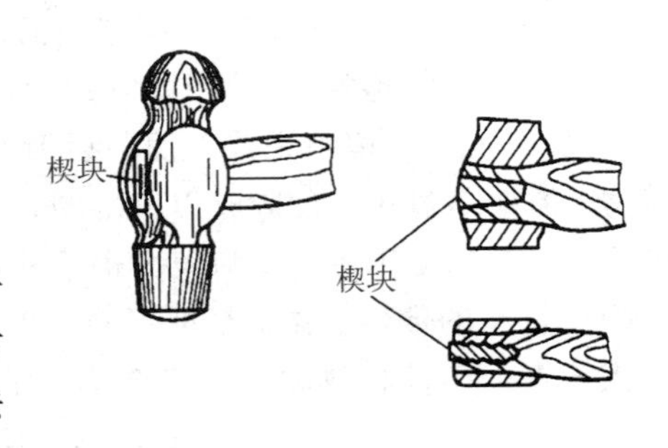

图 3－4　锤柄端部打入楔子

錾削就是使用锤子敲击錾子的顶部，通过錾子下部的刀刃将毛坯上多余的金属去除。由于錾削方式和工件加工部位的不同，手握錾子和挥锤的方法也有区别。

图 3－5 所示为錾削时三种不同的握錾方法。正握法如图 3－5(a)所示，錾削较大平面和在台虎钳上錾削工件时常采用这种握法；反握法如图 3－5(b)所示，錾削工件的侧面和进行较小加工余量錾削时，常采用这种握法；立握法如图 3－5(c)所示，由上向下錾削板料和小平面时，多采用这种握法。

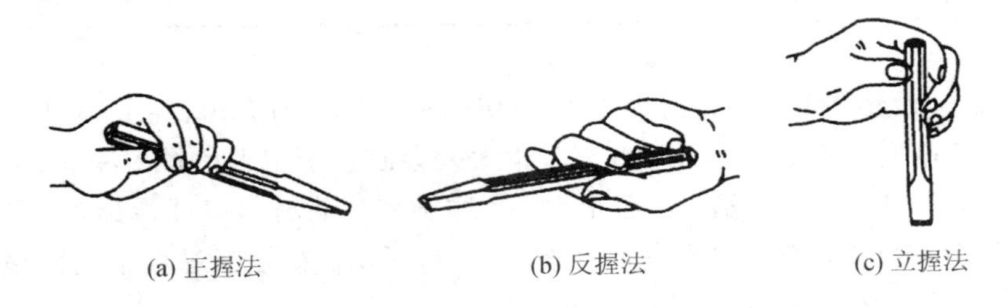
(a) 正握法　(b) 反握法　(c) 立握法

图 3－5　錾子的握法

(2) 锤子的握法。

锤子的握法分紧握法和松握法两种。紧握法如图 3－6(a)所示，用右手食指、中指、无名指和小指紧握锤柄，锤柄伸出 15～30 mm，大拇指压在食指上；松握法如图 3－6(b)所示，只有大拇指和食指始终握紧锤柄，锤击过程中，当锤子打向錾子时，中指、无名指、小指一个接一个依次握紧锤柄，挥锤时以相反的次序放松，此法使用熟练可增加锤击力。

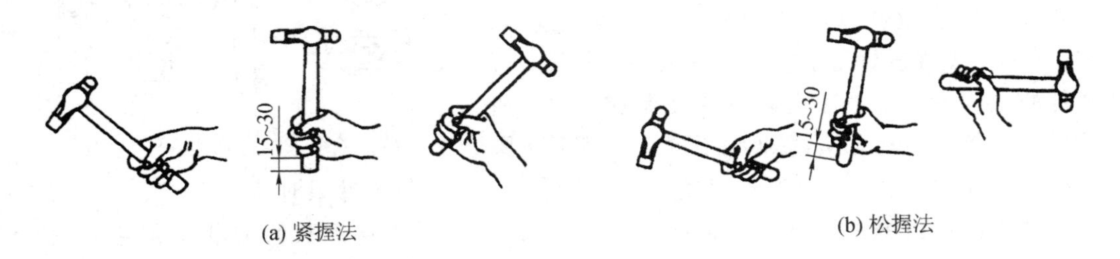

(a) 紧握法　(b) 松握法

图 3－6　锤子的握法

2）挥锤的方法

挥锤的方法有手挥、肘挥和臂挥三种。手挥只有手腕的运动，锤击力小，一般用于錾削的开始和结尾，如图 3－7(a)所示。錾削油槽时由于切削量不大也常用手挥。肘挥是用腕和肘一起挥锤，如图 3－7(b)所示，其锤击力较大，应用最广泛。臂挥是用手腕、肘和全臂一起挥锤，如图 3－7(c)所示。臂挥锤击力最大，用于需要大力錾削的场合。

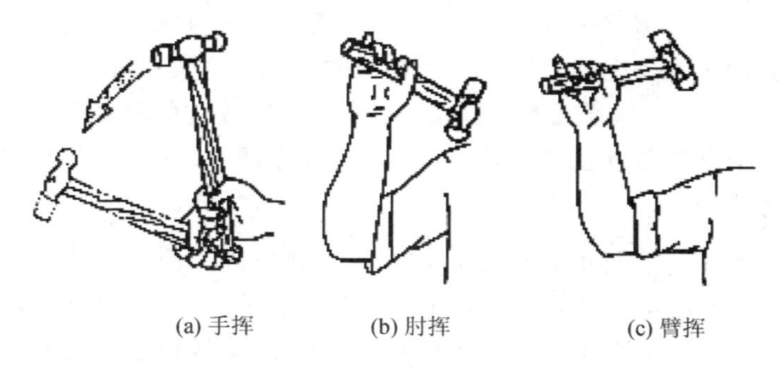

图 3－7　挥锤方法示意图

3）錾削的姿势

錾削时，两脚互成一定角度，左脚跨前半步，右脚稍微朝后，如图 3－8(a)所示，身体自然站立，重心偏于右脚。右脚要站稳，右腿伸直，左腿膝关节应稍微自然弯曲。眼睛注视錾削处，以便观察錾削的情况，而不应注视锤击处。左手握錾使其在工件上保持正确的角度，右手挥锤，使锤头沿弧线运动进行敲击，如图 3－8(b)所示。

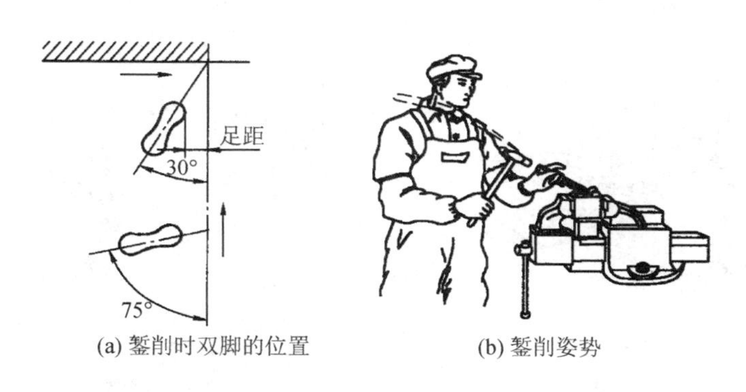

图 3－8　錾削姿势示意图

任务 3.2　錾子的热处理和刃磨

1. 錾子的热处理

錾子多用碳素工具钢 T8 或 T10 锻造而成，并经热处理淬硬和回火处理，使錾刃具有一定的硬度和韧度。淬火时，先将錾刃处长约 20 mm 部分加热呈暗橘红色(约 750℃～780℃)，然后将錾子垂直地浸入水中冷却，如图 3－9 所示，浸入深度约为 5～6 mm，并将錾子沿水面缓缓移动几次，待錾子露出水面的部分冷却成棕黑色(约 520℃～580℃)，将錾子从水中取出；接着观察錾子刃部的颜色变化情况，錾子刃部刚出水时呈白色，当由白色变黄后，又变成带蓝色时，就把錾子全部浸入刚才淬火的水中，搅动几下后取出，紧接着再全部浸入水中冷却。

图 3－9　錾子的热处理

经过热处理后的錾子刃部一般可达到 HRC55 左右，錾身约能达到 HRC30～HRC40。

从开始淬火到回火处理完成，只有十几秒钟的时间，尤其在錾子变色过程中，要认真仔细地观察，掌握好火候。如果在錾子刚出水，由白色变成黄色时就把錾子全部浸入水中，那么这样热处理的錾子虽然硬度稍微高些，但它的韧性却要差些，使用中容易崩刃。

2. 錾子的刃磨

錾子的楔角大小应与工件的硬度相适应，新锻制的或用钝了的錾刃，要用砂轮磨锐。錾子在磨削时，其被磨部位必须高于砂轮中心，以防錾子被高速旋转的砂轮带入砂轮架下而引起事故。手握錾子的方法如图 3-10 所示。錾子的刃磨部位主要是前刀面、后刀面及侧面。刃磨时，錾子在砂轮的全宽上作左右平行移动，这样既可以保证磨出的表面平整，又能使砂轮磨损均匀。要控制握錾子的方向、位置，保证磨出所需要的楔角。刃口两面要交替刃磨，保证一样宽，刃面宽约为 2～3 mm，如图 3-11 所示，两刃面要对称，刃口要平直。刃磨时，应在砂轮运转平稳后进行。人的身体不能正面对着砂轮，以免发生事故。按錾子的压力不能太大，不能使刃磨部分因温度太高而退火，为此必须在磨錾子时经常将錾子浸入水中冷却。

图 3-10　錾子的刃磨

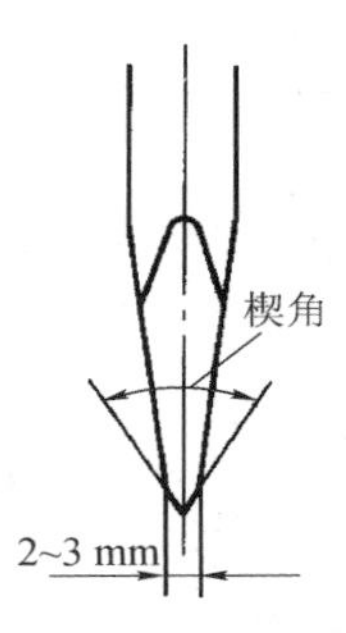

图 3-11　錾子刃磨示意图

GB 4674—2009 磨削机械安全规程

任务 3.3　零件的錾削

1. 錾削平面的方法

(1) 起錾的方法。

錾削平面主要使用扁錾，起錾时，一般应从工件的边缘尖角处着手，称为斜角起錾，如图 3-12(a)所示。从尖角处起錾时，由于切削刃与工件的接触面小，故阻力小，只需轻敲錾子即能切入材料。当需要从工件的中间部位起錾时，錾子的切削刃要抵紧起錾部位，錾子头部向下倾斜，使錾子与工件起錾端面基本垂直，如图 3-12(b)所示，然后再轻敲錾子，这样能够比较容易地完成起錾工作，这种起錾方法叫做正面起錾。

如图 3－13 所示，起錾时应将錾子握平或使錾头稍向下倾，以便錾刃切入工件。

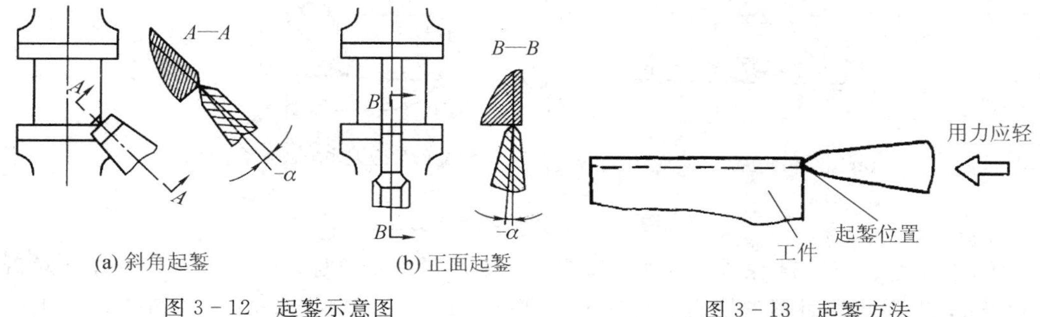

图 3－12　起錾示意图　　图 3－13　起錾方法

（2）终錾的方法。

当錾削快到尽头时，必须掉头錾削余下的部分，如图 3－14 所示；否则极易使工件的边缘崩裂，如图 3－15 所示。

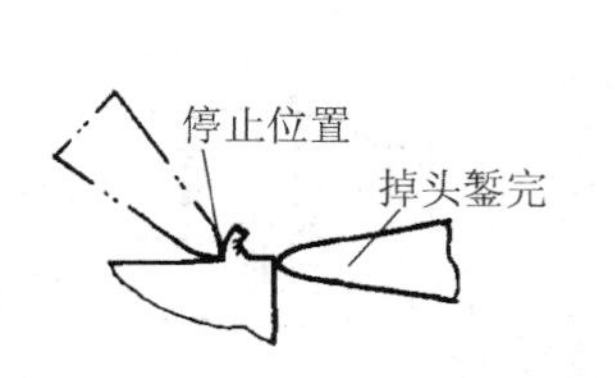

图 3－14　錾削到工件尽头时的錾削

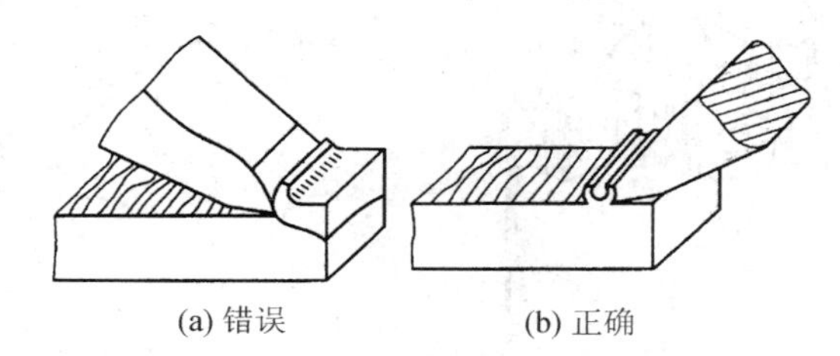

图 3－15　终錾示意图

（3）平面錾削的方法。

当錾削大平面时，一般应先用尖錾间隔开槽，再用扁錾錾去剩余部分，如图 3－16 所示。錾削小平面时，一般采用扁錾，使切削刃与錾削方向倾斜一定角度，如图 3－17 所示，目的是使錾子容易稳定住，防止錾子左右晃动而使錾出的表面不平。

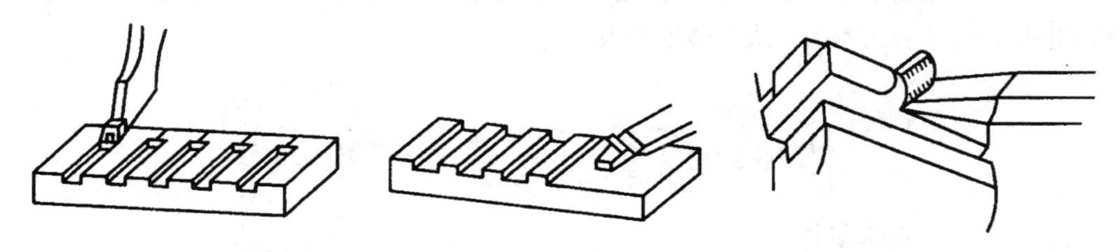

图 3－16　錾削大平面示意图　　图 3－17　錾削小平面示意图

（4）保持錾平的方法。

錾削时，錾子与工件夹角如图 3－18 所示。粗錾时，錾刃表面与工件夹角 $\alpha=3°\sim5°$；细錾时，α 角略大些。

2. 錾削板料的方法

在没有剪切设备的情况下，可用錾削的方法分割薄板料或薄板工件，常见的有以下几种情况。

（1）将薄板料牢固地夹持在台虎钳上，錾切线与钳口平齐，然后用扁錾沿着钳口并斜

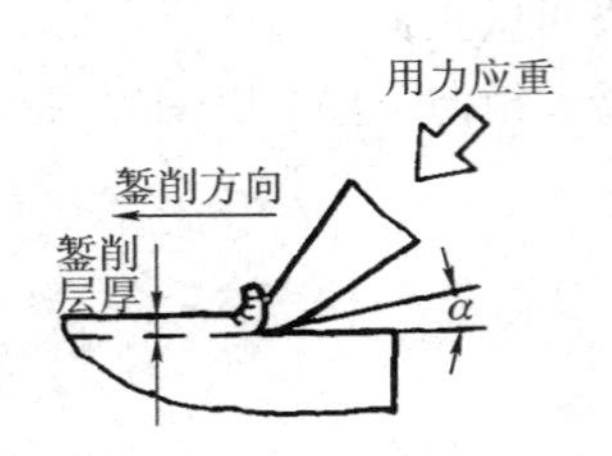

(a) 粗錾(α角应小，以免啃入工件)

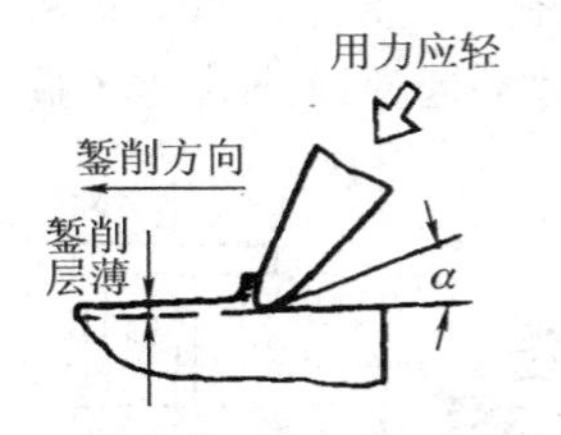

(b) 细錾(α角应大些，以免錾子滑出)

图 3－18　保持錾平的方法

对着薄板料(约成 45°)自右向左錾切，如图 3－19 所示。錾切时，錾子的刃口不能平对着薄板料錾切，否则錾切时不仅费力，而且由于薄板料的弹动和变形，将造成切断处产生不平整或撕裂，形成废品。如图 3－20 所示为錾切薄板料的错误操作。

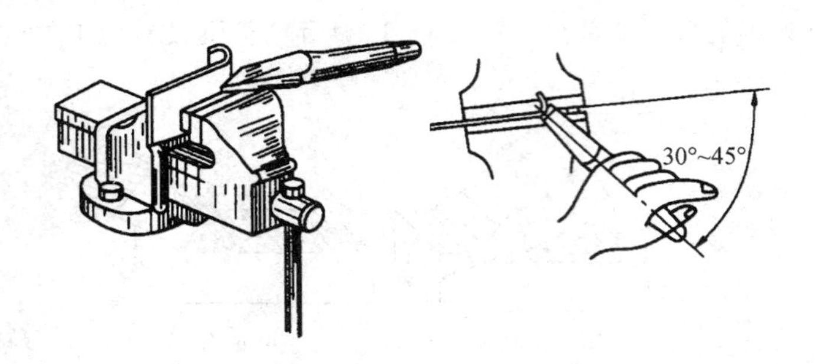

图 3－19　薄板料錾切

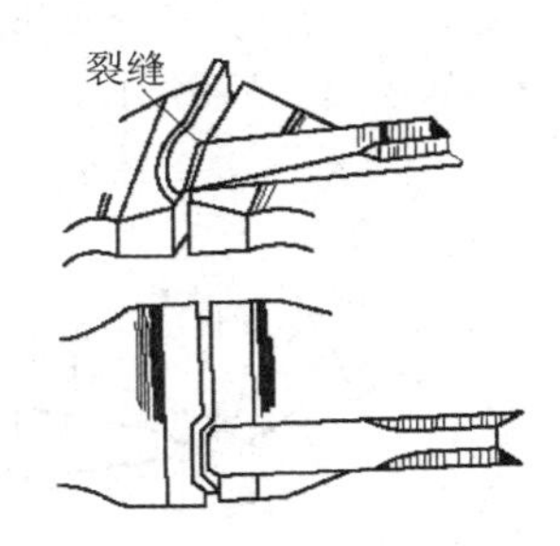

图 3－20　錾切薄板料的错误操作

(2) 錾切较大薄板料时，当薄板料不能在台虎钳上进行錾切时，可用软衬垫或垫铁垫在铁板或平板上，然后从一面沿錾切线(必要时距錾切线 2 mm 左右作加工余量)进行錾切，如图 3－21 所示。

(3) 錾切工件轮廓线较复杂的薄板工件时，为了减少工件变形，一般先按轮廓线钻出密集的排孔，然后利用扁錾、尖錾逐步錾切，如图 3－22 所示。

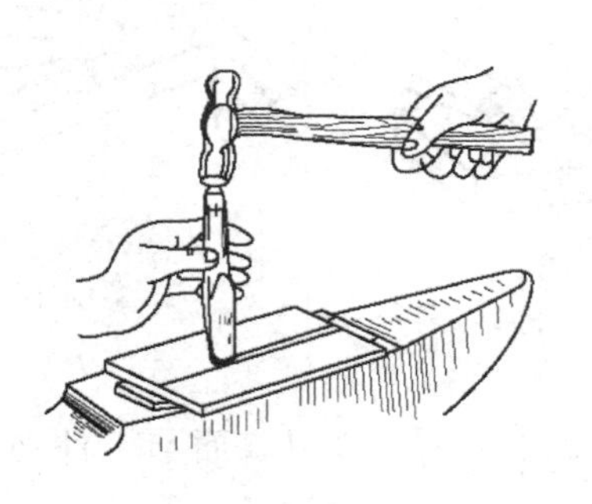

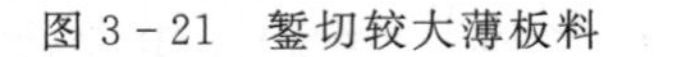

图 3－21　錾切较大薄板料

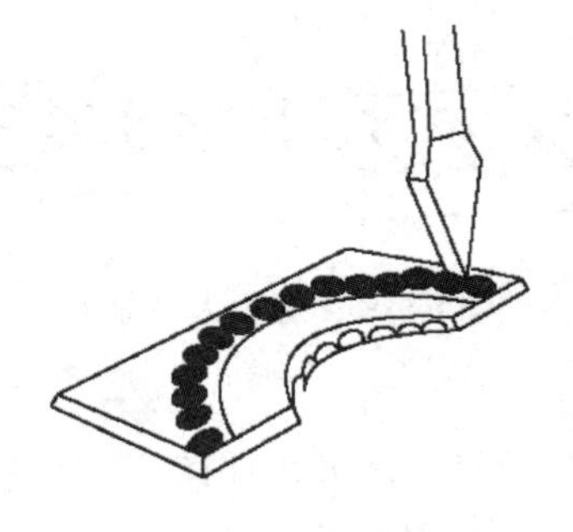

图 3－22　錾切曲线形板料

3. 錾削油槽的方法

錾削油槽前，首先根据图样上油槽的断面形状、尺寸刃磨好油槽錾的切削部分，同时在工件需錾削油槽部位划线。錾削时，如图 3－23 所示，錾子的倾斜度需随着曲面而变动，保持錾削时后角不变，这样錾出的油槽光滑且深浅一致。錾削结束后，修光槽边的毛刺。

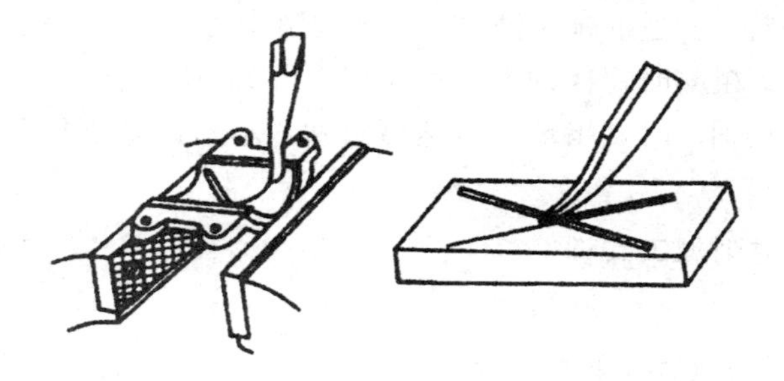

图 3-23 錾削油槽

4. 零件上窄平面的錾削加工实训

(1) 錾削准备。

錾削零件如图 3-24 所示。

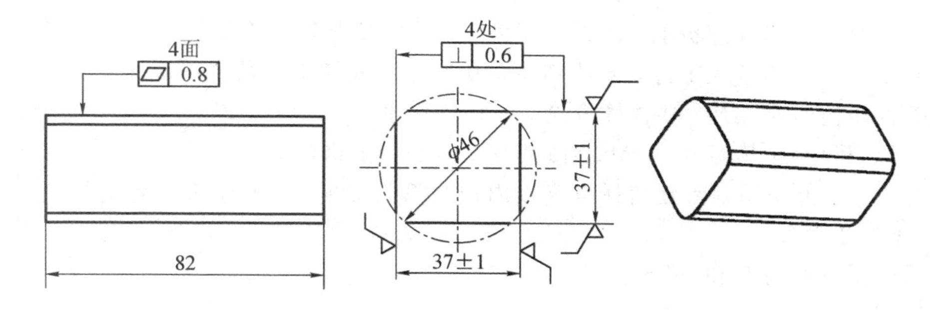

图 3-24 零件图

錾削准备为：

① 工具和量具：游标卡尺、钢直尺、直角尺、塞尺、扁錾、锤子、划针、划线盘和划线平台等。

② 辅助工具：软钳口衬垫、涂料等。

③ 备料：45 钢毛坯尺寸为 $\phi46\times82$(毛坯经车削加工切断获得)，每人一件。

④ 下道工序：锉削加工。

(2) 錾削操作要点。

① 錾削第一面。以圆柱母线为基准划出 41 mm 高度的平面加工线，然后按线錾削，达到平面度要求。

② 以第一面为基准，划出相距为 37 mm 的平面加工线，按线錾削，达到平面度和尺寸公差要求。

③ 分别以第一面及一端面为基准，用直角尺划出距顶面母线为 5 mm 并与第一面相垂直的平面加工线，按线錾削，达到平面度及垂直度要求。

④ 以第三面为基准，划出相距 37 mm 对面的平面加工线，按线錾削，达到平面度、垂直度及尺寸公差要求。

⑤ 全面检查精度，并作必要的修整錾削工作。

(3) 注意事项。

① 掌握正确的姿势、合适的锤击速度、一定的锤击力。

② 为掌握锤击力，粗錾时每次的錾削量应在 1.5 mm 左右。

③ 对工件进行錾削时，时常出现锤击速度过快、左手握錾不稳、锤击无力等情况，要注意及时克服。

5. 零件上直槽的錾削加工实训

(1) 錾削准备。

錾削零件如图 3-25 所示。錾削准备为：

① 工具和量具：扁錾、尖錾、钢板尺、游标卡尺、划针等。

② 辅助工具及材料：钳口衬铁、油石和涂料等。

③ 备料：45 钢毛坯尺寸为 $\phi 30\times 115$(毛坯经车削加工切断获得)，每人备一件。

(2) 操作要点。

① 钢件是韧性材料，錾子的楔角一般可取 50°～60°。

② 錾削时可适当抹擦机油，以减少摩擦，并可对錾子进行冷却。

③ 錾子刃口容易梗入工件，要特别注意切削角度和切削用量的选择。

④ 钢件粗錾时是卷屑，要注意安全，防止刺伤手。

⑤ 尖錾刃口小于槽宽 0.2 mm，使其有一定的锉削修整量。

⑥ 开槽时，可先用扁錾在直槽宽度以内把圆弧面錾平，以便于尖錾錾槽。

(3) 操作步骤。

① 对錾子进行刃磨和热处理。

② 按图样划线。

③ 用扁錾将圆弧面錾平至接近槽宽。

④ 用尖錾加工直槽并达到要求。

⑤ 检查錾削质量。

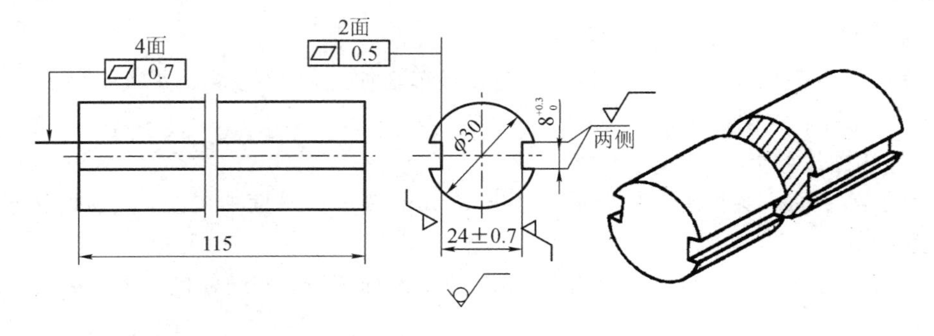

图 3-25 零件图

任务 3.4 錾削加工的安全注意事项

为了保证錾削工作的安全，操作时应注意以下几个方面。

(1) 錾子应经常刃磨，保持刃口锋利，过钝的錾子不但工作费力，錾出的表面不平整，而且容易产生打滑现象而造成手部划伤的事故。

(2) 錾子头部有明显的毛刺时，要及时磨掉，避免碎裂伤手。

(3) 发现手锤木柄有松动或损坏时，要立即装牢或更换，以免锤头脱落飞出伤人。

(4) 錾削时，最好周围设置安全网，以免碎裂金属片飞出伤人。操作者必要时可戴上防护镜。

(5) 錾子头部、手锤头部和手锤木柄都不应沾油，以防滑出。

(6) 錾削疲劳时要适当休息，否则手臂过度疲劳时容易击偏伤手。

(7) 錾削两三次后，可将錾子退回一些。刃口不要总是顶住工件，这样可随时观察錾削的平整情况，同时也可放松手臂肌肉。

思考与练习

3-1 钳工常用的錾子有哪几种？各适用于什么场合？

3-2 錾子的切削角度有哪些？如何确定錾子合理的切削角度？

3-3 简述錾子的刃磨。

3-4 简述錾子热处理的工艺过程。

3-5 錾削时，挥锤的方式有几种？各有何特点？

3-6 錾削一般平面时，起錾和终錾各应注意什么？

3-7 薄板料錾切的方法有哪几种？

3-8 简述錾削的安全注意事项。

3-9 錾子由________、________及________组成。

3-10 錾子楔角主要应该根据________来选择。

3-11 锤子的握法分________和________两种。

3-12 挥锤的方法有________、________和________三种。

3-13 錾削平面主要使用________，每次錾削余量约________mm。

3-14 将Q235钢毛坯ϕ50 mm×60 mm棒料，錾削为30 mm×30 mm×60 mm四方零件，自行下料，允许偏差为±1 mm。

项目 4　零件的锯削加工

◎ 学习目标

- 掌握锯削工具及其使用方法。
- 了解锯条断裂、锯齿崩裂、锯条过早磨损的原因。
- 了解锯缝歪斜的原因。
- 了解锯削加工的安全注意事项。
- 能进行零件的锯削加工。

任务 4.1　锯削工具及其使用方法

锯削是指用手锯或机械锯把金属材料分割开，或在工件上锯出沟槽的操作。钳工主要用手锯进行锯削。

1. 手锯的组成

手锯是由锯弓和锯条两部分组成的。

1）锯弓

锯弓是用来装夹并张紧锯条的工具，有固定式和可调式两种，如图 4－1 所示。现在，市场上有多种变异结构的固定式和可调式锯弓。

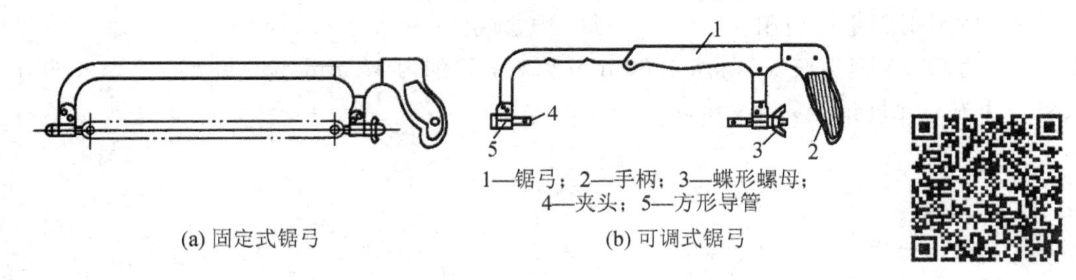

1—锯弓；2—手柄；3—蝶形螺母；4—夹头；5—方形导管

(a) 固定式锯弓　(b) 可调式锯弓

图 4－1　锯弓

QB 1108—2015 钢锯架

固定式锯弓只使用一种规格的锯条。可调式锯弓因弓架是由两段组成的，可使用几种不同规格的锯条。因此，可调式锯弓使用较为方便。

可调式锯弓有手柄、方形导管、夹头等，夹头上安有挂锯条的销钉。活动夹头上装有拉紧螺钉，并配有蝶形螺母，以便拉紧锯条。

2）锯条

手用锯条，一般是 300 mm 长的单向齿锯条。锯削时，锯入工件越深，锯缝的两边对锯条的摩擦阻力就越大，严重时可将锯条夹住。为了避免锯条在锯缝中被夹住，锯齿均有规律地向左右扳斜，使锯齿形成波浪形或交错形的排列，一般称之为锯路，如图 4－2 所示。

各个齿的作用相当于一排同样形状的錾子，每个齿都起到切削的作用，如图 4－3 所示。一般前角 γ_0 是 0°，后角 α_0 是 40°，楔角 β_0 是 50°。

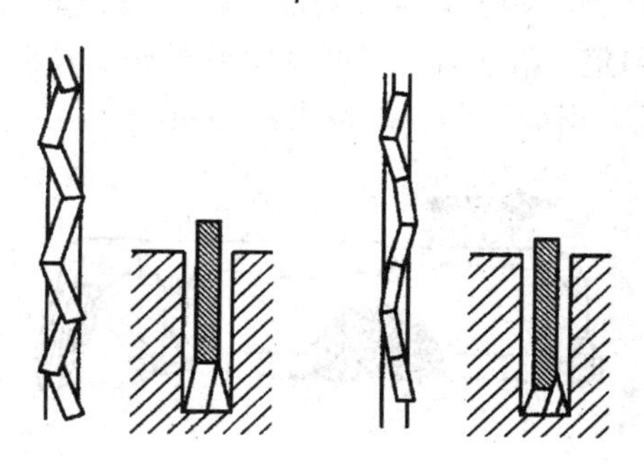

图 4－2　锯齿的排列

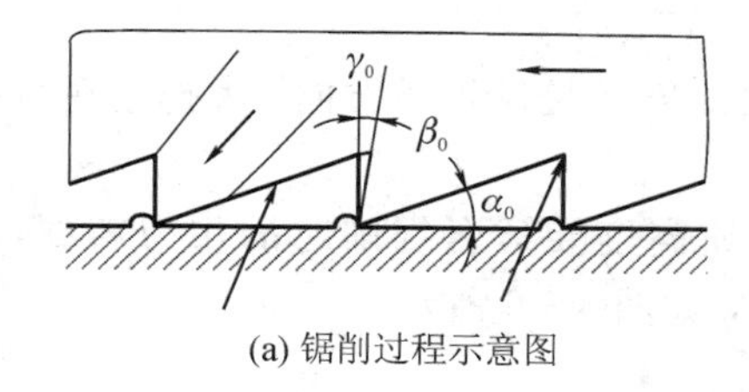

(a) 锯削过程示意图

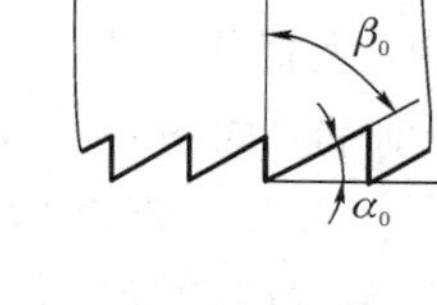

(b) 锯齿的角度

图 4－3　锯齿的切削角度

GB/T 14764—2008 手用钢锯条

为了减少锯条的内应力，充分利用锯条材料，目前已出现双面有齿的锯条。锯条两边的锯齿淬硬，中间保持较好韧性，不宜折断，可延长使用寿命。

锯齿的粗细规格是以锯条每 25 mm 长度内的齿数来表示的，一般分粗、中、细三种，如表 4－1 所示。

表 4－1　锯齿的粗细规格及应用

锯齿粗细	锯齿齿数/25 mm	应　　用
粗	14～18	锯削软钢、黄铜、铝、铸铁、紫铜、人造胶质材料
中	22～24	锯削中等硬度钢、厚壁铜管、铜管
细	32	锯削薄片金属、薄壁管材
细变中	32～20	易于起锯

通常粗齿锯条齿距大，容屑空隙大，适用于锯削软材料或较大切面的工件。这种情况每锯一次的切屑较多，只有大容屑槽才不至于堵塞而影响锯削效率。

锯削较硬材料或切面较小的工件应该用细齿锯条。硬材料不易锯入，每锯一次切屑较少，不易堵塞容屑槽。细齿锯同时参加切削的齿数增多，可使每齿担负的锯削量小，锯削阻力小，材料易于切除，推锯省力，锯齿也不易磨损。

锯削管子和薄板时，必须用细齿锯条，否则会因齿距大于板厚，使锯齿被钩住而崩断。在锯削工件时，截面上至少要有两个以上的锯齿同时参加锯削，才能避免被钩住而崩断的现象。

2. 锯条的安装

锯削前应选用合适的锯条，使锯条齿尖朝前，装入夹头的销钉上，如图 4-4 所示。锯条的松紧程度用蝶形螺母调整。调整时，不可过紧或过松。太紧失去了应有的弹性，锯条容易崩断；太松会使锯条扭曲，锯缝歪斜，锯条也容易折断。

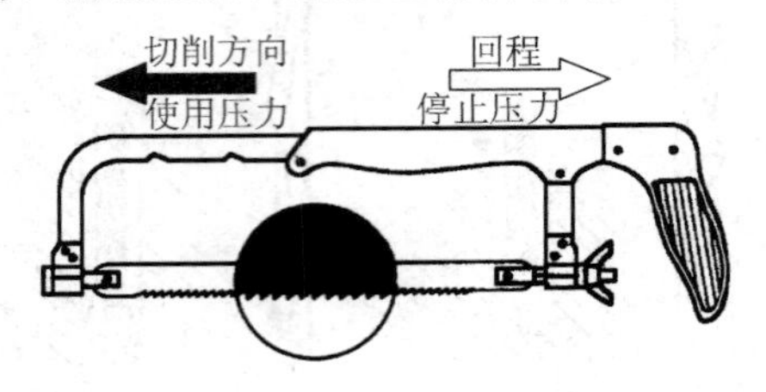

图 4-4　锯条的安装

3. 锯削的姿势

手锯的握法：右手满握锯弓手柄，大拇指压在食指上。左手控制锯弓方向，大拇指在弓背上，食指、中指、无名指扶在锯弓前端，如图 4-5 所示。

锯削时，站立的位置与錾削相似。夹持工件的台虎钳高度要适合锯削时的用力需要，即从操作者的下额到钳口的距离以一拳一肘的高度为宜，如图 4-6 所示。

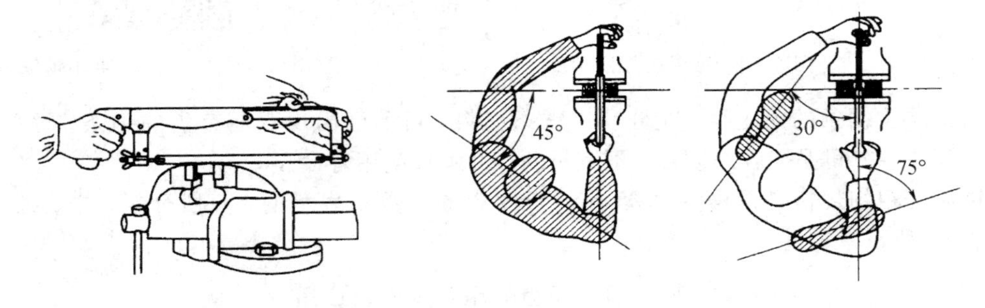

图 4-5　手锯的握法　　图 4-6　锯削站立和步位示意图

锯削时右腿伸直，左腿弯曲，身体向前倾斜，重心落在左脚上，两脚站稳不动，靠左膝的屈伸使身体作往复摆动。在起锯时，身体稍向前倾，与竖直方向约成 10°，此时右肘尽量向后收，如图 4-7(a)所示。随着推锯的行程增大，身体逐渐向前倾斜，身体倾斜约 15°，如图 4-7(b)所示。行程达 2/3 时，身体倾斜约 18°，左、右臂均向前伸出，如图 4-7(c)所示。

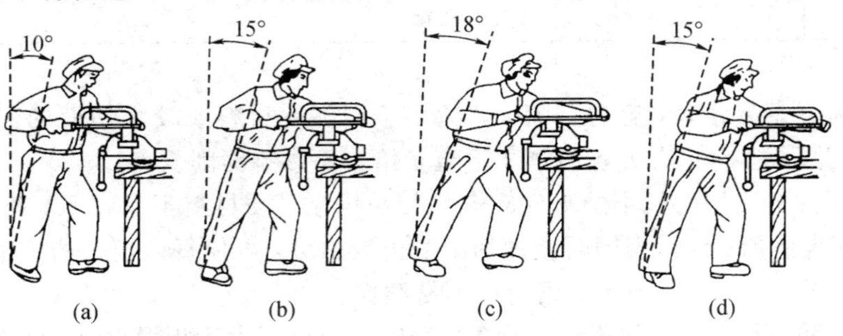

图 4-7　锯削操作姿势

当锯削最后1/3行程时，用手腕推进锯弓，身体随着锯的反作用力退回到15°位置，如图4-7(d)所示。锯削行程结束后，取消压力将手和身体都退回到最初位置。

4. 锯削的方法

1）锯削的基本方法

锯削的基本方法包括锯削时锯弓的运动方式和起锯方法。

（1）锯弓的运动方式。锯弓的运动方式有两种，一是直线往复运动，此方法适用于锯缝底面要求平直的槽和薄型工件；另一种是摆动式，锯削时锯弓两端可自然上下摆动，这样可减少切削阻力，提高工作效率。

（2）起锯。起锯是锯削工作的开始，起锯质量的好坏直接影响锯削质量。起锯有远起锯和近起锯两种，如图4-8所示。在实际操作中较多采用远起锯。无论采用哪一种起锯方法，起锯角度θ都要小些，一般不大于15°，如图4-9(a)所示。如果起锯角太大，锯齿易被工件的棱边卡住，如图4-9(b)所示。但起锯角θ太小，会由于同时与工件接触的齿数多而不易切入材料，锯条还可能打滑，使锯缝发生偏离，工件表面被拉出多道锯痕而影响表面质量，如图4-9(c)所示。起锯时压力要轻，为了使起锯平稳，位置准确，可用左手大拇指确定锯条位置，如图4-9(d)所示。起锯时要压力小，行程短。

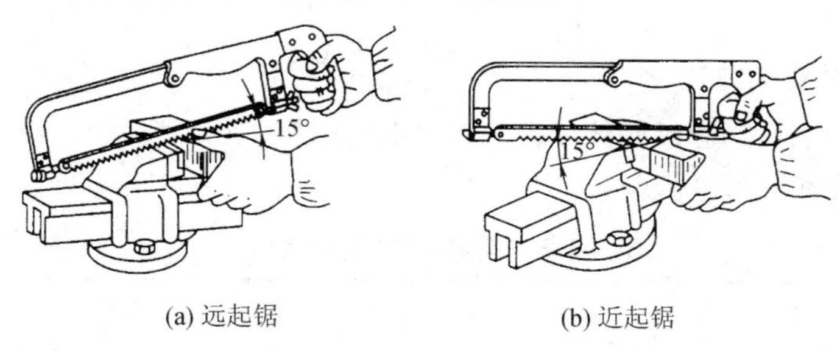

图4-8　起锯示意图

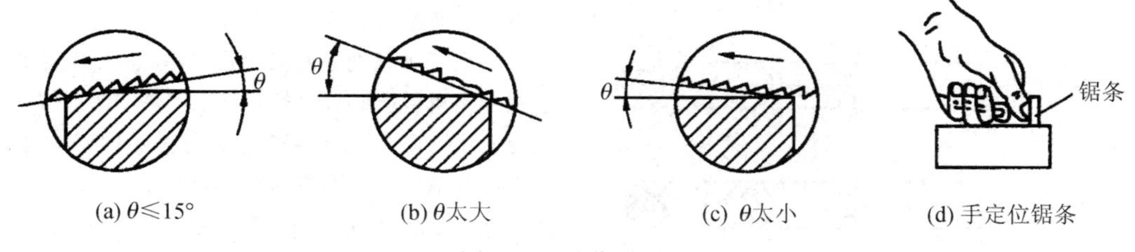

图4-9　起锯角度

（3）锯齿崩裂后的处理。发现锯齿崩裂，应立即停止锯削，取下锯条在砂轮上把崩齿的地方小心磨光，并把崩齿后面几齿磨低些，如图4-10所示。

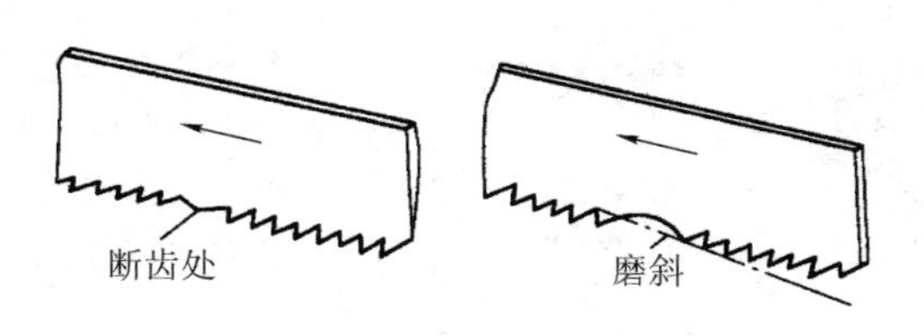

图4-10　锯齿崩裂的处理

2）锯削操作要点

（1）工件的夹持应当稳当牢固，不可有弹动。工件伸出部分要短，并将工件夹在台虎钳的左面。

（2）锯削时，两手作用在手锯上的压力和锯条在工件上的往复速度都将影响到锯削效率。锯削时的压力和速度必须按照工件材料的性质来确定。

锯削硬材料时，因不易切入，压力应该大些；锯削软材料时，压力应小些。但不管何种材料，当向前推锯时，对手锯要加压力，向后拉时，不但不要加压力，还应把手锯微微抬起，以减少锯齿的磨损。当锯削快结束时，压力应减小。钢锯的锯削速度以每分钟往复20～40次为宜。锯削软材料速度可快些，锯削硬材料速度应慢些。速度过快锯齿易磨损，过慢则效率不高，必要时可用切削液对锯条冷却润滑。锯削时，应使锯条全部长度都参加锯削，但不要碰撞到锯弓架的两端，这样锯条在锯削中的消耗平均分配于全部锯齿，从而延长锯条使用寿命，相反如只使用锯条中间一部分，将造成锯齿磨损不匀，锯条使用寿命缩短。锯削时一般往复长度不应小于锯条长度的三分之二。

任务 4.2　零件毛坯的锯削

1. 常用材料的锯削方法

锯削工件或材料时，应根据材料或工件的不同结构、形状采用不同的锯削方法进行锯削加工。常用材料的锯削方法如表 4－2 所示。

表 4－2　常用材料的锯削方法

锯削的典型零件	图　示	方　法
棒料		锯削前，工件应夹持平稳，尽量保持水平位置，使锯条与工件保持垂直，以防止锯缝歪斜。 如果要求锯削的断面比较平整，应从开始连续锯到结束。若锯削的断面要求不高，锯削时可改变几次方向，使棒料转过一定角度再锯，这样，由于锯削面变小而容易锯入，可提高工作效率。 锯削毛坯材料时，断面质量要求不高，为了节省锯削时间，可分几个方向锯削。每个方向都不锯到中心，然后将毛坯折断
管料	(a)　(b)	锯削管子时首先要将管子正确夹持。对于薄壁管子和精加工过的管件，应夹在有 V 形槽的木垫之间，以防夹扁和夹坏表面。 锯削时不要只在一个方向上锯，要多转几个方向，每个方向只锯到管子的内壁处，直至锯断为止

续表

锯削的典型零件	图　示	方　法
薄板料	木块 薄板 (a) (b)	锯削薄板料时，尽可能从宽面上锯下去，这样，锯齿不易产生钩住现象。若一定要在板料的窄面锯下去，应该把板料夹在两块木块之间，连木块一起锯下。这样才可避免锯齿钩住，同时也增加了板料的刚度，锯削时不会颤动，使锯缝处于水平位置
深缝	(a) (b) (c)	当锯缝的深度超过锯弓的高度时，可把锯条转过90°安装后再锯，装夹时，锯削部位应处于钳口附近，以免因工件颤动而影响锯削质量和损坏锯条

2. 锯削零件的圆形毛坯

锯削图4-11所示零件的圆形毛坯。

(1) 锯削准备。

① 工具和量具：锯条(若干)、锯弓、钢直尺、划针等。

② 辅助工具：软钳口衬垫、V形槽木垫、润滑油等。

③ 备料：45圆钢 ϕ22 mm×80 mm。

(2) 操作要点。

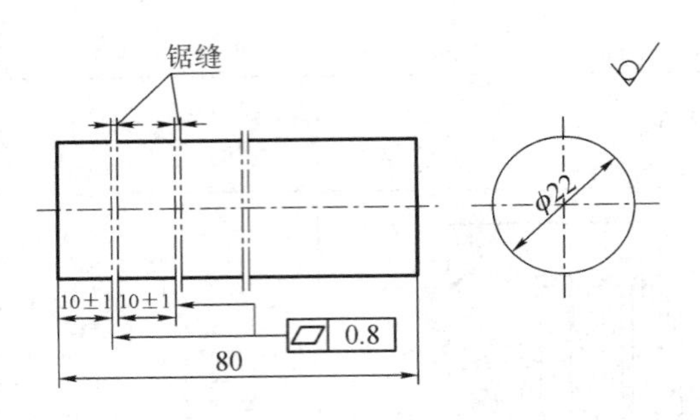

图 4－11　零件的圆形毛坯

① 工件伸出台虎钳钳口不宜过长，工件夹在台虎钳左侧较方便。

② 检查锯条的松紧程度，以有结实感又不过硬为宜。

③ 适当加润滑油，以减少锯条过热磨损。

④ 要求锯缝在规定的加工线内。

(3) 操作步骤。

① 根据图样在毛坯上划线。

② 将工件夹持稳固。

③ 按划线进行锯削，锯削速度适中，工件将要锯断时，用左手扶持住工件。

④ 锯割完成后，去除毛刺和飞边，检查尺寸和加工质量达到规定要求。

3. 锯削零件的管件毛坯

管件的毛坯零件如图 4－12 所示。

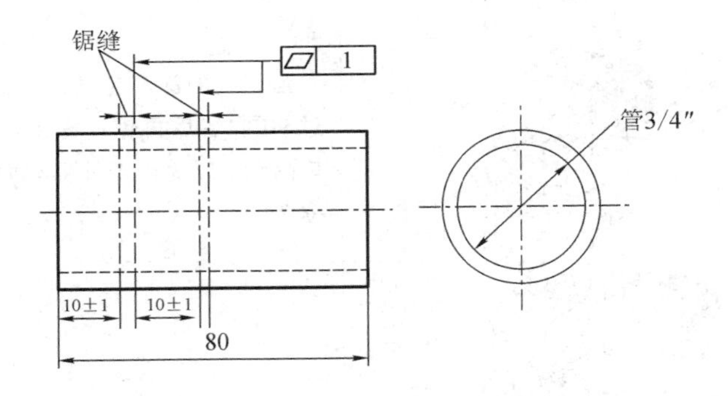

图 4－12　管件毛坯零件图

(1) 锯削准备。

① 工具和量具：细齿锯条(若干)、锯弓、钢直尺、划针等。

② 辅助工具：软钳口衬垫、V 形槽木垫、润滑油、涂料等。

③ 备料：3/4″钢管，长度为 80 mm。

(2) 操作要点。

① 使用带 V 形槽的木垫夹持管件，夹紧力适中，以防管件被夹变形或表面出现凹痕。

② 锯削时，当锯条锯到管件内壁时，应将管件转换一个角度，不断转换角度，直到锯断为止。切忌一个方向将管件锯断，否则锯齿容易在管壁上钩住而崩断。

③ 锯削时，适当加注润滑油进行润滑，以减少锯条因过热而磨损。

(3) 操作步骤。

① 在管件上按要求划线。

② 用V形木垫夹紧工件。

③ 按划线锯削。

④ 去除毛刺和飞边，检查尺寸。

4. 锯条断裂、锯齿崩裂、锯条过早磨损的原因

1) 锯条断裂的原因

锯削中，要防止锯条突然折断而使碎片崩出伤人。锯条折断的原因有：

(1) 工件未夹紧，锯削时工件松动。

(3) 锯条装得过松或过紧。

(3) 锯削用力太大或锯削方向突然偏离锯缝方向。

(4) 强行纠正歪斜的锯缝或调换新锯条后仍在原锯缝中过猛地锯削。

(5) 锯削时，锯条中段局部磨损，当拉长锯削时锯条被卡住引起折断。

(6) 中途停止使用时，锯条未从工件中取出而碰断。

2) 锯齿崩裂的原因

工件将锯断时，锯削压力要小，以避免工件突然断开或手突然前冲造成事故。长工件将被锯断时，应用左手扶住工件断开部分，避免工件掉下砸脚。锯齿崩裂后，从工件锯缝中清除断齿后可继续锯削。

锯齿崩裂的原因有：

(1) 锯薄壁管子和薄板料时锯齿选择不当，没有选择细齿锯条。

(2) 起锯角选得太大，造成锯齿被卡住或近起锯时用力过大。

(3) 锯削速度快，摆角又大，造成锯齿崩裂。

3) 锯条过早磨损的原因

锯条过早磨损的原因有：

(1) 锯削速度太快，锯条发热过度。

(2) 锯削较硬的材料时没有采取冷却或润滑措施。

(3) 锯削硬度太高的材料。

4) 锯缝歪斜的原因

锯缝产生歪斜的原因有：

(1) 安装工件时，锯缝线未能与铅垂线方向保持一致。

(2) 锯条安装太松或相对锯弓平面扭曲。

(3) 在锯削过程中，单面锯齿严重磨损。

(4) 锯削的压力太大而使锯条左右偏摆。

(5) 锯弓未扶正或用力方向歪斜。

5) 锯削的安全注意事项

锯削时的安全注意事项如下：

(1) 锯削练习前，必须检查工件的安装夹持及锯条的安装是否正确，并要注意起锯方法和起锯角度正确，以免一开始锯削就造成废品和锯条损坏。

(2) 初学锯削时，对锯削速度不易掌握，往往推出速度过快，容易使锯条很快磨钝，故应特别注意适当的锯削速度。

(3) 锯削时容易产生摆动姿势不自然，摆动幅度过大，以及摆动推出时左手向下摆等错误姿势，应及时纠正。

(4) 要随时注意锯缝平直情况，及时找正，以免歪斜过多再作纠正时，就不能保证锯削的质量。

(5) 在锯削钢件时，若是韧性材料需加些机油，可以减少锯条与锯缝断面的摩擦。

(6) 锯条要安装得松紧适当，锯割时不要突然用力过猛，防止工作中锯条折断从锯弓上崩出伤人。

(7) 当锯条局部几个齿崩裂后，应及时在砂轮机上进行修整，即将相邻的2～3齿磨低成凹圆弧状，如图4-13所示，并把已断的齿部磨光。如不及时处理，会使崩裂齿的后面各齿相继崩裂。

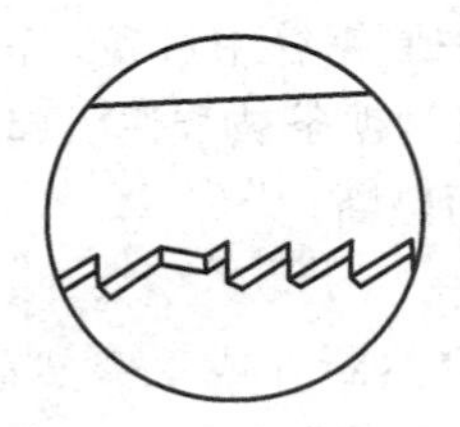

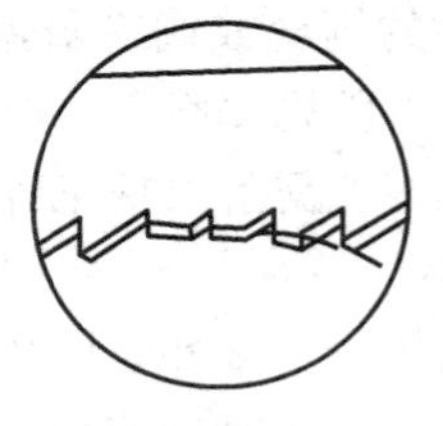

图4-13　锯齿崩裂后的修整

(8) 工件将被锯断时，压力要小，避免压力过大使工件突然断开，手向前冲造成事故。一般工件将锯断时，要用左手扶住工件断开部分，避免掉下砸伤脚。

(9) 锯削完毕，应将锯条张紧螺母作适当放松，但不要拆下锯条，防止锯弓上零件遗失。

思考与练习

4-1　锯削的应用场合有哪些？

4-2　锯削时，如何合理地选用不同规格的锯条？

4-3　常用锯条锯齿的切削角度有何特点？

4-4　锯条安装时，应注意哪些问题？

4-5　锯削时，起锯的方法有哪两种？起锯时应注意什么问题？

4-6　锯削薄壁管子时，装夹和锯削方法有哪些？

4-7　手锯是由________和________两部分组成。

4-8　锯削起锯角要小，一般起锯角不超过________度为宜。

4-9　锯削时一般往复长度不应小于锯条长度的________。

4-10　钢锯的锯削速度以每分钟往复________次为宜。

项目 5　零件的锉削加工

◎ **学习目标**

- 了解锉削工具及其使用方法。
- 掌握常用的锉削方法。
- 了解锉削加工的安全及注意事项。
- 能完成零件的锉削加工任务。

任务 5.1　锉削工具及其使用方法

锉削是用锉刀对工件表面进行切削加工，使工件达到所要求的尺寸、形状和表面粗糙度的方法。锉削是钳工中重要的工作之一。尽管锉削的效率不高，但在现代工业生产中用途仍很广泛。例如，对装配过程中的个别零件作最后修整；在维修工作中或在单件小批量生产条件下，对一些形状较复杂的零件进行加工；制作工具或模具；手工去毛刺、倒角、倒圆等。总之，一些不宜用机械加工方法来完成的表面，采用锉削方法更简便、经济，且能达到较小的表面粗糙度值(尺寸精度可达 0.01 mm，表面粗糙度 Ra 值可达 1.6 μm)。

锉削的加工范围包括内外平面、内外曲面、内外角、沟槽及各种复杂形状的表面。

锉削的主要工具是锉刀。锉刀是用高碳工具钢 T12、T12A、T13A 等制成，经热处理淬硬，硬度可达 HRC62 以上。由于锉削工作较广泛，目前使用的锉刀规格已标准化。

1. 锉刀的组成

锉刀的组成如图 5 - 1 所示。

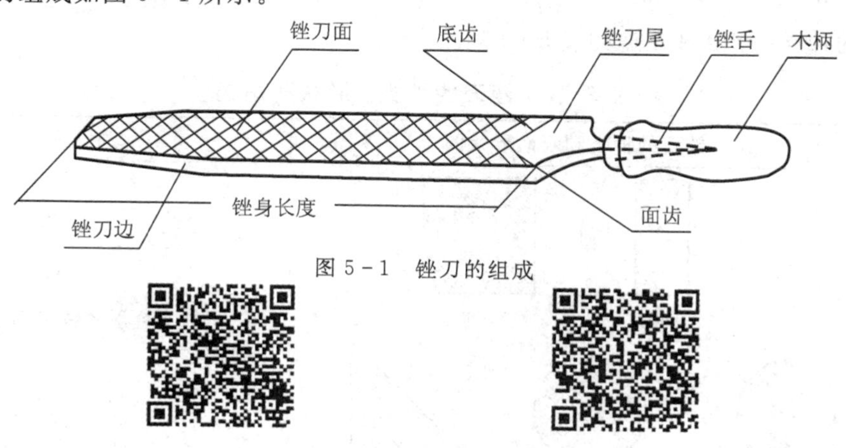

图 5 - 1　锉刀的组成

QB/T 3842—1999 锉刀的名词、术语
(与 1986 版一样)

QB/T 3843—1999 锉刀型式尺寸
(与 1986 版一样)

(1) 锉刀面，是锉刀主要工作面，它的长度就是锉刀的规格(圆锉的规格参考直径的大小而定，方锉的规格参考方头尺寸而定)。锉刀面在纵长方向上呈凸弧形，前端较薄，中间较厚。

(2) 锉刀边，是锉刀上的窄边，有的边有齿，有的边没齿。没齿的边，就叫安全边或光边。

(3) 锉刀尾，指锉刀上没齿的一端，它跟锉刀舌连着。

(4) 锉刀舌，指锉刀尾部，像一把锥子一样插入手柄中。

(5) 锉刀把，装在锉刀舌上，便于用力，它的一端装有铁箍，以防锉刀把劈裂。

2. 锉齿和锉纹

锉刀有无数个锉齿，锉削时每个锉齿都相当于一把錾子在对材料进行切削。锉纹是锉齿有规则排列的图案。锉刀的齿纹有单齿纹和双齿纹两种，如图 5－2 所示。

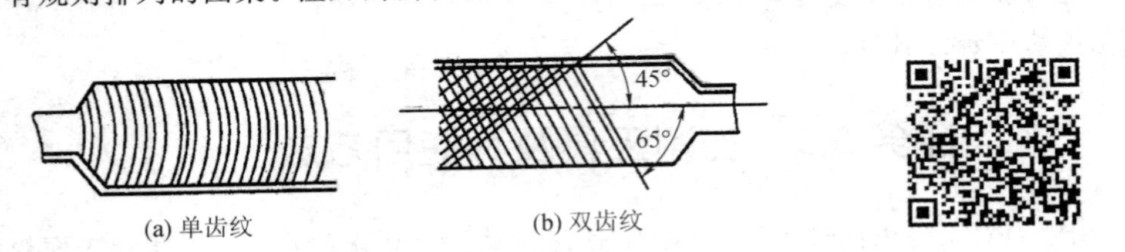

图 5－2 锉刀的齿纹

QB/T 3844—1999 锉纹参数
(与 1986 版一样)

单齿纹指锉刀上只有一个方向的齿纹，锉削时全齿宽同时参加切削，切削力大，因此常用来锉削软材料，如图 5－2(a)所示。

双齿纹指锉刀上有两个方向排列的齿纹，齿纹浅的叫底齿纹，齿纹深的叫面齿纹，如图 5－2(b)所示。底齿纹和面齿纹的方向和角度不一样，锉削时能使每一个齿的锉痕交错而不重叠，使锉削表面粗糙度值小。

采用双齿纹锉刀锉削时，锉屑是碎断的，切削力小，再加上锉齿强度高，所以适应于硬材料的锉削。

3. 锉刀的种类、形状和用途

锉刀的种类、形状和用途如表 5－1 所示。

表 5－1 锉刀的种类、形状和用途

名称	锉刀的种类和断面形状图	用　途
钳工锉 (普通锉)	扁锉　方锉 半圆锉　圆锉　三角锉	用于加工金属零件的各种表面，加工范围广

续表

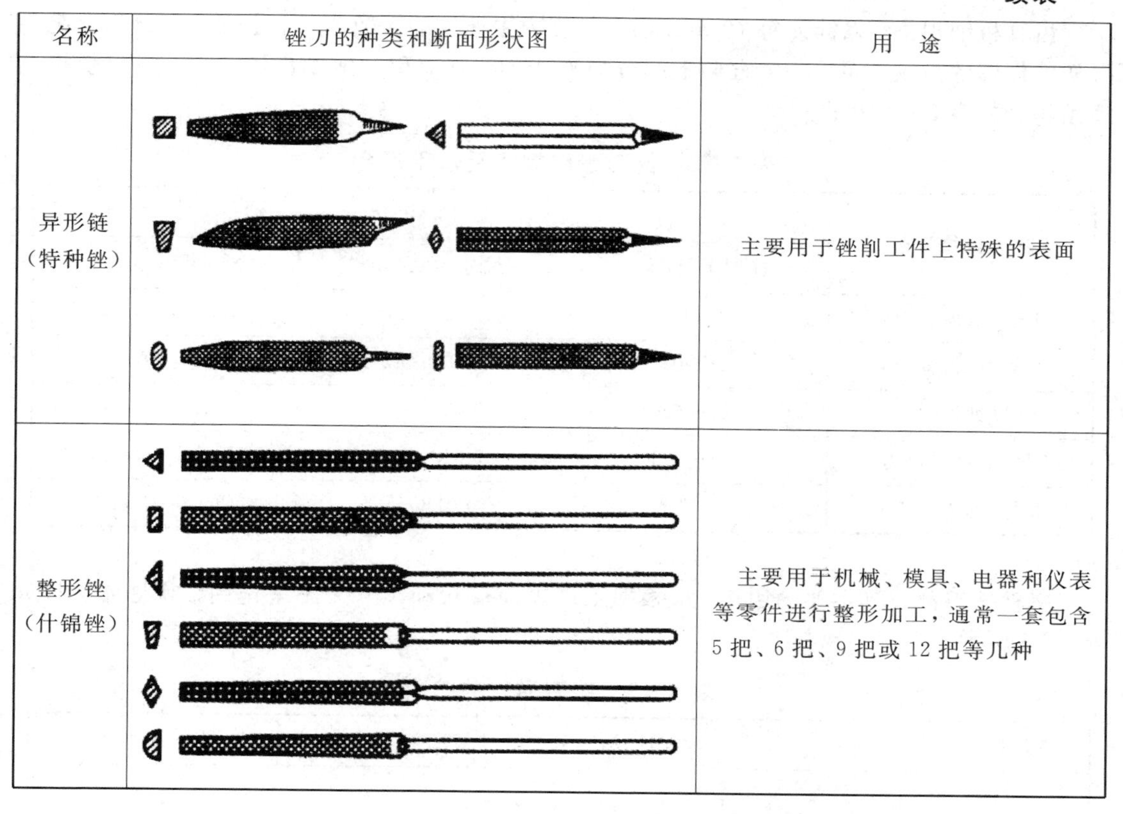

名称	锉刀的种类和断面形状图	用　途
异形链 (特种锉)		主要用于锉削工件上特殊的表面
整形锉 (什锦锉)		主要用于机械、模具、电器和仪表等零件进行整形加工，通常一套包含5把、6把、9把或12把等几种

QB/T 2569.1—2002
钢锉 钳工锉

QB/T 2569.2—2002
钢锉 锯锉

QB/T 2569.3—2002
钢锉 整形锉

QB/T 2569.4—2002
钢锉 异形锉

QB/T 2569.5—2002
钢锉 钟表锉

QB/T 2569.6—2002
钢锉 木锉

JB/T 7991.3—2001
电镀超硬磨料制品 什锦锉

YS/T 552—2009
硬质合金旋转锉毛坯

4. 锉刀的规格及选用

锉刀的规格包括尺寸规格和齿纹粗细规格两种。方锉刀的尺寸规格以方形尺寸表示，圆锉刀的规格用直径表示，其他锉刀则以锉身长度表示。钳工常用的锉刀锉身长度有

100 mm、150 mm、200 mm、250 mm、300 mm、350 mm、400 mm 等多种。

齿纹粗细规格，以锉刀每 10 mm 轴向长度内主锉纹的条数表示。主锉纹指锉刀上起主要切削作用的齿纹；而另一个方向上起分屑作用的齿纹，称为辅助齿纹。锉刀齿纹规格及适用场合如表 5－2 所示。

表 5－2　锉刀齿纹规格及适用场合

锉刀齿纹规格	适用场合		
	锉削余量/mm	尺寸精度/mm	表面粗糙度/μm
1 号(粗齿锉刀)	0.5～1	0.2～0.5	*Ra*100～*Ra*25
2 号(中齿锉刀)	0.2～0.5	0.05～0.2	*Ra*25～*Ra*6.3
3 号(细齿锉刀)	0.1～0.3	0.02～0.05	*Ra*12.5～*Ra*3.2
4 号(双细齿锉刀)	0.1～0.2	0.01～0.02	*Ra*6.3～*Ra*1.6
5 号(油光锉刀)	0.1 以下	0.01 以下	*Ra*1.6～*Ra*0.8

每种锉刀都有其主要的用途，应根据工件表面形状和尺寸大小来选用，其具体选择如表 5－3 所示。

表 5－3　锉刀形状的选用

类别	图　示	用　途
扁锉	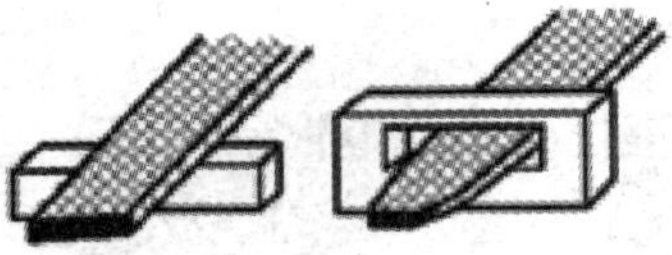	锉平面、外圆、凸弧面
半圆锉		锉凹弧面、平面
三角锉	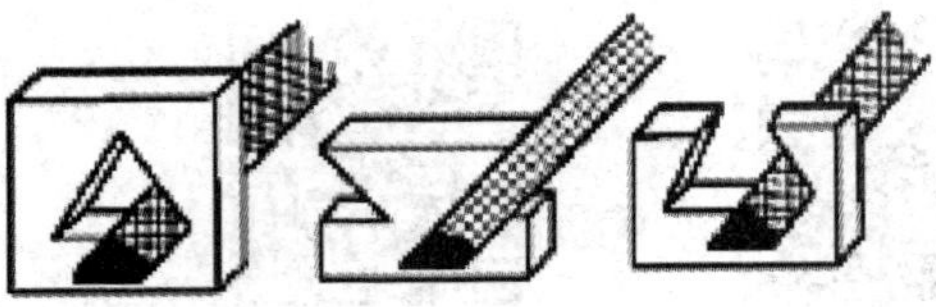	锉内角、三角孔、平面
方锉	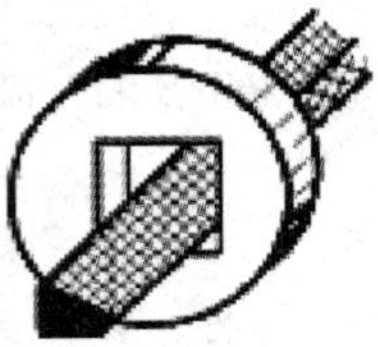	锉方孔、长方孔

续表

类别	图　示	用　途
圆锉		锉圆孔、半径较小的凹弧面、内椭圆面
菱形锉		锉菱形孔、锐角槽
刀口锉		锉内角、窄槽、楔形槽、方孔、三角孔、长方孔的平面

5. 锉刀的保养

为了延长锉刀的使用寿命，必须遵守下列规则：

(1) 不准用新锉刀锉硬金属。

(2) 不准用锉刀锉淬火材料。

(3) 对有硬皮或粘砂的锻件和铸件，须将硬皮、粘砂去掉后，才可用半锋利的锉刀锉削。

(4) 新锉刀先使用一面，当该面磨钝后，再用另一面。

(5) 锉削时，要经常用钢丝刷清除锉齿上的切屑。

(6) 锉削时不宜速度过快，否则容易过早磨损。

(7) 细锉刀不允许锉软金属。

(8) 使用整形锉时用力不宜过大，以免折断。

(9) 锉刀要避免沾水、油和其他污物。

(10) 锉刀不可重叠或者和其他工具堆放在一起。

6. 手提式锉削机

手提式锉削机的外形如图 5－3 所示。手提式锉削机的结构如图 5－4 所示。将锉刀插在接头的槽内，用螺钉将其紧固。锥齿轮 1 上有个偏心孔，孔内的销子与连杆连接，锥齿轮 1 与装在电动机轴上的锥齿轮 2 啮合。当插销插上电源电动机启动后，由锥齿轮 1 通过销子作曲拐转动，从而带动连杆和接头进行直线移动，这时，锉刀即作往复运动进行锉削。

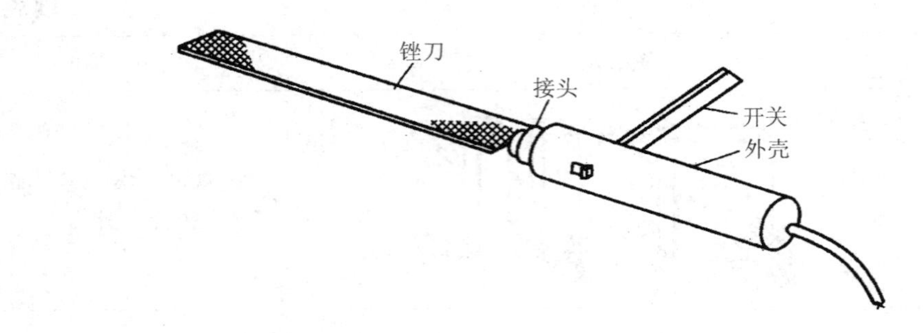

图 5-3　手提式锉削机的外形

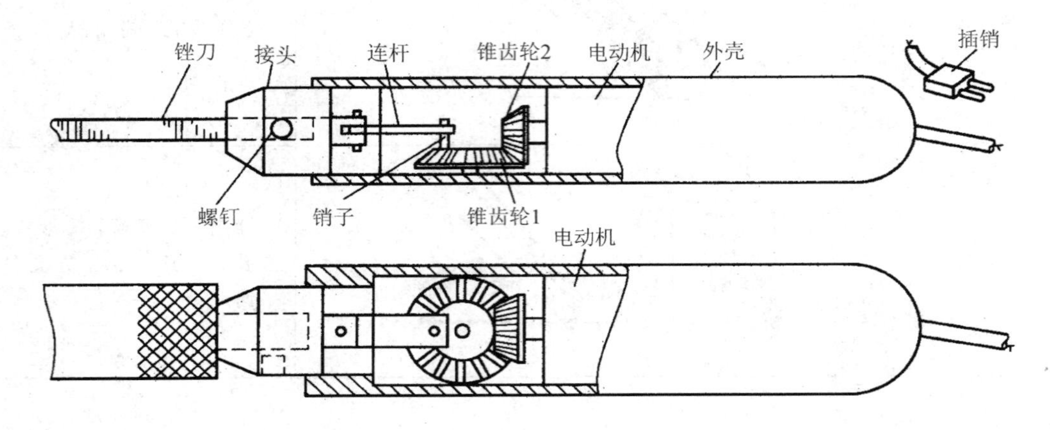

图 5-4　手提式锉削机的结构

7. 锉刀的握法

(1) 较大锉刀的握法。

较大锉刀一般指锉刀长度大于 250 mm 的锉刀。较大锉刀的握法如图 5-5 所示，右手握着锉刀柄，将柄外端顶在拇指根部的手掌上，大拇指放在手柄上，其余手指由下而上握手柄。左手在锉刀上的握法有三种，左手掌斜放在锉梢上方，拇指根部肌肉轻压在锉刀刀头上，中指和无名指抵住梢部右下方；左手掌斜放在锉梢部，大拇指自然伸出，其余各指自然蜷曲，小拇指、无名指、中指抵住锉刀前下方；左手掌斜放在锉梢上，各指自然平放。

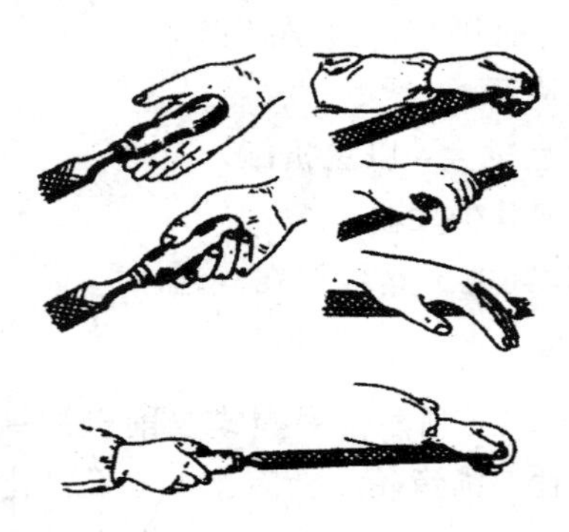

图 5-5　较大锉刀的握法

(2) 中型锉刀的握法。

中型锉刀与较大锉刀的右手握法相同，左手的大拇指和食指轻轻扶持锉刀，如图 5-6 所示。

(3) 小型锉刀的握法。

小型锉刀的右手的食指平直扶在手柄外侧面，左手手指压在锉刀的中部，以防锉刀弯曲，如图 5-7 所示。

图 5-6 中型锉刀的握法

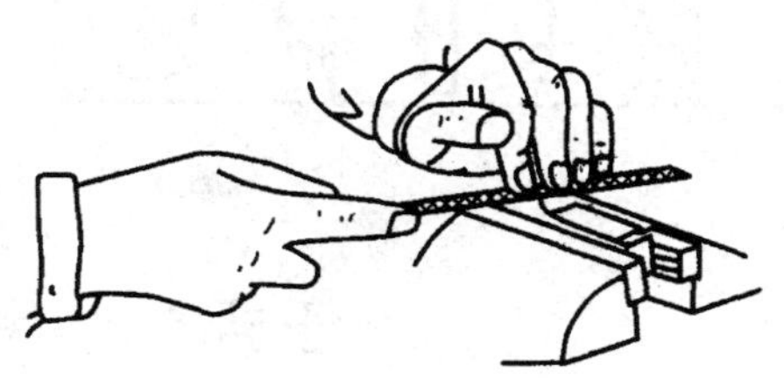

图 5-7 小型锉刀的握法

(4) 整形锉刀的握法。

单手握持手柄，食指放在锉身上方，整形锉刀的握法如图 5-8 所示。

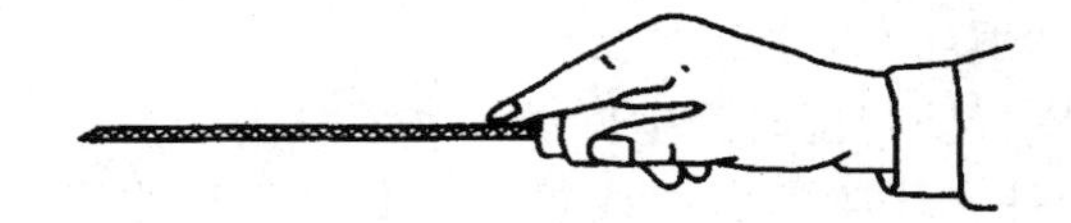

图 5-8 整形锉刀的握法

8. 锉削的姿势

锉削时的站立步位和姿势如图 5-9 所示。锉削动作如图 5-10 所示，两手握住锉刀放在工件上，左臂弯曲；锉削时，身体先于锉刀并与之一起向前，右脚伸直并向前倾，重心在左脚，左膝呈弯曲状态；当锉刀锉至约 3/4 行程时，身体停止前进，两臂则继续将锉刀向前锉到头。同时，左脚伸直重心后移，恢复原位，并将锉刀收回。然后进行第二次锉削。

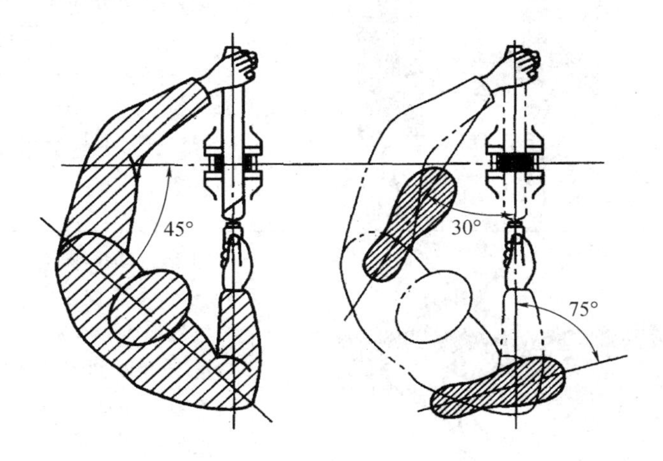

图 5-9 锉削时的站立步位和姿势示意图

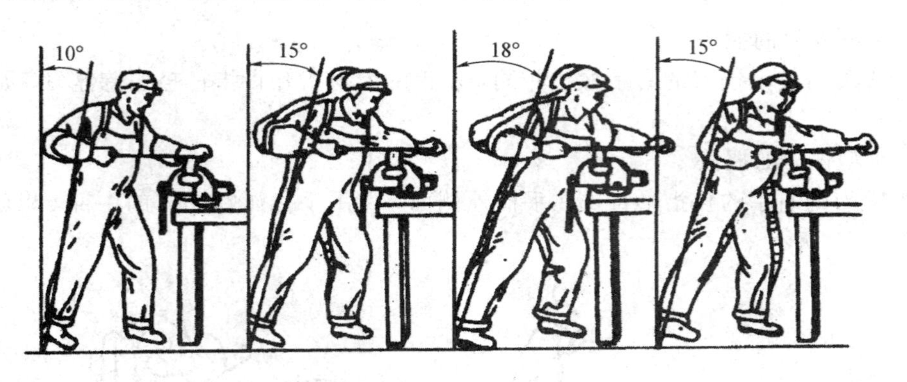

图 5－10　锉削动作示意图

任务 5.2　锉削的方法

1. 锉削工件的装夹

锉削加工时，对工件的装夹有以下要求：

① 工件尽量夹持在台虎钳钳口宽度方向中间。

② 装夹要稳固，用力适当，以防工件变形。

③ 锉削面靠近钳口，以防锉削时产生振动。

④ 对形状不规则工件、已加工表面或精密工件，要加适宜的衬垫（铜皮或铝皮）后夹紧。

2. 平面的锉削

平面的锉削方法有顺向锉法、交叉锉法和推锉法三种，如表 5－4 所示。

表 5－4　平面的锉削方法

锉削方法	图　示	操作方法
顺向锉法		锉刀运动方向与工件夹持方向始终一致。在锉宽平面时，每次退回锉刀时应在横向作适当的移动。顺向锉法的锉纹整齐一致，比较美观，这是最基本的一种锉削方法，不大的平面和最后锉光都用这种方法
交叉锉法		锉刀运动方向与工件夹持方向约成30°～40°，且锉纹交叉。由于锉刀与工件的接触面大，锉刀容易掌握平稳，同时从刀痕上可以判断出锉削面的高低情况，表面容易锉平，一般适于粗锉。精锉时为了使刀痕变为正直，当平面将锉削完成前应改用顺向锉法

续表

锉削方法	图　示	操作方法
推锉法		用两手对称横握锉刀，用大拇指推动锉刀顺着工件长度方向进行锉削，此法一般用来锉削狭长平面

3. 曲面的锉削

常见的曲面是单一的外圆弧面和内圆弧面，其锉削方法如表 5－5 所示。

表 5－5　曲面的锉削方法

锉削方法	图　示	操作方法
外圆弧面锉法	(a)　(b)	当余量不大或对外圆弧面作修整时，一般采用锉刀顺着圆弧锉削，如图(a)所示，在锉刀作前进运动时，还应绕工件圆弧的中心作摆动。 当锉削余量较大时，可采用横着圆弧锉的方法，如图(b)所示，按圆弧要求锉成多棱形，然后再顺着圆弧锉削，精锉成圆弧
内圆弧面锉法		锉刀要同时完成三个运动：前进运动、向左或向右的移动和绕锉刀中心线转动(按顺时针或逆时针方向转动约 90°)。三种运动须同时进行，才能锉好内圆弧面，如不同时进行上述三种运动，就不能锉出合格的内圆弧面
球面锉法		推锉时，锉刀对球面中心线摆动，同时又作弧形运动

4. 曲面锉削质量的检测

对于锉削加工后的内、外圆弧面，可采用曲面样板检查曲面的轮廓度。曲面样板通常包括凸面样板和凹面样板两类，如图 5－11 所示。其中曲面样板左端的凸面板本身为标准内圆弧面，曲面样板的右端凹面样板用于测量外弧面，测量时，要在整个弧面上测量，综合进行评定，如图 5-12 所示。

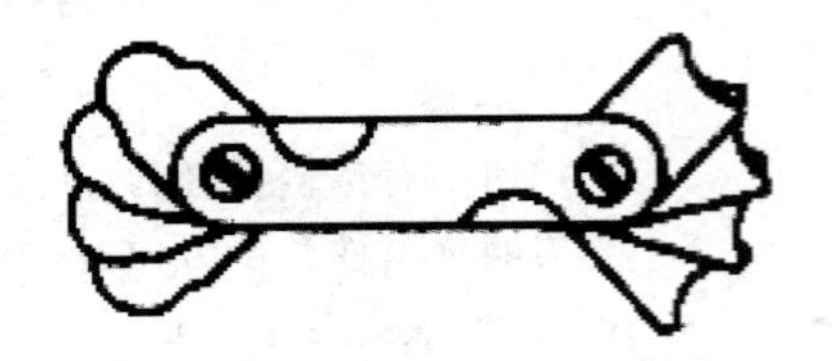

图 5-11　曲面样板

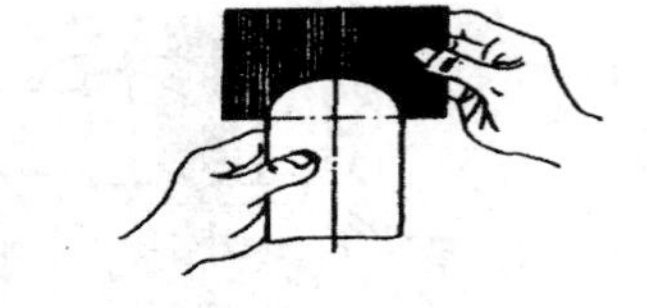

图 5-12　用曲面样板检查曲面的轮廓度

任务 5.3　零件的锉削加工

1. 锉削长方体

(1) 锉削准备。

要锉削的长方体零件如图 5-13 所示。锉削准备如下：

① 工具和量具：游标卡尺、千分尺、高度游标尺、直角尺、刀口直角尺、塞尺、整形锉、钳工锉、划针等。

② 辅助工具：软钳口衬垫、锉刀刷、涂料等。

③ 备料：Q235 方钢毛坯尺寸为 37 mm×37 mm×85 mm，每人一件。

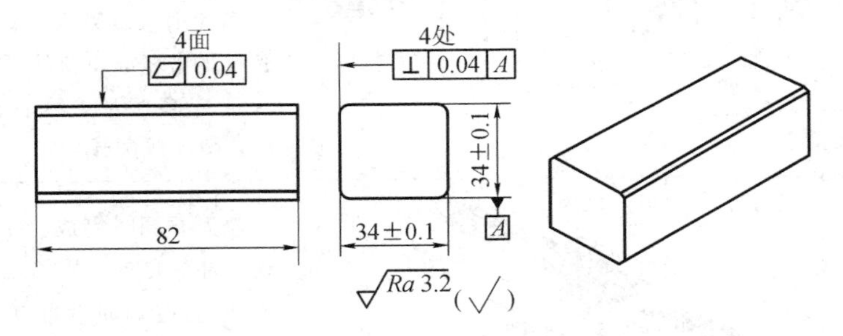

图 5-13　长方体零件图

(2) 操作要点。

① 粗、精锉基准面 A。粗锉用 300 mm 粗齿扁锉，精锉用 250 mm 细齿扁锉。达到平面度 0.04 mm、表面粗糙度 $Ra \leqslant 3.2\ \mu m$ 要求。

② 粗、精锉基准面 A 的对面。用高度游标尺划出相距 34 mm 的平面加工线，先粗锉，留 0.15 mm 左右的精锉余量，再精锉达到图样要求。

③ 粗、精锉基准面 A 的任一邻面。用直角尺和划针划出平面加工线，然后锉削达到图样要求(垂直度用直角尺检查)。

④ 粗、精锉基准面 A 的另一邻面。先以相距对面 34 mm 划平面加工线，然后粗锉，留 0.15 mm 左右的精锉余量，再精锉达到图样要求。

⑤ 全部复检，并作必要的修整锉削。最后将两端锐边均匀倒角 $C1$。

(3) 注意事项。

① 工件夹紧时，要在台虎钳上垫好软金属衬垫，避免工件表面夹伤。

② 在锉削时要掌握好加工余量，仔细检查尺寸，避免尺寸超差；要采取顺向锉法，并使锉刀在有效全长进行加工。

③ 基准面是作为加工控制其余各面时的尺寸、位置精度的测量基准，故必须使它达到规定的平面要求后，才能加工其他面。

④ 为保证取得正确的垂直度，各面的横向尺寸差值必须首先尽可能获得较高的精度；在测量时锐边必须去毛刺倒棱，保证测量的准确性。

2. 锉削六方

(1) 零件的技术要求与锉削准备。

要锉削的六方体零件如图 5-14 所示。六方体零件的技术要求为：

① 30 mm 尺寸处，其最大与最小尺寸的差值不得大于 0.06 mm。

② 六方边长 B 应均等，允差为 0.1 mm。

③ 各锐边均匀倒棱。

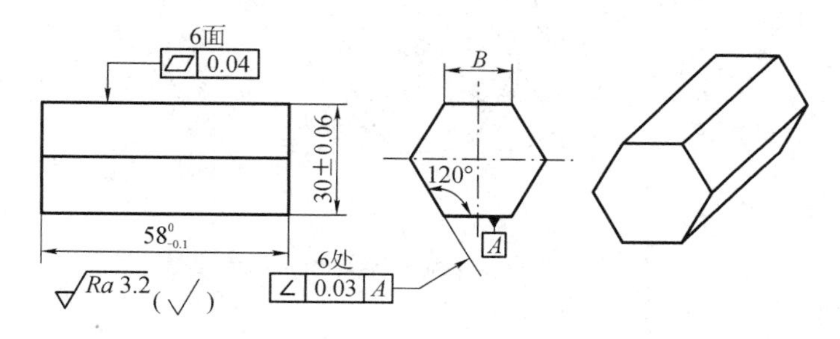

图 5-14 六方体零件图

锉削准备：

① 工具和量具：钳工锉、游标卡尺、钢直尺、刀口直角尺、塞尺、直角尺、角度样板、万能角度尺、常用划线工具等。

② 辅助工具：软钳口衬垫、锉刀刷、涂料等。

③ 备料：45 钢毛坯尺寸为 ϕ36 mm×60 mm，每人一件。

(2) 操作要点。

① 用游标卡尺检查来料直径 d。

② 粗、精锉第一面(基准面)，如图 5-15(a)所示，平面度达到 0.04 mm，$Ra\leqslant 3.2\ \mu m$，同时保证与圆柱母线的距离 $M\left(M=d-\frac{d-30}{2}=\frac{d+30}{2}\ \text{mm}\right)$，如图 5-16 所示。

③ 粗、精锉第一面的相对面，如图 5-15(b)所示，以第一面为基准划出相距尺寸 30 mm的平面加工线，然后锉削。在保证自身平面度和表面粗糙度的同时，重点检查其相对于基准的尺寸 (30 mm±0.06 mm)和平行度要求。

④ 粗、精锉削第三面，如图 5-15(c)所示，达到技术要求，同时保证尺寸 M，并用万能角度尺或角度样板检查控制其与第一面的夹角 120°。

⑤ 粗、精锉削第三面的相对面，如图 5-15(d)所示，达到技术要求。

⑥ 用同样方法粗、精锉削第五面和第六面，如图 5-15(e)、(f)所示，达到技术要求。

⑦ 全面复检，并做必要的修整，最后将各锐边倒棱后送检。

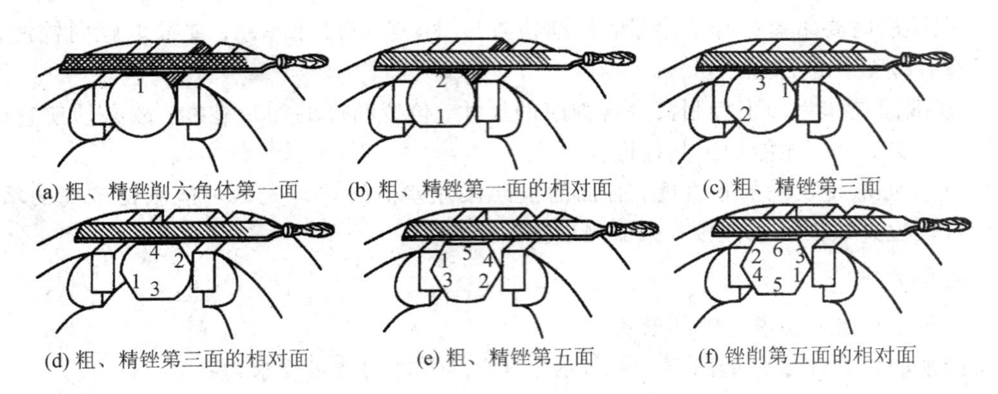

图 5-15　六方体加工步骤示意图

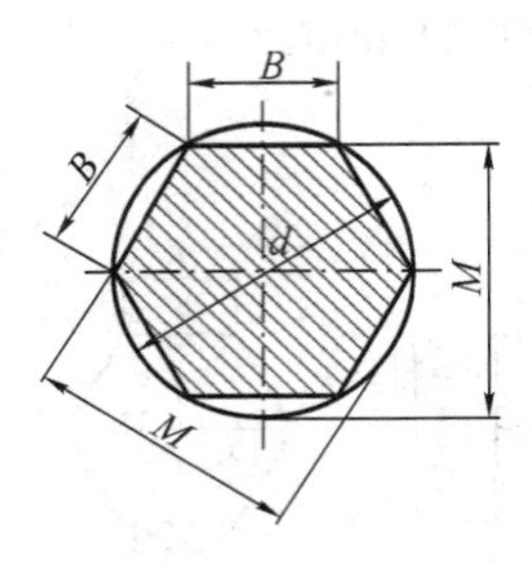

图 5-16　以外圆为定位基准控制六方边长

(3) 注意事项。

① 确保锉削姿势正确。

② 为保证表面粗糙度，需经常用锉刷清理残留在锉齿间的切屑，并在齿面上涂上粉笔灰。

③ 加工时要防止片面性，要综合分析出现的误差及其产生原因，要兼顾全面精度要求。

④ 测量时要把工件的锐边去毛刺倒棱，保证测量的准确性。

⑤ 使用万能角度尺时，要准确测得角度，必须拧紧止动螺母。使用时要轻拿轻放，避免测量角发生变动，并经常校对测量角的准确性。

3. 锉削去角方铁

1) 去角方铁零件图及锉削准备

去角方铁零件如图 5-17 所示。

锉削准备：

① 工具和量具：游标卡尺、钢直尺、直角尺、刀口直角尺、塞尺、样冲、锤子、钳工锉、划规、划针、划线盘、粉笔、砂纸等。

② 辅助工具：软钳口衬垫、锉刀刷、涂料等。

③ 备料：45 钢毛坯尺寸为 54 mm×74 mm×20 mm，每人一件。

2) 操作要点

(1) 锉削左右两侧平行面。

① 锉削基准 C 面，使之达到与 B 面垂直度为 0.1 mm 和 $Ra\,3.2\ \mu m$ 的要求。

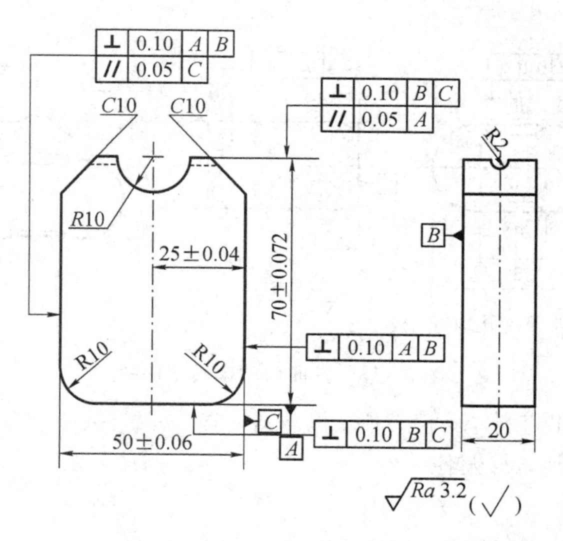

图 5 - 17　去角方铁零件图

② 锉削 C 面的对面，使之达到 50 ±0.06 mm，与 C 面平行度为 0.05 mm，与 A 面、B 面的垂直度为 0.1 mm 和 Ra3.2 μm 的要求。

③ 锉削过程中，要按零件图的要求边锉边检查。

(2) 锉削上、下两侧平行平面。

① 锉削 A 面使之达到与 B 面、C 面垂直度为 0.1 mm 和 Ra3.2 μm 的要求。

② 锉削 A 面的对面使之达到 70±0.072 mm、与 A 面平行度为 0.05 mm，与 B 面、C 面垂直度为 0.1 mm 和 Ra3.2 μm 的要求。

③ 锉削过程中，要按零件图的要求边锉边检查。

(3) 锉削两个斜面。

① 锉削左侧斜面；使之达到 C10 mm 和 Ra3.2 μm 的要求。

② 锉削右侧斜面，使之达到 C10 mm 和 Ra3.2 μm 的要求。

(4) 锉削两个 R10 的凸圆弧。

① 锉削左侧凸圆弧，使之达到 R10 mm 和 Ra3.2 μm 的要求。

② 锉削右侧凸圆弧，使之达到 R10 mm 和 Ra3.2 μm 的要求。

③ 锉削过程中，要按零件图的要求边锉边检。

(5) 锉削 R10 mm 的凹圆弧。

① 锉削凹圆弧，使之达到 R10 mm、25±0.04 mm 和 Ra3.2 μm 的要求。

② 锉削过程中，要按零件图的要求边锉边检。

4. 锉削带曲面的零件

(1) 带曲面的模具零件图及锉削准备。

带曲面的模具零件如图 5 - 18 所示。

锉削准备：

① 工具和量具：游标卡尺、千分尺、直角尺、刀口直角尺、塞尺、异形锉、钳工锉、划规等。

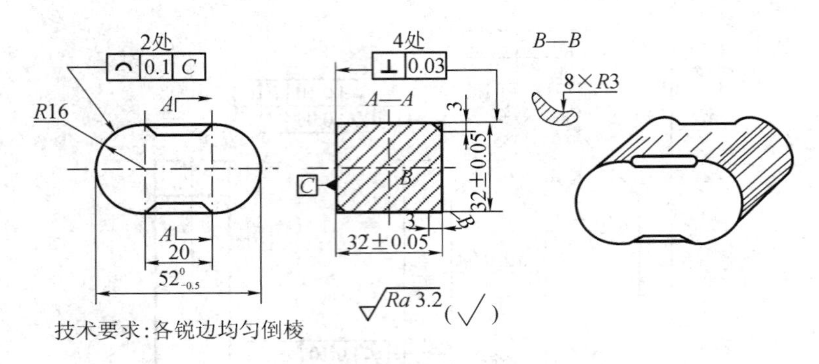

图 5 - 18 带曲面的模具零件图

② 辅助工具：软钳口衬垫、锉刀刷、涂料等。

③ 备料：45 钢毛坯，每人各一件。

(2) 操作要点。

① 用铁皮每人做一件 $R16$ mm 及 $R3$ mm 样板。

② 按图样要求锉削对边尺寸为 32±0.05 mm 的四方体。

③ 锉两端面，使之达到尺寸 52 mm，并按图样尺寸划 $R16$ mm 尺寸线、4 处 3 mm 倒角线及 $R3$ mm 圆弧位置的加工线。

④ 用异形锉粗锉 8×$R3$ mm 内圆弧面，然后用钳工锉作粗、细锉倒角至加工线，再细锉 $R3$ mm 圆弧并与倒角平面光滑连接，最后用 150 mm 异形锉作推锉，达到锉纹全部成为直向，表面粗糙度 Ra3.2 的要求。

⑤ 用 300 mm 钳工锉采用横着圆弧锉法，粗锉两端圆弧面至接近 $R16$ mm 加工线，然后顺着圆弧锉正圆弧面，并留适当余量，再用 250 mm 细钳工锉修整，达到各项技术要求。

⑥ 全部精度复检，并作必要的修整锉削，最后将各锐边均匀倒角。

(3) 注意事项。

① 划线线条要清晰。

② 在锉两端的 $R16$ mm 圆弧面时，可先用倒角方法倒至近划线线条，再继续锉削。

③ 在锉 $R16$ mm 外圆弧面时，不要只注意锉圆而忽略了与基准面 A 的垂直度，以及横向的直线度。

④ 在顺着圆弧锉削时，锉刀上翘下摆的摆动幅度要大，才易于锉圆。

⑤ 在锉 $R3$ mm 内圆弧面时，横向锉削一定要把形体锉正，以便推锉圆弧面时容易锉光。推锉圆弧时，锉刀要做些转动，防止端部塌角。

⑥ 圆弧锉削中常出现以下几种缺陷：圆弧不圆，呈多角形；圆弧半径过大或过小；圆弧横向直线度和与基准面的垂直度误差大；不按划线加工造成位置尺寸不正确：表面粗糙度大、纹理不整齐等。

5. 锉削的注意事项

(1) 表面夹出痕迹的原因。装夹时，台虎钳口没有垫软性金属和木块，表面容易夹出痕迹。

(2) 空心工件被夹扁的原因。装夹时，台虎钳钳口没有垫 V 形块或弧形木块，或者夹紧力过大，导致空心工件被夹扁。

(3) 平面凸、塌边或塌角的原因。钳工操作技术不熟练或锉刀选择不当，或锉刀面中凹，导致平面中凸、塌边或塌角。

(4) 工件尺寸锉小的原因。工件尺寸锉小有三个原因：① 划线不准确。② 锉削时没有及时测量。③ 测量有误差。

思考与练习

5-1 锉削加工的应用场合有哪些？锉削加工有什么加工特点？

5-2 锉刀有哪几类？各适用于什么场合？

5-3 锉削加工时如何合理地选用锉刀？

5-4 简述锉削加工的规范姿势。

5-5 平面锉削时，如何掌握锉刀在推拉过程中的平衡？

5-6 平面锉削的方法有几种？各适用于什么场合？

5-7 简述外圆柱面的锉削方法。

5-8 简述内圆柱面的锉削方法。

5-9 锉削球面时，应使锉刀同时做哪些方向的动作？

5-10 圆弧面的锉削精度如何检测？

5-11 锉刀的齿纹有几种？

项目 6　零件的钻削加工

◎ **学习目标**

- 掌握钻床及其基本操作。
- 了解麻花钻的组成、麻花钻的切削角度。
- 了解钻头磨损的原因及修磨方法。
- 掌握常用钻削加工工具及其使用。
- 了解常用钻削加工方法。
- 能完成零件的钻孔、扩孔、铰孔、锪孔加工任务。

任务 6.1　钻削加工基础

用钻头在实体材料上加工出孔，称为钻孔。用扩孔钻、锪钻、铰刀等进行扩孔是对已有的孔进行再加工。钻孔主要加工精度要求不高的孔或作为孔的粗加工。

1. 钻床的基本操作

(1) 台式钻床的操作。

台式钻床一般通过改变带罩内塔轮上 V 带的位置来改变主轴转速，使主轴转速符合或接近切削用量要求的转速，如图 6－1 所示。主轴进给由手动完成。当主轴离工作台上的工件太近或太远时，可松开主轴架上的锁紧螺钉予以调整，如图 6－2 所示。

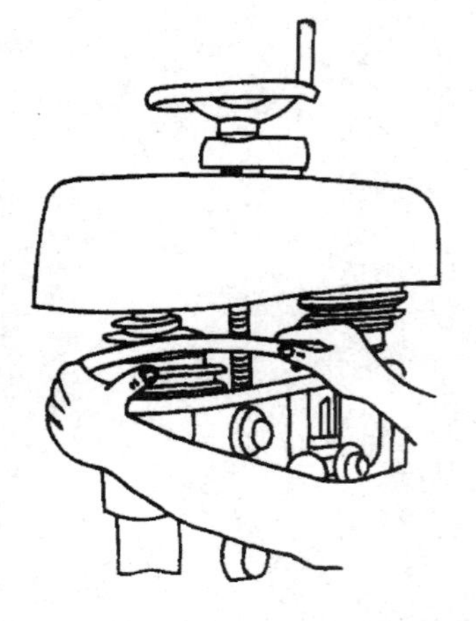

图 6－1　改变台钻塔轮上 V 带位置来改变主轴转速

JB/T 5245.3—2011
台式钻床 第 3 部分：轻型 精度检验

JB/T 8647—1997
轻型台式钻床 精度检验

JB 5245.7—2006
台式钻床 第 7 部分：参数

图 6-2　松开台钻主轴架上的锁紧螺钉以调整工作台上下位置

（2）立式钻床的操作。

对照主轴转速标牌选取所需转速，扳动主轴左侧的两个变速手柄可改变立式钻床的主轴转速，如图 6-3 所示。扳动左侧的两个进给变速手柄，对照进给量标牌选取所需的进给量，如图 6-4 所示。

立式钻床进给方式有机动进给和手动进给。机动进给时，需将进给手柄座处的端盖向外拉出，如图 6-5 所示。手动进给时，端盖在原位不拉出。

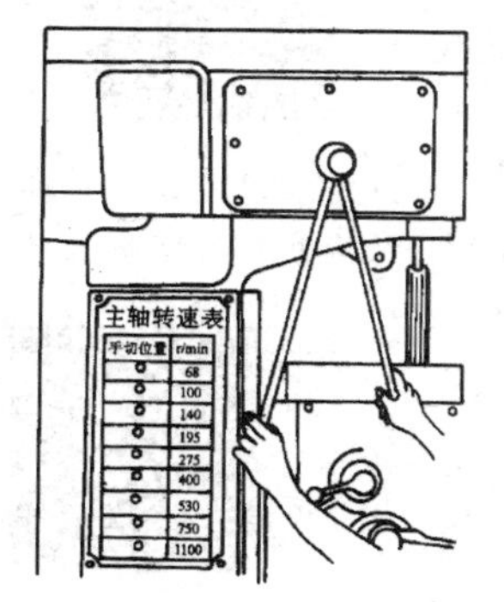

图 6-3　改变立式钻床主轴转速

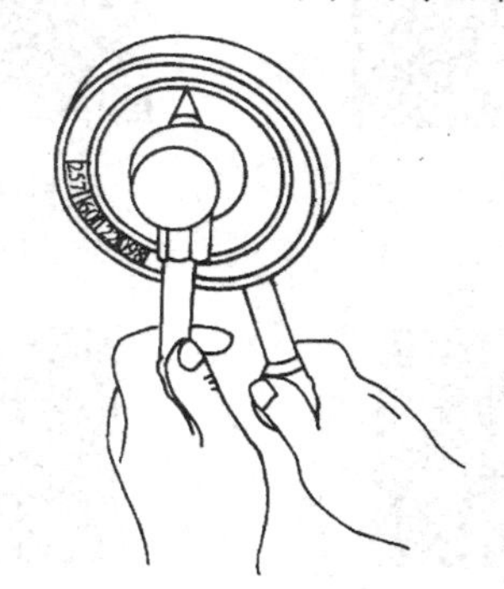

图 6-4　改变立式钻床进给量

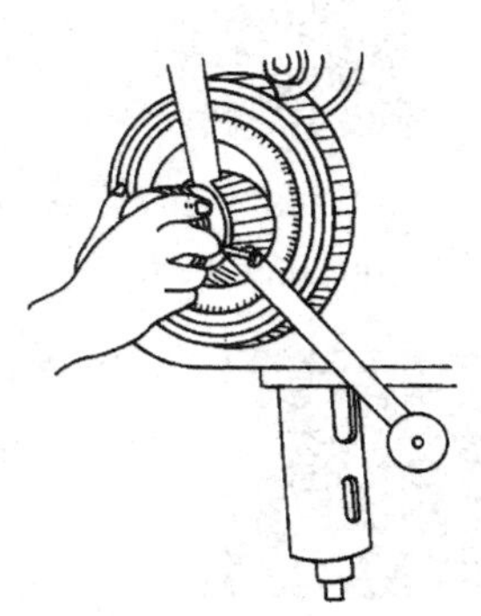

图 6-5　改变立式钻床进给方式

（3）钻头的装夹。

钻头的装夹方法按其柄部的形状不同而异。锥柄钻头可以直接装入钻床主轴孔内，较小的钻头可用过渡套筒安装，如图 6-6 所示。直柄钻头一般用钻夹头安装，如图 6-7 所示。

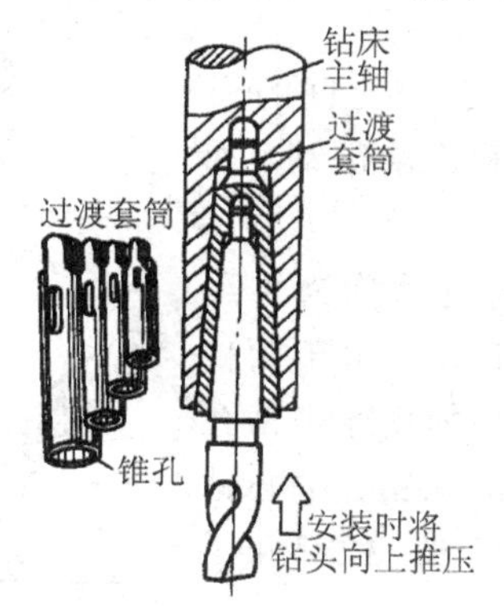

图 6-6　安装锥柄钻头

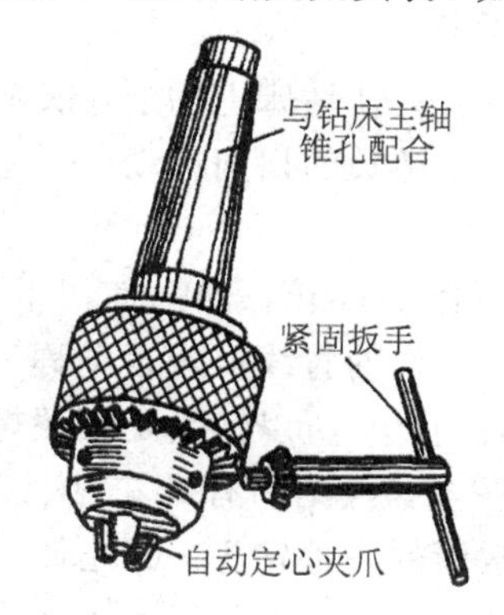

图 6-7　钻夹头

钻夹头或过渡套筒的拆卸方法：将楔铁带圆弧的边向上插入钻床主轴侧边的锥形孔内，左手握紧并托住钻夹头，右手用锤子敲击楔铁即可卸下钻夹头，如图 6－8 所示。

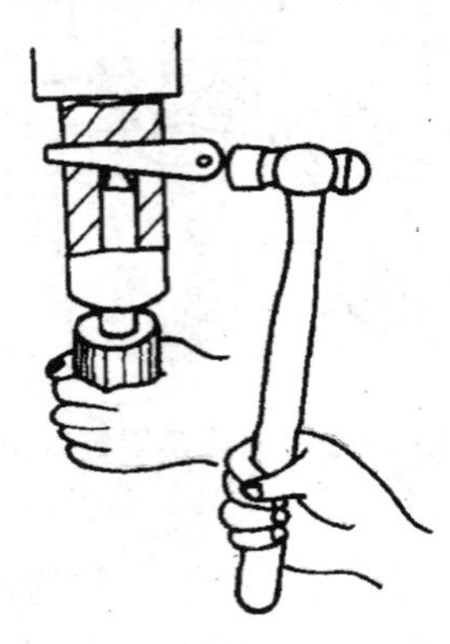

图 6－8 拆卸钻夹头

GB/T 6087—2003
扳手三爪钻夹头

GB/T 6090—2003
钻夹头圆锥

JB/T 3411.73—1999
钻夹头接杆 尺寸

JB/T 3411.122—1999
快换钻夹头接杆 尺寸

JB/T 4371.1—2002
无扳手三爪钻夹头
第 1 部分：参数和精度检验

JB/T 4371.2—2002
无扳手三爪钻夹头
第 2 部分：技术条件

JB/T 3411.120—1999
铣床用钻夹头接杆 尺寸

JB/T 10149—2011
钻夹头用烧结钢螺母和齿圈 技术条件

2. 麻花钻的结构

钻孔时，钻头装夹在钻床主轴上，依靠钻头与工件之间的相对运动来完成钻削。钻头的切削运动分为主运动和进给运动，如图 6－9 所示。

钻头绕轴心所作的旋转，也就是切下切屑的运动称为主运动。钻头对着工件所作的直线前进运动称为进给运动。由于两种运动是同时连续进行的，所以钻头是按照螺旋运动的规律来钻孔的。钻头的种类较多，常见的有麻花钻、扁钻、深孔钻、中心钻等，麻花钻是最常用的一种钻头。麻花钻主要由柄部、颈部和工作部分组成，其结构如图 6－10 所示。

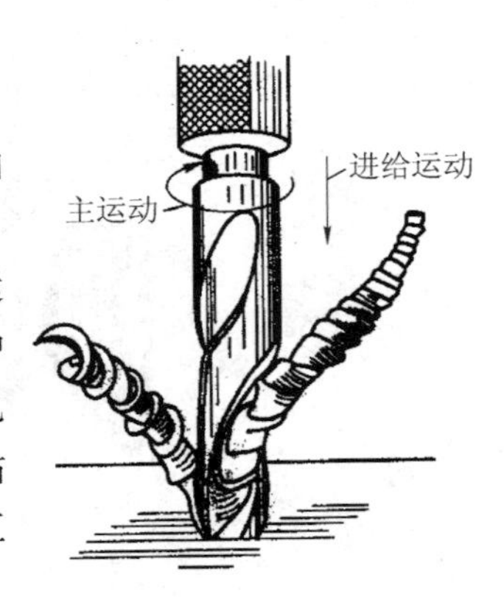

图 6－9 钻孔时钻头的运动

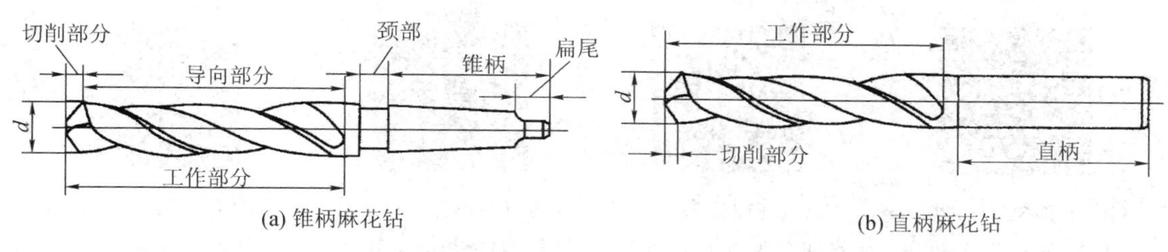

图 6-10 麻花钻的结构

JB/T 10002—1999
长直柄麻花钻

JB/T 10003—1999
1:50 锥孔锥柄麻花钻

JB/T 10231.2—2001
刀具产品检测方法
第 1 部分:麻花钻

GB/T 17984—2010
麻花钻 技术条件

GB/T 25666—2010
硬质合金直柄麻花钻

GB/T 25667.1—2010
整体硬质合金直柄麻花钻
第 1 部分:直柄麻花钻
型式与尺寸

GB/T 25667.2—2010
整体硬质合金直柄麻
花钻 第 2 部分:
2°斜削平直柄
麻花钻型式与尺寸

GB/T 25667.3—2010
整体硬质合金直柄
麻花钻 第 3 部分:
技术条件

JB/T 50189—1999
麻花钻 寿命
试验方法

GB/T 20954—2007
金属切削刀具
麻花钻术语

GB/T 10947—2006
硬质合金锥
柄麻花钻

GB/T 6139—2007
阶梯麻花钻
技术条件

QJ 327—1978
麻花钻 整体硬质合金
麻花钻(d=0.5～1.1)

QJ 328—1978
麻花钻 直柄硬质合
金麻花钻
(d=5～12)

JB/T 10643—2006
成套麻花钻

GB/T 6138.1—2007
攻丝前钻孔用阶梯麻花钻
第 1 部分:直柄阶梯麻花钻
的型式和尺寸

GB/T 6138.2—2007
攻丝前钻孔用阶梯麻花钻
第 2 部分:莫氏锥柄阶梯麻花钻
的型式和尺寸

GB/T 6135.1—2008
直柄麻花钻 第1部分：
粗直柄小麻花钻的
型式和尺寸

GB/T 6135.2—2008
直柄麻花钻 第2部分：
直柄短麻花钻和
直柄麻花钻的型式和尺寸

GB/T 6135.3—2008
直柄麻花钻 第3部分：
直柄长麻花钻的
型式和尺寸

GB/T 6135.4—2008
直柄麻花钻 第4部分：
直柄超长麻花钻的
型式和尺寸

GB/T 1438.1—2008
锥柄麻花钻 第1部分：
莫氏锥柄麻花钻的
型式和尺寸

GB/T 1438.2—2008
锥柄麻花钻 第2部分：
莫氏锥柄长麻花钻的
型式和尺寸

GB/T 1438.3—2008
锥柄麻花钻 第3部分：
莫氏锥柄加长麻花钻的
型式和尺寸

GB/T 1438.4—2008
锥柄麻花钻 第4部分：
莫氏锥柄超长麻花钻的
型式和尺寸

(1) 柄部。钻头的柄部是与钻孔机械连接的部分，钻孔时用来传递所需的转矩和轴向力。柄部分圆柱形和圆锥形(莫氏圆锥)两种形式，钻头直径小于13 mm的采用圆柱形，钻头直径大于13 mm的一般都是圆锥形。锥柄的扁尾能避免钻头在主轴孔或钻套中打滑，并便于用楔铁把钻头从主轴锥孔中打出。

(2) 颈部。钻头的颈部为磨制钻头时供砂轮退刀用，一般也用来打印商标和规格。

(3) 工作部分。钻头的工作部分由切削部分和导向部分组成。切削部分由两条主切削刃、两条副切削刃、一条横刃、两个前刀面和两个后刀面组成，如图6-11所示，其作用主要是切削工件。导向部分有两条螺旋槽和两条窄的螺旋形棱边与螺旋槽表面相交成的两条棱刃(副切削刃)。导向部分在切削过程中，使钻头保持正直的钻削方向并起修光孔壁的作用，通过螺旋槽排屑和输送切削液，导向部分还是切削部分的后备部分。

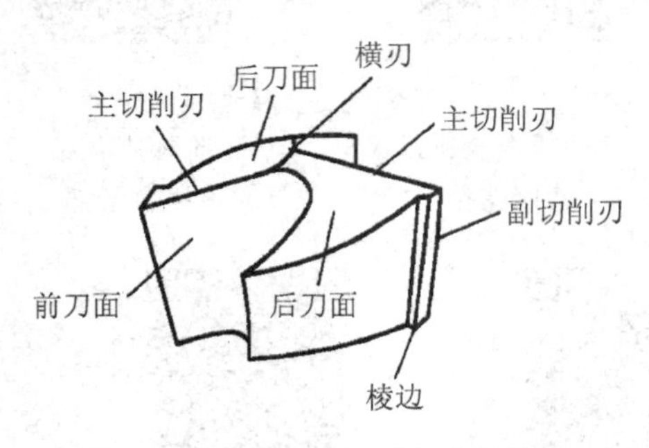

图6-11　麻花钻切削部分的构成

3. 麻花钻的切削角度

掌握麻花钻的切削角度，首先要确定表示切削角度的辅助平面的位置，即基面、切削平面、主截面和柱截面的位置。

1）麻花钻的辅助平面

辅助平面为麻花钻主切削刃上任意一点的基面、切削平面和主截面，三者互相垂直，如图 6-12 所示。

（1）基面。切削刃上任意一点的基面是通过该点而又与该点切削速度方向垂直的平面，实际上是通过该点与钻心连线的径向平面。由于麻花钻两主切削刃不通过钻心，而是平行并错开一个钻心厚度的距离，因此，钻头主切削刃上各点的基面是不同的。

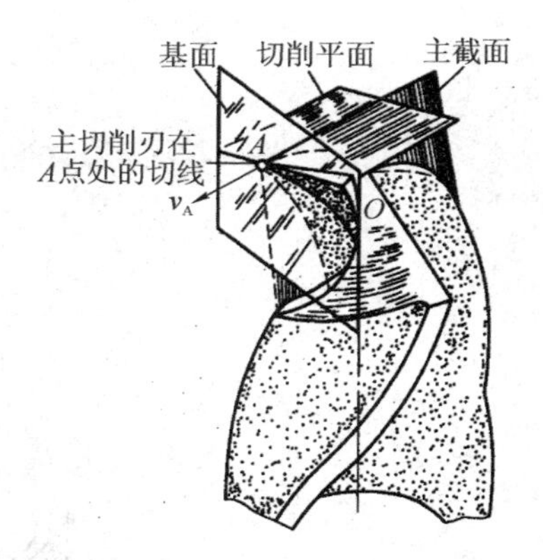

图 6-12　麻花钻的辅助平面

（2）切削平面。切削刃上任意一点的切削平面是由该点的切削速度方向和这点上切削刃的切线所构成的平面。钻头主切削刃上任意一点的切削速度方向是以该点到钻心的距离为半径、钻心为圆心所作圆周的切线方向，也就是该点与钻心连线的垂线方向。标准麻花钻钻刃上任意一点的切线就是钻刃本身。

（3）主截面。通过主切削刃上任意一点并垂直于切削平面和基面的平面。

（4）柱截面。通过主切削刃上任意一点作与钻头轴线平行的直线，该直线绕钻头轴线旋转所形成的圆柱面的切面。

2）标准麻花钻的切削角度

（1）前角 γ_0。主切削刃上任意一点的前角是指在主截面内前刀面与基面间的夹角，如图 6-13 所示。如在 $N_1—N_1$ 中的 γ_{01}，$N_2—N_2$ 中的 γ_{02}。

主切削刃各点的前角不等，外缘处的前角最大，可达 30°左右，自外缘向中心处前角逐渐减小。在钻心 $D/3$ 范围内为负值，横刃处前角为－54°～－60°，接近横刃处前角为－30°。

前角大小决定切除材料的难易程度和切屑在前刀面上的摩擦阻力大小。前角愈大，切削愈省力。

（2）后角 α_0。在柱截面内，后刀面与切削平面之间的夹角称为后角。主切削刃上各点的后角不等。刃磨时，应使外缘处后角较小，愈接近钻心后角愈大。外缘处 $\alpha_0=8°\sim14°$，钻心处 $\alpha_0=20°\sim 26°$，横刃处 $\alpha_0=30°\sim36°$。

后角的大小影响后刀面与工件切削表面之间的摩擦程度。后角愈小，摩擦愈严重，但切削刃强度愈高。因此钻硬材料时后角可适当小些，以保证刀刃强度。钻软材料时后角可稍大些，以使钻削省力。但钻有色金属材料时后角不宜太大，以免产生自动扎刀现象。不同直径的麻花钻，直径愈小后角愈大。

下面是在一般情况下，不同直径的麻花钻外缘处的后角大小：当 $D<15$ mm 时，$\alpha_0=10°\sim14°$；当 D 为 15～30 mm 时，$\alpha_0=9°\sim12°$；当 $D>30$ mm 时，$\alpha_0=8°\sim11°$。

（3）顶角 2φ。顶角又称锋角或钻尖角，它是两主切削刃在其平行平面 $M-M$ 上的投影之间的夹角，如图 6-13 所示。

顶角的大小可根据加工条件由钻头刃磨时决定。标准麻花钻的顶角 $2\varphi=118°\pm2°$，这时主切削刃呈直线形。当 $2\varphi>118°$时，主切削刃呈内凹形；当 $2\varphi<118°$时，主切削刃呈外凸形。

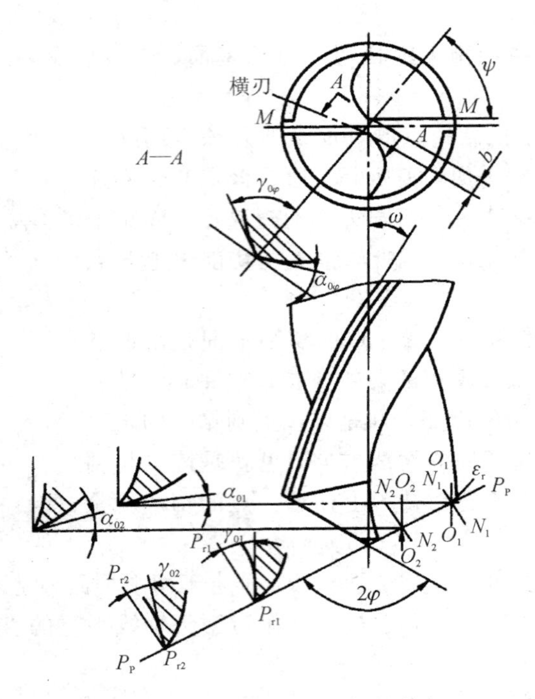

图 6－13　标准麻花钻的切削角度

顶角的大小影响主切削刃上轴向力的大小。顶角愈小，则轴向力愈小，外缘处刀尖角 ε 大，有利于散热和提高钻头耐用度；但顶角减小后，在相同条件下，钻头所受的转矩增大，切屑变形加剧，排屑困难，会妨碍冷却液的进入。

(4) 横刃斜角 ψ。横刃斜角是横刃与主切削刃在钻头端面内的投影之间的夹角。它是在刃磨钻头时自然形成的，其大小与后角和顶角的大小有关。后角刃磨正确的标准麻花钻，$\psi=50^\circ\sim55^\circ$。当后角磨得偏大时，横刃斜角就会减小，而横刃的长度会增大；横刃斜角刃磨准确，则近钻心处后角也准确。

(5) 螺旋角 ω。麻花钻的螺旋角如图 6－14 所示。螺旋角是指主切削刃上最外缘处螺旋线的切线与钻头轴心线之间的夹角。

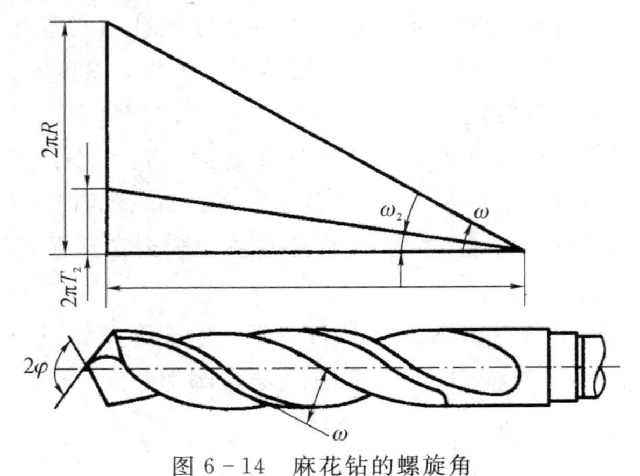

图 6－14　麻花钻的螺旋角

在钻头的同半径处，螺旋角的大小是不等的。钻头外缘的螺旋角最大，愈靠近钻心螺旋角越小。相同直径的钻头，螺旋角越大，强度越低。

(6) 横刃长度。横刃的长度既不能太长，也不能太短。太长会增大钻削的轴向阻力，对钻削工作不利；太短会降低钻头的强度。标准麻花钻的横刃长度 $b=0.18D$。

(7) 钻心厚度 d。两螺旋形刀瓣中间的实心部分称为钻心，钻心厚度是指钻头的中心厚度。钻心厚度过大时，会自然增大横刃长度，而厚度太小又削弱了钻头的刚度。为此，钻头的钻心做成锥形，它的直径向柄部逐渐增大，以增强钻头的强度和刚性。

标准麻花钻的钻心厚度约为：切削部分 $d=0.125D$，柄部 $d=0.2D$。

(8) 副后角。副切削刃上副后面的切线与孔壁切线之间的夹角称为副后角。标准麻花钻的副后角为 0°，即副后面与孔壁是贴合的。

4. 钻头磨损的原因及修磨

1) 钻头磨损的原因

当看到钻头的切削刃和横刃严重磨钝，刃部拉毛以至整个切削部分呈暗蓝色时，这是钻头烧损(严重磨损)的现象。造成钻头磨损的主要原因如下：

(1) 因为钻孔是一种半封闭式切削，切屑不易排出，切屑、钻头与工件间摩擦很大，易产生高温。一般高速钢钻头只能在 560℃左右保持原有硬度，钻孔中如果转速过高，切割速度过快，当钻削温度超过这个温度时，钻头硬度就会下降，失去切削性能，这时如钻头继续与工件摩擦，就会导致钻头烧损。

(2) 在钻头主切削刃上，越接近外径，切削速度越大，温度越高，钻孔时切削液就难以直接浇注到切削区，若切削液过少或冷却的位置不对，也能引起钻头烧损。

(3) 钻头的副后角为 0°，靠近切削部分的棱边与孔壁的摩擦比较严重，容易发热和磨损。

(4) 主切削刃外缘处的刀尖角 ε 较小，前角很大，刀齿薄弱，而此处的切削速度却最高，产生的切削热最多，磨损极为严重。

(5) 被加工件材料硬度过高，切削刃很快被磨钝而失去切削性能，相互摩擦以至烧损。

(6) 钻头钻心横刃过长，轴向力增加，切削刃后角修磨得太低，使钻头后刀面与被加工材料的接触面相互挤压，也容易使钻头烧损。

标准麻花钻头在使用过程中，为了满足使用要求或钻头磨损后，通常对其切削部分进行修磨，以改善切削性能。

2) 钻头的刃磨

钻头磨损后就需要进行刃磨。刃磨钻头就是使用砂轮机将钻头上的烧损处磨掉，恢复钻头原有的锋利和正确角度。钻头刃磨后的角度是否正确，直接影响到钻孔质量和效率，若锋角和切削刃刃磨得不对称(即锋角偏了)，钻削时，钻头两切削刃所承受的切削力也就不相等，会出现偏摆甚至是单刃切削，使钻出的孔变大或钻成台阶孔，并且，锋角偏得越多，这种现象越严重。

图 6-15 所示为钻头刃磨得正确与否对钻孔的影响情况，图 6-15(a)为刃磨正确，所以钻出的孔也规范；图 6-15(b)为两个锋角磨得不对称，一个大一个小；图 6-15(c)为两个主切削刃长度刃磨的不一致；图 6-15(d)为两个锋角不对称，并且主切削刃长度也不一致。钻头刃磨得不正确，就会影响钻孔质量。若后角磨得太小甚至成为负后角，磨出的钻头

就不能使用。刃磨钻头时，使用的砂轮粒度一般为 46# ~80#，硬度最好采用中软级的氧化铝砂轮，且砂轮圆柱面和侧面都要平整。砂轮在旋转中不得跳动，跳动很厉害的砂轮上是磨不好钻头的。

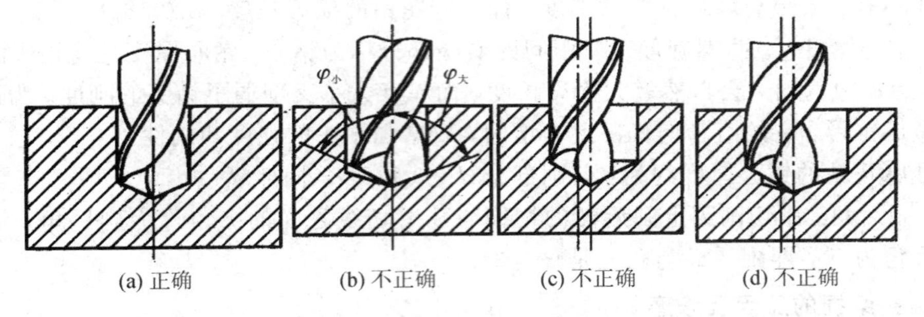

图 6-15　钻头刃磨后对加工影响示意图

刃磨麻花钻时，主要刃磨两个主切削刃及其后角。刃磨后的两主切削刃应对称，锋角和后角的大小应根据加工材料的性质选择。横刃斜角是在磨主切削刃和后角时自然形成的，它与后角的大小有关。麻花钻的刃磨方法如下：

(1) 操作者站在砂轮机左边，右手握住钻头的头部，左手握住柄部，摆平钻头的主切削刃，与砂轮圆柱面母线所成夹角等于锋角(2φ)的一半，如图 6-16 所示。

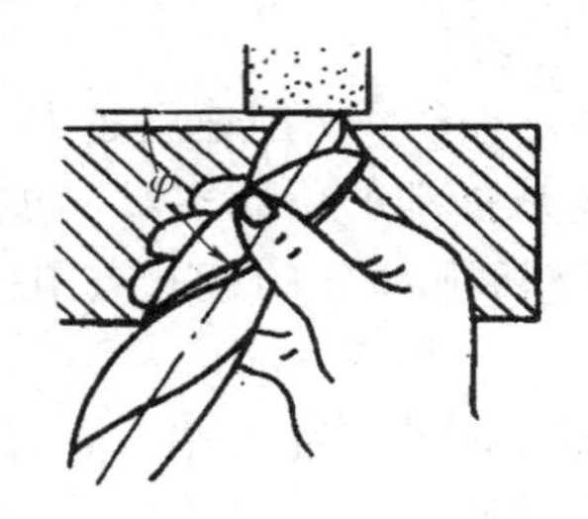

图 6-16　刃磨麻花钻动作之一

(2) 刃磨时，主切削刃接触砂轮，右手靠在砂轮的搁架上作定位支点，左手握钻尾作上下摆动。左手在下压钻尾的同时，右手应使钻头作顺时针方向转动(约 40°)，下压角度为 8°~30°，即等于钻头外缘处后角(α_0)，刃磨时压力变化如图 6-17 所示。

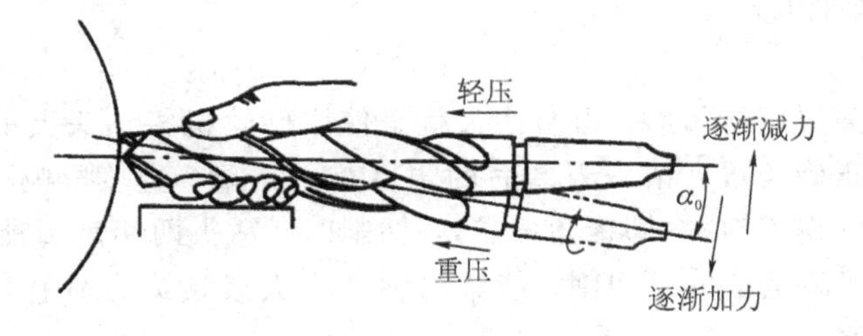

图 6-17　刃磨麻花钻动作之二

(3) 翻转 180°，磨出另一边的主切削刃。

(4) 刃磨时两手动作应协调自然，由刃口向刃背方向刃磨，并将两主后面反复轮换进行刃磨，达到锋角 2φ 为 118°±2°，外圆处的后角 α_0 为 8°~14°，横刃斜角 ψ 为 50°~55°，两主切削刃对称且长度相等，如图 6－18 所示。

(5) 如有样板，可用样板检查钻头的锋角、后角和横刃斜角，不合格时再进行修磨，直至各角度达到规定的要求，如图 6－19 所示。

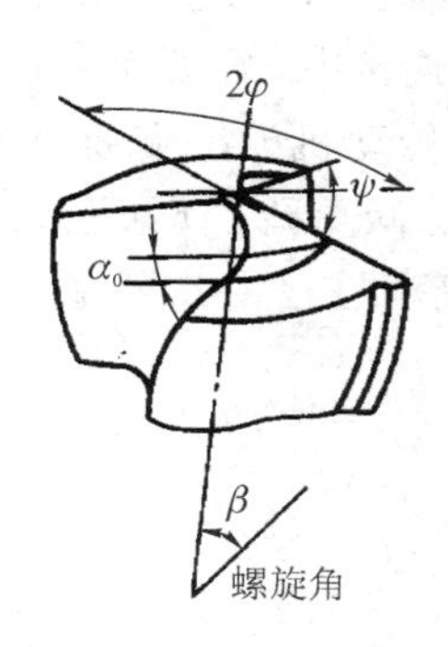

图 6－18 麻花钻的几个角度

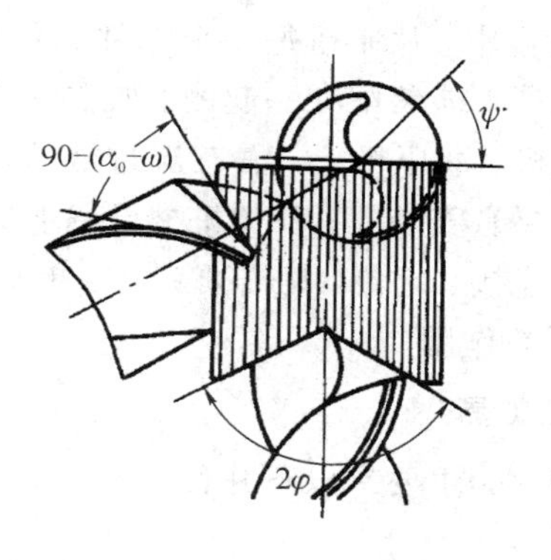

图 6－19 用样板检查钻头

3) 麻花钻的修磨

上面叙述的是标准麻花钻的刃磨方法。但是，标准麻花钻本身就存在着缺点，严重影响其切削性能和使用寿命。长期以来，工人在生产实践中摸索出了一些改进钻头的刃磨方法，只需对钻头切削部分的几何角度和形状作适当的改进，就能大大提高钻头的切削性能。修磨麻花钻主要是修磨横刃和前面，其步骤如下：

(1) 将钻头中心线在水平面内与砂轮侧面左倾约 15°夹角，在垂直平面内与刃磨点的砂轮半径方向约成 55°的下摆角，如图 6－20 所示。

(2) 将钻头刃背接触砂轮圆角处，转动钻头，由外向内沿刃背线逐渐磨至钻心，把横刃磨短，并使横刃的副前角为正前角，如图 6－21 所示。

(3) 将钻头主切削刃对着砂轮圆角，修磨钻头外圆处的前面，减少靠外圆处的前角，防止扎刀，如图 6－22 所示。

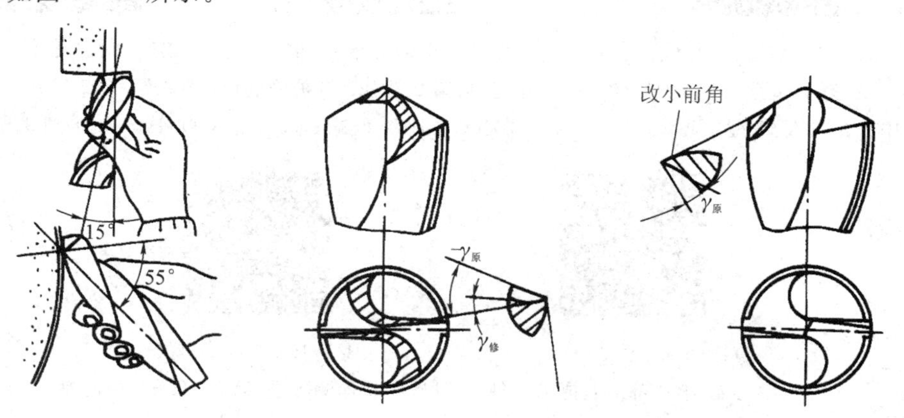

图 6－20 修磨横刃时的操作　图 6－21 修磨后的横刃　图 6－22 修磨外圆处的前面

(4) 采用以上两种方法修磨时，压力应均匀，修磨到钻心时压力要轻，以防刃口退火和钻心过薄。

(5) 把钻头转过 180°，再按(2)(3) 步骤修磨出另一边的横刃和前面。

任务 6.2　钻削加工工具

在机械制造业中，从制造每一个零件到最后组装成机器，几乎都离不开钻孔。任何一种机器，没有孔是不能装配在一起的。如在零件的相互连接中，需要有穿过铆钉、螺钉和销钉的孔；在风压机、液压机上，需有流过液体的孔；在传动机械上需要有安装传动零件的孔；各类轴承需要有安装孔；各类机械设备上的注油孔、减重孔、防裂孔以及其他各种工艺孔。零件之间的连接、定位，均需要钻孔、扩孔、铰孔等加工。由此可见，钻孔在机械加工中具有十分重要的作用。

1. 钻孔加工工具

钻头种类很多，主要有以下几种。

1）*麻花钻*

麻花钻是钻孔加工中应用最广的刀具，如图 6－10 所示。

2）*中心钻*

中心钻有普通和带护锥的两种，如图 6－23 所示。

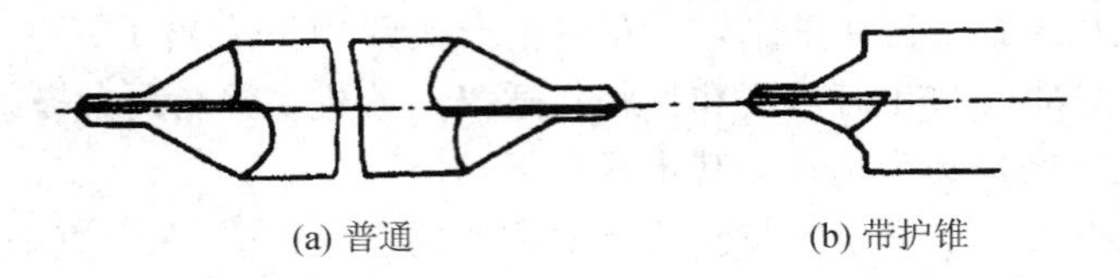

(a) 普通　　　　(b) 带护锥

图 6－23　中心钻

GB/T 6078.1—1998
中心钻 第 1 部分：不带护锥的中心钻—A 型 型式和尺寸

GB/T 6078.2—1998
中心钻 第 2 部分：带护锥的中心钻—B 型 型式和尺寸

GB/T 6078.3—1998
中心钻 第 3 部分：弧形中心钻—R 型 型式和尺寸

GB/T 6078.4—1998
中心钻 第 4 部分：技术条件

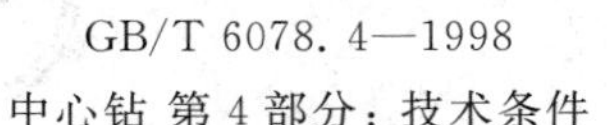

JB/T 10231.27—2006
刀具产品检测方法 第 27 部分：中心钻

3）*扁钻*

如图 6－24 所示，扁钻一般是根据需要自制的。图 6－24(a)用来加工硬锻件，图 6－24(b)用来加工阶梯孔。

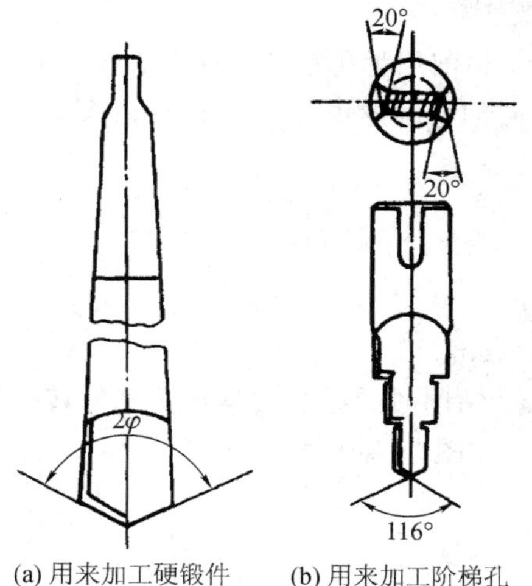

(a) 用来加工硬锻件　(b) 用来加工阶梯孔

图 6-24　扁钻

4）炮钻

如图 6-25 所示，炮钻的工作部分是半圆形杆，其前端是平面，垂直于钻头轴线的切削刃在杆的端部。

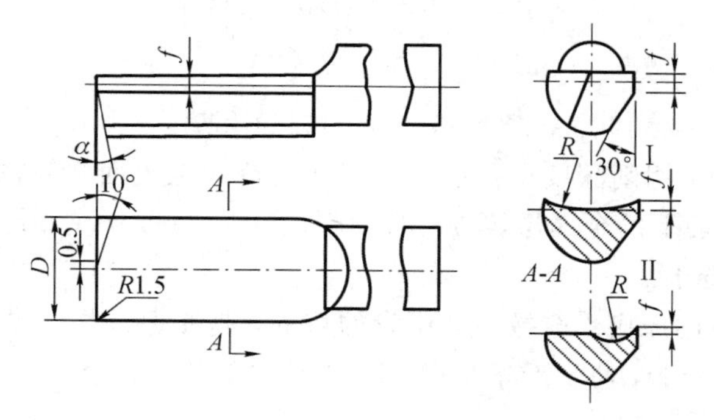

图 6-25　炮钻

5）莫氏锥柄麻花钻头的钻柄号及划分

莫氏锥柄钻头的钻柄为 1 到 6 号，锥柄直径以大端直径为标准尺寸，由小到大，锥柄号依次由小到大。锥柄直径号数及应用范围如表 6-1 所示。

表 6-1　锥柄直径号数及应用范围表

锥柄号	锥柄大端直径 D_1/mm	钻头工作部分直径 D/mm
1	12.240	6～15.5
2	17.980	15.6～23.5
3	24.051	23.6～32.5
4	31.542	32.6～49.5
5	44.731	49.6～65
6	63.760	大于 65

6）钻孔时的切削用量及其选择

（1）钻孔时的切削用量。钻削用量包括切削速度、进给量和切削深度三个要素。

① 切削速度（v）。钻孔时的切削速度是指钻孔时钻头直径上一点的线速度，可由下式计算：

$$v=\frac{\pi Dn}{1000}(\mathrm{m/min})$$

式中：D——钻头直径，mm；

n——钻床主轴转速，r/min。

② 钻削时的进给量（f）。钻削时的进给量是指主轴每转一转钻头对工件沿主轴轴线的相对移动量，单位是 mm/r，如图6－26所示。

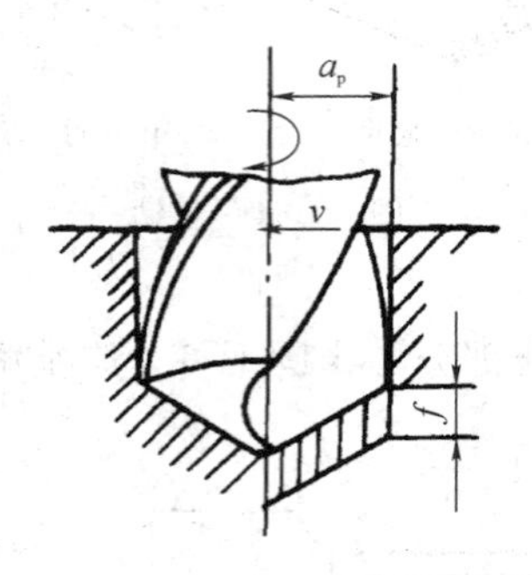

图 6－26　钻孔的切削用量

③ 切削深度（a_p）。切削深度是指已加工表面与待加工表面之间的垂直距离，也可以理解为是一次走刀所能切下的金属层厚度。对钻削而言，$a_p=D/2$（mm）。

（2）钻削用量的选择。

① 选择钻削用量的原则。选择切削用量的目的，是在保证加工精度和表面粗糙度及保证刀具合理寿命的前提下，使生产率最高，同时不允许超过机床的功率和机床、刀具、工件等的强度和刚度的承受范围。

钻孔时，由于切削深度已由钻头直径所定，所以只需选择切削速度和进给量。对钻孔生产率的影响，切削速度 v 和进给量 f 是相同的；对钻头寿命的影响，切削速度比进给量 f 大；对孔的粗糙度的影响，进给量 f 比切削速度 v 大。

综合以上的影响因素，钻孔时选择切削用量的基本原则是：在允许范围内，尽量先选较大的进给量 f，当进给量 f 受到表面粗糙度和钻头刚度的限制时，再考虑较大的切削速度 v。

② 钻削用量的选择方法。切削深度的选择：直径小于 30 mm 的孔一次钻出；直径为 30～80 mm的孔可分为两次钻削，先用（0.5～0.7）D（D 为要求的孔径）的钻头钻底孔，然后用直径为 D 的钻头将孔扩大。这样可以减小切削深度及轴向力，保护机床，同时提高钻孔质量。

进给量的选择：高速钢标准麻花钻的进给量可参考表 6－2 选取。

表 6－2　高速钢标准麻花钻的进给量

钻头直径 D/mm	＜3	3～6	＞6～12	＞12～25	＞25
进给量 f/(mm/r)	0.025～0.05	＞0.05～0.10	＞0.10～0.18	＞0.18～0.38	＞0.38～0.62

孔的精度要求较高和表面粗糙度值要求较小时，应取较小的进给量；钻孔较深、钻头较长、刚度和强度较差时，也应取较小的进给量。

钻削速度的选择：当钻头的直径和进给量确定后，钻孔速度应按钻头的寿命选取合理的数值，一般根据经验选取，可参照表 6-3。孔深较大时，应取较小的切削速度。

表 6-3　高速钢标准麻花钻的切削速度

加工材料	硬度 HB	切削速度 v/($m \cdot min^{-1}$)	加工材料	硬度 HB	切削速度 v/($m \cdot min^{-1}$)
低碳钢	100～125 125～175 175～225	27 24 21	可锻铸铁	110～160 160～200 200～240 240～280	42 25 20 12
中、高碳钢	125～175 175～225 225～275 275～325	22 20 15 12	球墨铸铁	140～190 190～225 225～260 260～300	30 21 17 12
合金钢	175～225 225～275 275～325 325～375	18 15 12 10	铸钢 低碳 铸钢 中碳 铸钢 高碳		24 18～24 15
灰铸铁	100～140 140～190 190～220 220～260 260～320	33 27 21 15 9	铝合金、镁合金		75～90
			铜合金		20～48
			高速钢	200～250	13

7) 标准麻花钻的主要缺点

标准麻花钻主要有以下缺点：

(1) 钻头主切削刃上各点的前角变化很大，外径处前角太大，到里面前角又小，近中心处为负的前角，切削条件很差。

(2) 横刃太长，横刃上有很大的负前角，实际上不是在切削，而是在挤压和刮削。据实验，钻削时 50%的轴向力和 50%的转矩是由横刃产生的。横刃长了，定心也不好。

(3) 主切削刃全宽参加切削，各点切屑流出的速度相差很大，切屑卷成很宽的螺旋卷，所占体积大，排屑不顺利，切削液也不易浇到切削刃上。

(4) 横刃上没有后角，棱边与孔壁发生摩擦，因为棱边有倒锥，所以主切削刃与棱边交点处摩擦最剧烈。

(5) 主切削刃外缘处的刀尖处切削速度最高，产生热量多而且尖角处抗磨性差，所以此处磨损较快。

8) 钻孔时的冷却和润滑

钻孔时，由于加工材料和加工要求不同，所用切削液的种类和作用也不一样。钻孔一般属于粗加工，又是半封闭状态加工，摩擦严重，散热困难，加切削液的目的应以冷却为主。

在高强度材料上钻孔时，因钻头前刀面要承受较大的压力，要求润滑膜有足够的强度，以减少摩擦和钻削阻力。因此，可在切削液中增加硫或二硫化钼等成分，如硫化切削油。

在塑性、韧性较大的材料上钻孔，要求加强润滑作用，在切削液中可加入适当的动物油和矿物油。

当孔的精度要求较高和表面粗糙度值要求很小时，应选用主要起润滑作用的切削液，如菜油、猪油等。

钻不同材料上的孔所选用的切削液可参考表 6-4。

表 6-4　钻孔用切削液

工件材料	切　削　液
各类结构钢	3%～5%乳化液，7%硫化乳化液
不锈钢、耐热钢	3%肥皂加 2%亚麻油水溶液，硫化切削油
紫铜、黄铜、青铜	5%～8%乳化液(也可不用)
铸铁	5%～8%乳化液，煤油(也可不用)
铝合金	5%～8%乳化液，煤油，煤油与茶油的混合油(也可不用)
有机玻璃	5%～8%乳化液，煤油

9) 钻孔时钻头可能出现损坏的情况及其产生原因

钻孔时，钻头可能出现损坏的情况有两种：一是钻头折断；二是切削刃迅速磨损或碎裂。

钻头折断产生的原因有：

(1) 钻头磨钝，但仍继续钻孔。

(2) 钻头螺旋槽被切屑堵住，没有及时将切屑排出。

(3) 孔快钻透时没有减小进给量或变为手动进给。

(4) 钻黄铜一类软金属时，钻头后角太大，前角又没修磨，致使钻头自动旋进。

(5) 钻刃修磨过于锋利，产生崩刃现象，而没能迅速退刀。

切削刃迅速磨损和碎裂的原因有：

(1) 切削速度太高，切削液选择不当或切削液供应不足。

(2) 没有按工件材料来刃磨钻头的切削角度。

(3) 工件内部硬度不均匀或有砂眼。

(4) 钻刃过于锋利，进给量过大。

(5) 怕钻头安装不牢，用钻刃往工件上顶。

10) 钻孔时可能出现的质量问题及其产生原因

钻孔时可能出现的质量问题及其产生原因如表 6-5 所示。

表 6-5　钻孔时可能出现的质量问题及其产生原因

出现问题	产生原因
孔大于规定尺寸	1. 钻头中心偏，角度不对称； 2. 机床主轴跳动，钻头弯曲
孔壁粗糙	1. 钻头不锋利，角度不对称； 2. 后角太大； 3. 进给量太大； 4. 切削液选择不当或切削液供给不足
孔偏移	1. 工件划线不正确； 2. 工件安装不当或夹紧不牢固； 3. 钻头横刃太长，找正不准，定心不良； 4. 开始钻孔时，孔钻偏，但没有校正
孔歪斜	1. 钻头与工件表面不垂直，钻床主轴与台面不垂直； 2. 横刃太长，轴向力过大造成钻头变形； 3. 钻头弯曲； 4. 进给量过大，致使小直径钻头弯曲； 5. 工件内部组织不均有砂眼(气孔)
孔呈多棱状	1. 钻头细而且长； 2. 刃磨不对称； 3. 切削刃过于锋利； 4. 后角太大； 5. 工件太薄

2. 扩孔加工工具

扩孔是对已有的孔进行扩大或提高加工质量的过程。扩孔使用的工具就是扩孔钻。

1）扩孔钻

（1）扩孔钻的组成。扩孔钻由切削部分、导向部分或校准部分、颈部及柄部组成，如图 6-27 所示。

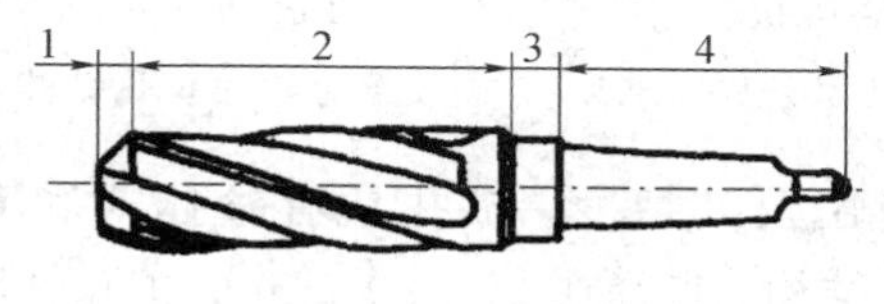

图 6-27　扩孔钻

GB/T 4257—2004
扩孔钻 技术条件

GB/T 4256—2004
直柄和莫氏锥柄扩孔钻

JB/T 10231.11—2002
刀具产品检测方法
第 11 部分：扩孔钻

JB/T 54870—1999
扩孔钻 产品质量分等

GB/T 1142—2004
套式扩孔钻

HB 3482—1985
孔加工工序间用的扩孔钻

HB 3483—1985
不通孔用直柄扩孔钻
d=5～9.5 mm

HB 3484—1985
加工铝合金不通孔用直柄扩孔钻 d=5～9.5 mm

HB 3485—1985
通孔用锥柄扩孔钻
d=10～32 mm

HB 3486—1985
不通孔用锥柄扩孔钻
d=10～32 mm

HB 3487—1985
加工铝合金通孔用锥柄扩孔钻 d=10～32 mm

HB 3488—1985
加工铝合金不通孔用锥柄扩孔钻 d=10～32 mm

HB 3489—1985
通孔用套式扩孔钻
d=25～80 mm

HB 3490—1985
不通孔用套式扩孔钻
d=25～80 mm

HB 3491—1985
不通孔用二齿平刃直柄扩孔钻 d=5～10 mm

HB 3492—1985
不通孔用四齿平刃锥柄扩孔钻 d=10～32 mm

HB 3493—1985
扩孔钻技术条件

HB 4196—1989
硬质合金机用扩孔钻技术条件

(2) 扩孔钻的类型、使用及其精度。扩孔钻有整体式和套装式两种。直径在 10～32 mm的扩孔钻多做成整体结构，直径在 25～80 mm 的扩孔钻则制成套装结构。

当作终加工使用时，其直径等于扩孔后孔的基本尺寸。当作为半精加工使用时，其直径等于孔的基本尺寸减去精加工工序余量的尺寸。扩孔的公差等级为 IT11～IT9，加工表面粗糙度为 Ra6.3～Ra3.2 μm。

(3) 扩孔钻的结构和切削情况与麻花钻的不同。扩孔的背吃刀量比钻孔小，因此扩孔钻没有横刃，其切削刃具有较小的尺寸并位于外缘上。

由于背吃刀量小，切屑窄，易排出，扩孔加工不易擦伤已加工表面。

由于排屑容易，所以可将容屑槽做得较小、较浅，从而增大了钻心直径，所以大大提高了扩孔钻的刚度。由于扩孔钻刚度增强，所以扩孔时的切削用量和加工质量也随之改善。

扩孔钻的刀齿较多，所以切削平稳轻快，加工质量和生产率都高于麻花钻。

(4) 扩孔钻的排屑槽的几种形式及排屑槽槽形的种类。扩孔钻的排屑槽有直的、斜的和螺旋形的三种形式。排屑槽的槽形有四种，如图 6-28 所示。

图 6-28　扩孔钻排屑槽的形状

2) 扩孔时切削深度的计算公式

扩孔时切削深度 a_p 按下式计算：

$$a_p = D - \frac{d}{2}(\mathrm{mm})$$

式中：D——扩孔后直径，mm；

d——预加工孔直径，mm。

由此可见，扩孔加工有以下特点：

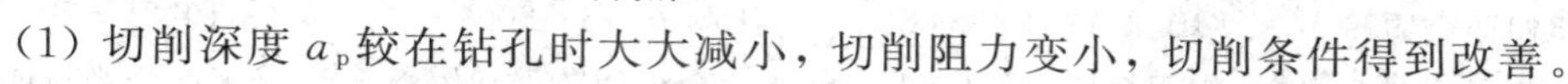

(1) 切削深度 a_p 较在钻孔时大大减小，切削阻力变小，切削条件得到改善。

(2) 避免了横刃切削所引起的不良影响。

(3) 产生的切屑体积小，排屑容易。

3. 铰孔加工工具

铰孔是用铰刀从工件的孔壁上切除微量金属层，以提高其尺寸精度和表面质量的方法。由于铰刀的刀齿数量多，切削余量小，故切削阻力小，导向性好，所以加工精度高，一般可达 IT9～IT7 级，表面粗糙度可达 $Ra1.6\ \mu m$。

1) 铰刀的种类

铰刀按使用方法分为手用铰刀(见图 6-29)和机用铰刀(见图 6-30)。

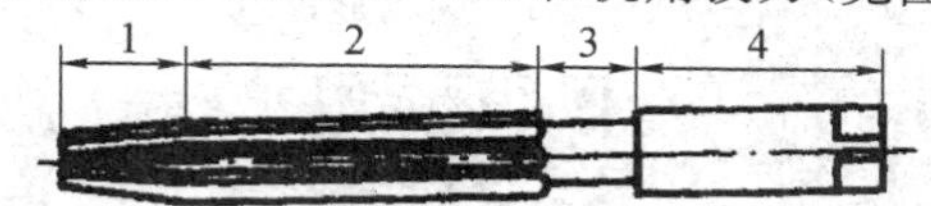

1—切削部分；2—倒锥校准部分；3—颈部；4—柄部

图 6-29　手用铰刀

GB/T 21018—2007
金属切削刀具铰刀术语

GB/T 25673—2010
可调节手用铰刀

JB/T 3869—1999
可调节手用铰刀

JB/T 54875—1999
手用铰刀 产品质量分等

JB/T 3411.45—1999
套式手铰刀刀杆 尺寸

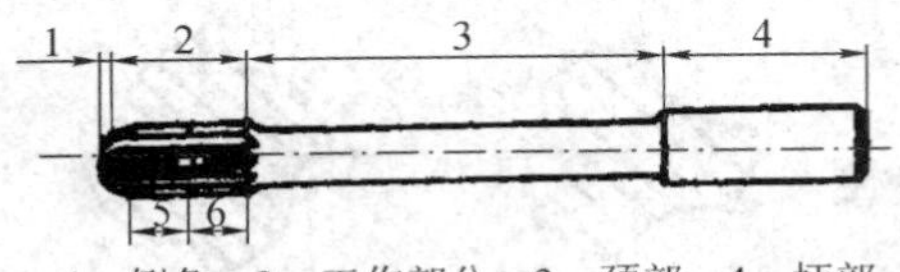

1—倒角；2—工作部分；3—颈部；4—柄部；
5—圆柱校准部分；6—圆锥校准部分

图 6-30　机用铰刀

GB/T 4251—2008
硬质合金机用铰刀

JB/T 54877—1999
硬质合金铰刀 产品质量分等

JB/T 54876—1999
机用铰刀 产品质量分等

GB/T 1134—2008
带刃倾角机用铰刀

JB/T 7426—2006
硬质合金可调节浮动铰刀

JB/T 10721—2007
焊接聚晶金刚石或
立方氮化硼铰刀

铰刀按加工孔的形状分为圆柱形铰刀(见图 6-29、图 6-30)、圆锥形铰刀(见图 6-31)、圆锥阶梯形铰刀(见图 6-32)。

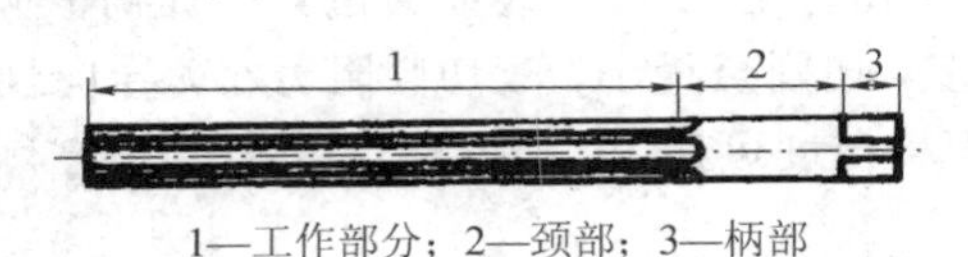

1—工作部分；2—颈部；3—柄部

图 6-31　圆锥形铰刀

JB/T 54878—1999
圆锥铰刀 产品质量分等

JB/T 54879—1999
锥度销子铰刀 产品质量分等

GB/T 20774—2006
手用 1∶50 锥度销子铰刀

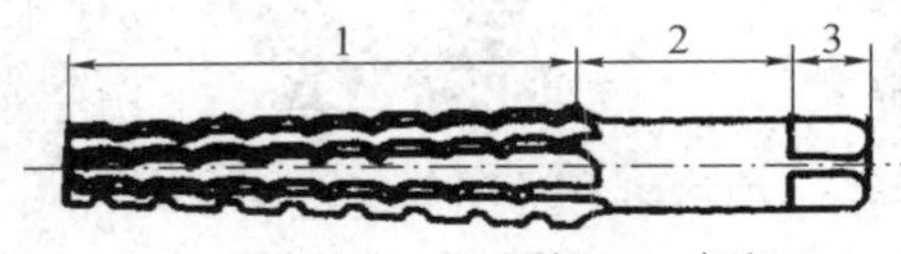

1—工作部分；2—颈部；3—柄部

图 6-32　圆锥阶梯形铰刀

铰刀按构成形式分为整体式铰刀(多用于铰削中小直径孔)和组合式铰刀(多用于铰削大直径孔)。

铰刀按直径的调整方法分为可调节式铰刀和不可调节式铰刀。

铰刀按刀具材料分为碳素工具钢铰刀、高速钢铰刀、合金钢铰刀、硬质合金铰刀。

铰刀按铰削刃分为有刃铰刀和无刃铰刀。

铰刀按铰刀的齿形分为直齿铰刀和螺旋齿铰刀。

2）普通手用铰刀的特点及适用范围

（1）普通手用铰刀的特点。普通手用铰刀只有一段倒锥校准部分，而没有圆柱校准部分。手用铰刀切削部分一般较长。手用铰刀锋角小，一般为 30′～1°30′，这样定心作用好，轴向力小，工作省力。手用铰刀的齿数在圆周上分布不均匀。

（2）普通手用铰刀适用范围。手工铰孔的直径较小，公差等级和表面粗糙度要求不高。工件材料硬度不高，批量很少。工件较大受设备条件限制，不能在机床上进行铰孔时，可用手工铰刀铰孔。

（3）手工铰孔的要点。将工件装夹牢固。选用适当的切削液，铰孔前先涂一些切削液在孔内表面及铰刀上。铰孔时两手用力要均匀，只准顺时针方向转动。铰孔时施于铰刀上的压力不能太大，要使进给量适当、均匀。铰完孔后，仍按顺时针方向退出铰刀。

铰圆锥孔时，对于锥度小、直径小而且较浅的圆锥孔，可先按锥孔小端直径钻孔，然后用锥铰刀铰削。对于锥度大、直径大而且较深的孔应先钻出阶梯孔，再用锥铰刀铰削。

（4）可调节手用铰刀是指铰刀的刃径可数次微小调整扩大再次使用的铰刀，可大大地降低铰刀的损耗，降低加工成本，如图 6－33 所示。

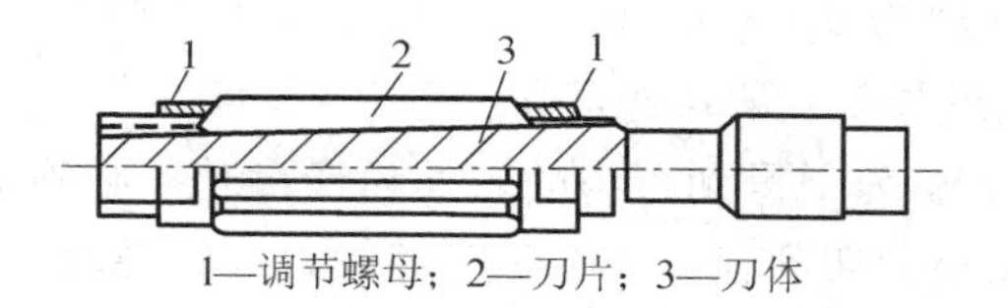

1—调节螺母；2—刀片；3—刀体

图 6－33　可调节式铰刀

3）普通整体式机用铰刀的特点及适用范围

（1）整体式机用铰刀的特点。工作部分最前端倒角较大，一般为 45°，目的是容易放入孔中，保护切削刃；切削刃紧接倒角；机用铰刀分圆柱校准和倒锥校准两段；机用铰刀切削部分一般较短。

（2）机用铰刀适用于以下情况。铰孔的直径较大；要铰的孔同基准面或其他孔的垂直度、平行度或角度等技术条件要求较高；铰孔的批量较大；工件材料硬度较高。

（3）机动铰孔的工作要点：选用的钻床主轴锥孔中心线和径向圆主轴中心线对工作台平面的垂直度均不得超差；装夹工件时，应保证欲铰孔的中心线垂直于钻床工作台平面，其误差在 100 mm 长度内不大于 0.002 mm；中心与工件预钻孔中心重合，误差不大于 0.02 mm；开始铰削时，为了引导铰刀进给，可采用手动进给；采用浮动夹头夹持铰刀时，在未吃刀前，最好用手撞击；在铰削过程中，特别是铰不通孔时，可分几次不停车退出铰刀，以清除铰刀上的粘屑和孔内切屑，防止切屑刮伤孔壁，同时也便于输入切削液；在铰削过程中，输入切削液要充分，其成分根据工件的材料进行选择；铰刀在使用中，要保护两端的中心孔，以备刃磨时使用；铰孔完毕，应不停车退出铰刀，否则会在孔壁上留下刀痕。

4）铰削用量

铰削用量包括铰削余量（$2a_p$）、切削速度（v）和进给量（f）。

（1）铰削余量（$2a_p$）。铰削余量是指上道工序（钻孔或扩孔）完成后留下的直径方向的加工余量。铰削余量不宜过大，因为铰削余量过大会使刀齿切削负荷增大，变形增大，切削热增加，被加工表面呈撕裂状态，致使尺寸精度降低，表面粗糙度值增大，同时加剧铰刀磨损。

铰削余量也不宜太小，否则上道工序的残留变形难以纠正，原有刀痕不能去除，铰削质量达不到要求。

选择铰削余量时，应考虑到孔径大小、材料软硬、尺寸精度、表面粗糙度要求及铰刀类型等诸因素的综合影响。用普通标准高速钢铰刀铰孔时，可参考表6－6选取。

表6－6　铰削余量

铰孔直径/mm	<5	5～20	21～32	33～50	51～70
铰削余量/mm	0.1～0.2	0.2～0.3	0.3	0.5	0.8

此外，铰削余量的确定，与上道工序的加工质量有直接关系。对铰削前预加工孔出现的弯曲、锥度、椭圆和不光洁等缺陷，应有一定限制。铰削精度较高的孔时，必须经过扩孔或粗铰，才能保证最后的铰孔质量。所以确定铰削余量时，还要考虑铰孔的工艺过程。如用标准铰刀铰削 $D<40$ mm、IT8级精度、表面粗糙度 $Ra1.25$ μm 的孔，其工艺过程是：钻孔→扩孔→粗铰→精铰。

精铰时的铰削余量一般为0.1～0.2 mm。用标准铰刀铰削IT9级精度(H9)、表面粗糙度 $Ra2.5$ μm 的孔，工艺过程是：钻孔→扩孔→铰孔。

(2) 机铰切削速度(v)。为了得到较小的表面粗糙度值，必须避免产生刀瘤，减少切削热及变形，因而应采取较小的切削速度。用高速钢铰刀铰钢件时，$v=(4\sim8)$ m/min；铰铸铁件时，$v=(6\sim8)$ m/min；铰铜件时，$v=(8\sim12)$ m/min。

(3) 机铰进给量(f)。进给量要适当，过大铰刀易磨损，也影响加工质量；过小则很难切下金属材料，形成对材料的挤压，使其产生塑性变形和表面硬化，最后形成刀刃撕去大片切屑，使表面粗糙度增大，并加快铰刀磨损。机铰钢件及铸铁件时 $f=(0.5\sim1)$ mm/r；机铰铜和铝件时 $f=(1\sim1.2)$ mm/r。

5) 铰刀的选择

一般根据加工对象选择铰刀的要点如下：

(1) 铰削锥孔时，应按孔的锥度选择相应的锥铰刀。标准锥铰刀有1∶50锥度销子铰刀和莫氏锥度铰刀两种类型，每一种类型里面又分手用铰刀和机用铰刀两种。

(2) 铰削带槽的孔时，应选择螺旋齿铰刀，以免使刀齿卡在槽内。

(3) 铰孔的位置如在工件其他部分的端面时，应用长铰刀或接长套筒。

(4) 铰削工件材质过硬或经过淬火的工件时，需选用相应的硬质合金铰刀。

(5) 若铰孔的工件批量较大，应选用机用铰刀或适应孔型(如台阶孔)的特殊铰刀以及组合铰刀等。

(6) 若加工少量的孔，包括机修中的非标准孔、配铰孔、锥销孔等，工件形状复杂，不宜在孔轴线垂直方向安装时，应采用手铰刀或可调铰刀。

6) 铰孔时表面粗糙度达不到要求的原因

(1) 铰刀的切削部分及校准部分表面质量不高，铰刀刀齿不锋利，刀口磨损超过允许值，刀口上有崩裂、缺口或毛刺等，从而影响了表面质量。

（2）铰刀刀齿校准部分后端有尖角，铰刀切削刃与校准部分过渡处未经研磨，在铰孔中将孔壁刮伤。

（3）铰刀后角过大，钻床精度低，当铰刀转速太快时，容易产生振动，影响孔壁的表面质量。

（4）铰刀切削刃有较大的偏摆，铰刀中心与工件预钻孔中心重合性差。这样使切削不均匀，余量多的一边切削变形大，余量少的一边不能消除预加工留下的刀痕，使孔壁的表面质量受到一定影响。

（5）铰刀容屑槽锈蚀或原有的黏屑没有清除干净。在铰削时，切屑容易在一些地方停滞、钻附，而不能及时排除，从而刮伤孔壁。

（6）加工余量太大，使切屑变形严重，切削热增高，因而降低了表面质量。

（7）加工塑性较大的材料时，铰刀前角过小，切削状态不良，使切屑变形严重，导致孔壁粗糙。

（8）切削液不充分或成分选择不当，使工件和切削刃得不到及时冷却和润滑，从而影响了孔壁的表面质量。

7）铰孔时的冷却润滑

铰削的切屑细碎且易黏附在刀刃上，甚至挤在孔壁与铰刀之间而刮伤表面，扩大孔径。铰削时必须用适当的切削液冲掉切屑，以减少摩擦，并降低工件和铰刀的温度，防止产生刀瘤。切削液的选择见表 6－7。

表 6－7　铰孔切削液的选择

加工材料	切　削　液
钢	1. 10%～20%的乳化油水溶液； 2. 铰孔要求高时，采用 30%菜油加 70%肥皂水； 3. 铰孔的公差等级和表面粗糙度要求更高时可用茶油、柴油、猪油等
铸铁	1. 干切； 2. 煤油，但会引起孔径收缩，最大收缩量可达 0.02～0.04 mm； 3. 低浓度的乳化液
铝	煤油
铜	乳化油水溶液

8）手铰圆柱孔的步骤和方法

应根据孔径和孔的精度要求，确定孔的加工方法和工序间的加工余量。图 6－34 所示为精度较高的 $\phi 30$ mm 孔的加工过程。

（1）进行钻孔或扩孔，然后进行铰孔。

（2）手铰时，两手用力均匀，按顺时针方向转动铰刀并略微用力向下压，任何时候都不能倒转，否则，切屑挤住铰刀划伤孔壁，使铰刀刀刃崩裂，铰出的孔不光滑、不圆，也不准确。

（3）铰孔过程中，如果转不动不要硬扳，应小心地抽出铰刀，检查铰刀是否被切屑卡住

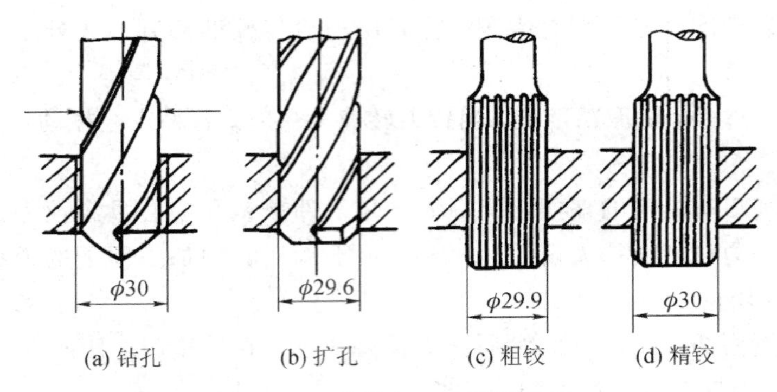

图 6－34　孔的加工方法及工序

或遇到硬点，否则会折断铰刀或使刀刃崩裂。

(4) 进给量的大小应适当、均匀，并不断地加冷却润滑液。

(5) 铰孔完毕后，应顺时针方向旋转退出铰刀。

(6) 在铰孔过程中，要注意经常清除粘在刀齿上的切屑，并用油石将刀刃修光，否则会拉毛孔壁。如铰刀齿略有磨损，可用油石仔细地修磨刀齿后面，以使刀刃锋利。

9) 铰圆锥孔的方法

铰削直径小的锥销孔，可先按小头直径钻孔；对于直径大而深的锥销孔，可先钻出阶梯孔，如图 6－35 所示，再用锥铰刀铰削。

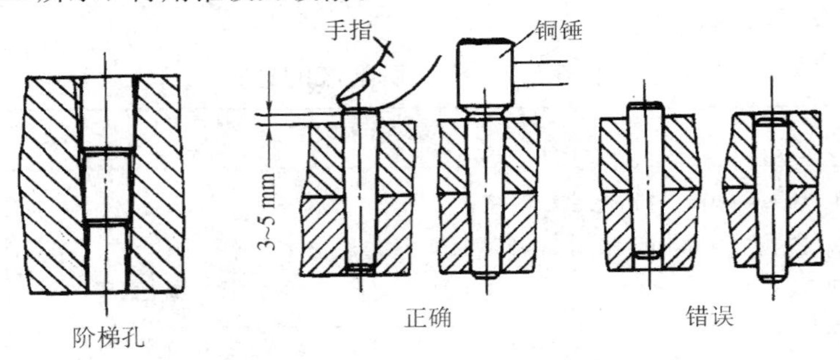

图 6－35　铰圆锥孔及其检验

在铰削的最后阶段，要注意用锥销试配，以防将孔铰大。试配之前要将铰好的孔擦洗干净。锥销放进孔内用手按紧时，其头部应高于工件平面 3～5 mm 左右，然后用铜锤轻轻敲紧。装好的锥销其头部可以略高于工件平面；当工件平面与其他零件接触时，锥销头部则应低于工件平面。

10) 铰孔加工的注意事项

(1) 工件要夹正，夹紧力应适当，防止工件变形，以免铰孔后零件变形部分的回弹影响孔的几何精度。

(2) 手铰时两手用力要均衡，保持铰削的稳定性，避免由于铰刀的摇摆而造成孔口喇叭状和孔径扩大。

(3) 随着铰刀旋转，两手轻轻加压，使铰刀均匀进给，同时不断变换铰刀每次停歇位置，防止连续在同一位置停歇而造成振痕。

(4) 铰削过程中或退出铰刀时，要始终保持铰刀正转，不允许反转，否则将拉毛孔壁，甚至使铰刀崩刃。

(5) 铰定位锥销孔时，两结合零件应位置正确，铰削过程中要经常用相配的锥销来检查铰孔尺寸，以防将孔铰深。根据具体要求，锥销头部可略低或略高于工件平面。

(6) 机铰时，要注意机床主轴、铰刀和工件孔三者同轴度是否符合要求。当上述同轴度不能满足铰孔精度要求时，铰刀应采用浮动装夹方式，调整铰刀与所铰孔的中心位置。

(7) 机铰结束时，铰刀应退出孔外后停机，否则孔壁有刀痕，退出时孔会被拉毛。

4. 锪孔加工工具

用锪钻刮平孔的端面或切出沉孔的方法，称为锪孔。常见的锪孔应用如图 6-36 所示。锪孔的目的是为保证孔端面与孔中心线的垂直度，以便与孔连接的零件位置正确，连接可靠。

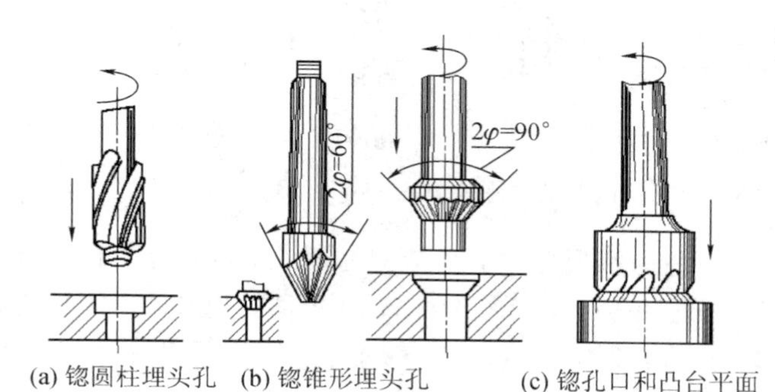

(a) 锪圆柱埋头孔　(b) 锪锥形埋头孔　(c) 锪孔口和凸台平面

图 6-36　锪孔的应用

JB/T 10231.10—2002
刀具产品检测方法
第 10 部分：锪钻

1) 锪钻的类型

锪钻分柱形锪钻、锥形锪钻和端面锪钻三种。

(1) 柱形锪钻。柱形锪钻起主要切削作用的是端面刀刃，螺旋槽的斜角就是它的前角($\gamma_0=\beta_0=15°$)，后角 $\alpha_0=80°$。锪钻前端有导柱，导柱直径与工件已有孔为紧密的间隙配合，以保证良好的定心和导向。一般导柱是可拆的，也可以把导柱和锪钻做成一体，如图 6-36(a)中的锪钻。

柱形锪钻的结构如图 6-37 所示。柱形锪钻具有主切削刃和副切削刃，端面切削刃为主切削刃，起主要切削作用，外圆上切削刃为副切削刃，起修光孔壁的作用。锪钻前端有导

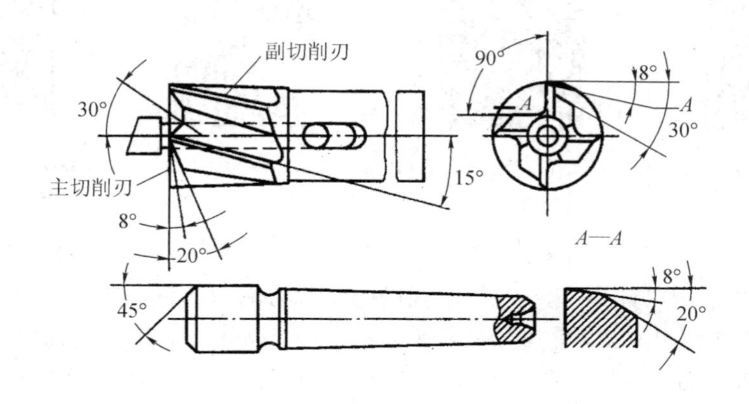

图 6-37　柱形锪钻的结构

柱，导柱直径与工件原有的孔采用基本偏差为 f 的间隙配合，以保证锪孔时有良好的定心和导向作用。导柱分整体式和可拆式两种，可拆式导柱能按工件原有孔直径的大小进行调换，使锪钻应用灵活。

柱形锪钻也可用麻花钻改制，如图 6－38 所示。带导柱的柱形锪钻如图 6－38(a)所示，导柱直径 d 与工件原有的孔采用基本偏差为 f 的间隙配合。端面切削刃须在锯片砂轮上磨出，后角 $\alpha_f=8°$，导柱部分两条螺旋槽锋口须倒钝。麻花钻也可改制成不带导柱的平底锪钻，如图 6－38(b)所示，用来锪平底不通孔。

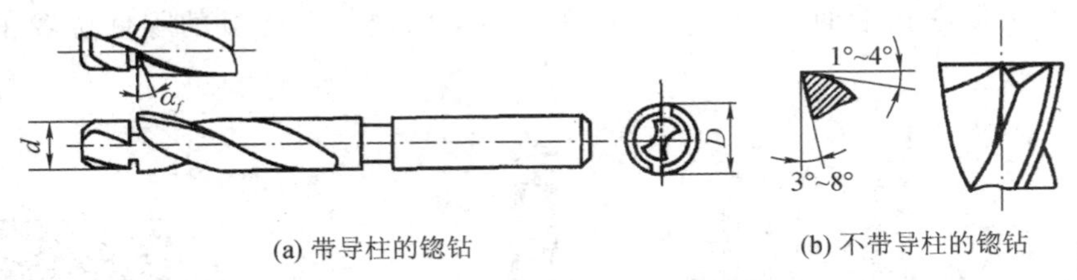

(a) 带导柱的锪钻　　　　(b) 不带导柱的锪钻

图 6－38　麻花钻改制的柱形锪钻

(2) 锥形锪钻。锪锥形埋头孔的锪钻称为锥形锪钻，其结构如图 6－39 所示。锥形锪钻的锥角(2φ)按工件锥形埋头孔的要求不同，有 60°、75°、90°、120°四种，其中 90°的用得最多。锥形锪钻直径 d 在 12～60 mm 之间，齿数为 4～12 个，前角 $\gamma_0=0°$，后角 $\alpha_0=6°～8°$，为了改善钻尖处的容屑条件，每隔一齿将刀刃切去一块，如图 6－39 所示。

图 6－39　锥形锪钻

GB/T 4259—1984 锥面锪钻技术条件

JB/T 54872—1999 锥面锪钻 产品质量分等

GB/T 4265—1984 90°锥面锪钻技术条件

GB/T 1143—1984 60°、90°、120° 锥柄锥面锪钻

GB/T 4258—1984 60°、90°、120° 直柄锥面锪钻

GB/T 4263—1984 带导柱直柄 90° 锥面锪钻

GB/T 4264—1984 带可换导柱锥柄 90° 锥面锪钻

(3) 端面锪钻。专门用来锪平孔口端面的锪钻称为端面锪钻，如图 6－36(c)、图 6－40 所示。其端面刀齿为切削刃，前端导柱用来导向定心，以保证孔端面与孔中心线的垂直度。端面锪钻有多齿形端面锪钻，如图 6－36(c)所示，其端面刀齿为切削刃，前端导柱用来定心、导向以保证加工后的端面与孔中心线垂直。简易的端面锪钻，如图 6－40 所示。刀杆与

工件孔配合端的直径采用基本偏差为 f 的间隙配合，保证良好的导向作用。刀杆上的方孔要尺寸准确，与刀片采用基本偏差为 h 的间隙配合，并且保证刀片装入后，切削刃与刀杆轴线垂直。前角由工件材料决定，锪铸铁时 $\gamma_0=5°\sim10°$；锪钢件时 $\gamma_0=15°\sim25°$。后角 $\alpha_0=6°\sim8°$，$\alpha_0'=4°\sim6°$。

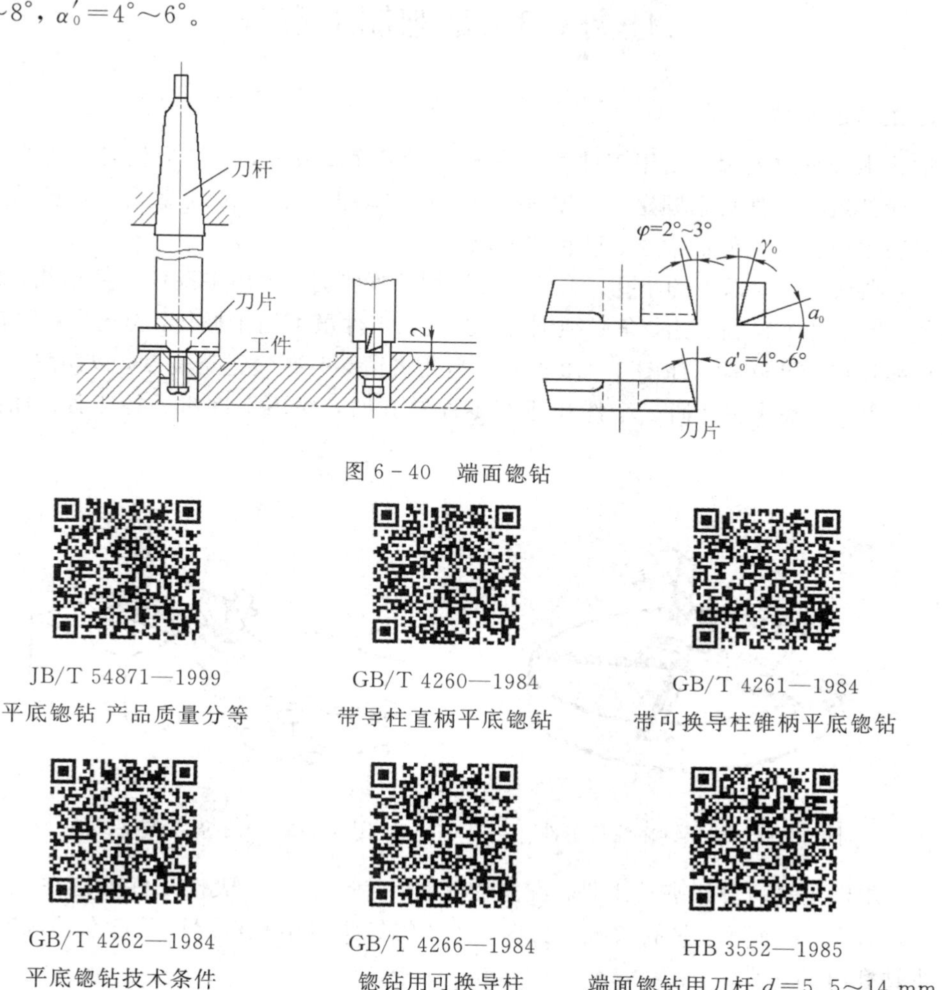

图 6-40　端面锪钻

JB/T 54871—1999 平底锪钻 产品质量分等

GB/T 4260—1984 带导柱直柄平底锪钻

GB/T 4261—1984 带可换导柱锥柄平底锪钻

GB/T 4262—1984 平底锪钻技术条件

GB/T 4266—1984 锪钻用可换导柱

HB 3552—1985 端面锪钻用刀杆 $d=5.5\sim14$ mm

在锪削孔的下端面时，锪钻的安装位置如图 6-41 所示，但刀杆与钻轴或其他设备的连接要采用特定装置，防止锪削时脱落。

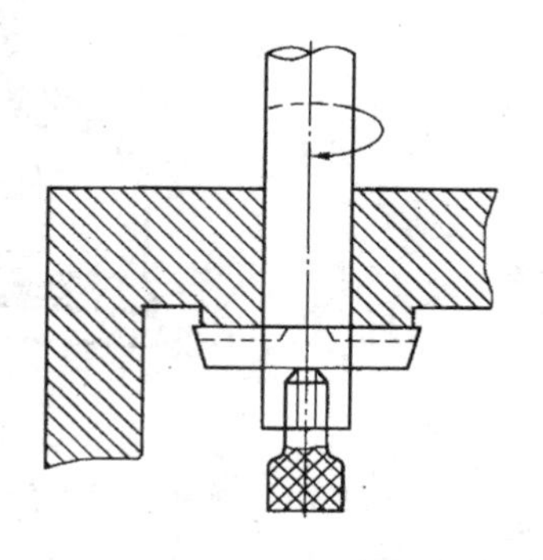

图 6-41　锪削孔的下端面

2）锪孔的工作要点

锪孔方法与钻孔方法基本相同，但锪孔时刀具容易振动，特别是使用麻花钻改制的锪钻，使所锪端面或锥面产生振痕，影响到锪削质量，故锪孔时应注意以下几点。

（1）由于锪孔的切削面积小，锪钻的切割刃多，所以进给量为钻孔的 2～3 倍，切削速度为钻孔的 1/2～1/3。

（2）用麻花钻改制锪钻时，后角和外缘处前角适当减小，以防止扎刀。两切削刃要对称，保持切削平稳。尽量选用较短的钻头改制，以减少振动。

(3) 锪钻的刀杆和刀片装夹要牢固，工件夹持稳定。

(4) 锪钢件时，要在导柱和切削表面加机油或牛油润滑。

任务 6.3　钻削加工方法

1. 工件的夹持

钻孔中的事故大都是由于工件的夹持方法不正确造成的，因此应注意工件的夹持。钻孔前一般都需将工件夹紧固定，以防钻孔时工件移动折断钻头或使钻孔位置偏移。工件夹紧的方法主要根据工件的大小、形状和要求而定。

(1) 在钻 8 mm 以下的小孔，工件又可以用手握牢时，可用手握住工件钻孔。此方法比较方便，但工件上锋利的边、角必须倒钝。有些长工件虽可用手握住，但还应在钻床台面上用螺钉靠住以防止转动，如图 6－42 所示。当孔将钻穿时减慢进给速度，以防发生事故。

(2) 用手虎钳夹持工件。小件和薄壁零件钻孔时，要用手虎钳夹持工件，如图 6－43 所示。

图 6－42　用螺钉靠住长工件

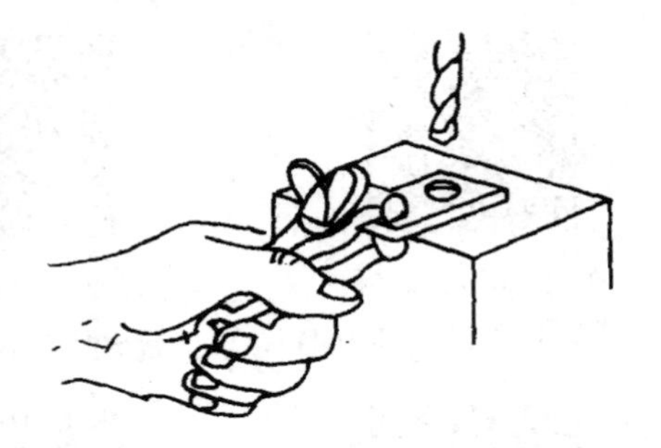

图 6－43　用手虎钳夹持工件

(3) 用机用平口虎钳夹持工件。在平整工件上钻孔时，一般把工件夹持在机用平口虎钳上，如图 6－44 所示。钻孔直径较大时，可用螺钉将机用平口虎钳固定在钻床工作台上，以减少钻孔时的振动。

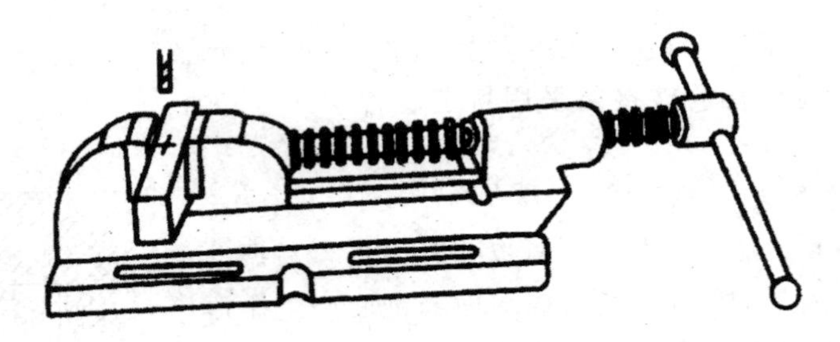

图 6－44　用机用平口虎钳夹持工件

(4) 用 V 形块配以压板夹持。在套筒或圆柱形工件上钻孔，一般把工件放在 V 形块上并用压板压紧，以免工件在钻孔时转动。用 V 形块和压板夹持圆柱形工件的几种形式如图 6－45 所示。

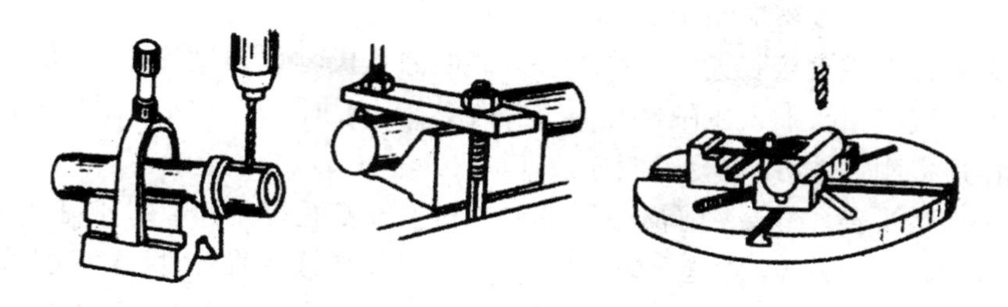

图 6-45　用 V 形块、压板夹持圆柱形工件

(5) 需钻大孔或不适宜用机用平口虎钳夹持的工件，可直接用压板、螺栓把工件固定在钻床工作台上，如图 6-46 所示。

使用压板时要注意以下几点：

① 螺栓应尽量靠近工件，使压紧力较大。

② 垫铁应比工件的压紧表面稍高，这样即使压板略有变形，着力点也不会偏在工件边缘处，而且有较大的压紧面积。

③ 对已精加工过的压紧表面应垫上铜皮等软钳口衬垫，以免压出印痕。

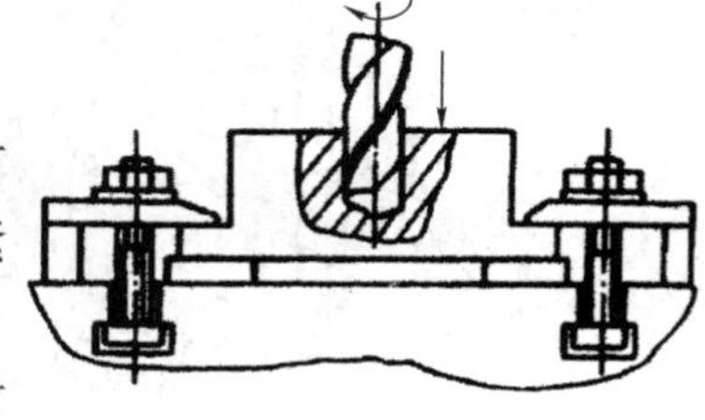

图 6-46　用压板夹持工件

(6) 用钻夹具夹持工件。钻夹具又称钻模。对钻孔要求较高、零件批量较大的工件，可根据工件的形状、尺寸、加工要求，采用专用的钻夹具来夹持工件，如图 6-47 所示。利用钻夹具夹持工件可提高钻孔精度，尤其是孔与孔之间的位置精度，并节省划线等辅助时间，提高了生产效率。

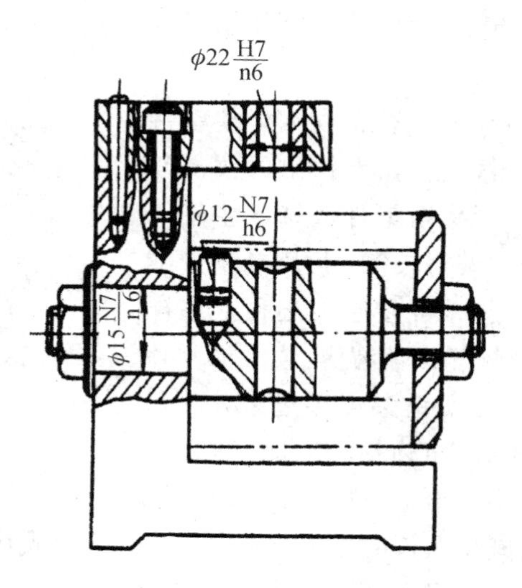

图 6-47　用钻夹具夹持工件

2. 钻头的装拆

钻头的柄部形状和直径大小不同，在钻床上装夹钻头时，常采用钻夹头、钻套进行装夹或直接装入钻床主轴锥孔内。

(1) 用钻夹头装夹。钻夹头又称钻帽，如图 6-48(a)所示，用于装夹直柄钻头。用钻夹头装夹钻头时，夹持长度不应小于 15 mm。

(2) 用钻套装夹或直接装夹。当锥柄钻头柄部的莫氏锥体与钻床主轴锥孔的尺寸及锥度一致时，可直接将钻头插入主轴锥孔内。当锥度不一致时，应加钻套或几个钻套(数量较少为好，这样连接刚性才好)进行过渡连接，如图 6－48(c)、(d)所示。

不管是否加钻头套，在装夹前都必须将锥柄和主轴锥孔擦干净，并使扁尾对准腰形孔，然后利用加速冲力一次装接，才能保证连接可靠。拆卸钻头或钻头套时，要用楔铁敲入腰形孔内，楔铁斜面向下，利用斜面的推力使其分离，即可拆下钻头或钻头套，如图 6－51(e)所示。

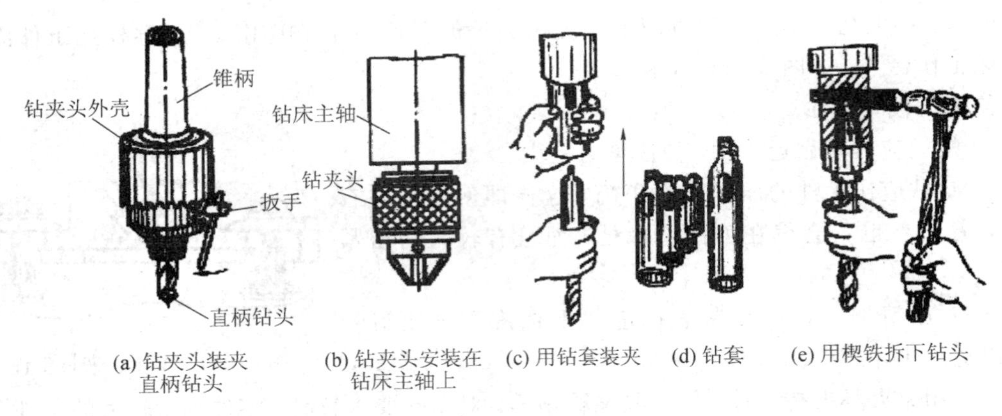

(a) 钻夹头装夹直柄钻头　(b) 钻夹头安装在钻床主轴上　(c) 用钻套装夹　(d) 钻套　(e) 用楔铁拆下钻头

图 6－48　钻头的装拆

3. 划线钻孔的方法

划线钻孔前应在工件上划出该孔的十字中心线和直径，并在孔的圆周上(90°位置)打四只样冲眼，作钻孔后的检查用。孔中心的样冲眼作为钻头定心用，应大而深，使钻头在钻孔时不要偏离中心。

钻孔开始时，先调正钻头或工件的位置，使钻尖对准钻孔中心，然后试钻一浅坑，如果钻出的浅坑与所划的钻孔圆周线不同心，可移动工件或钻床主轴予以找正。若钻头较大，或浅坑偏得较多，用移动工件或钻头的方法很难取得效果，这时可在原中心孔上用样冲加深样冲眼深度或用油槽錾錾几条沟槽，如图 6－49 所示，以减少此处的切削阻力使钻头偏移过来，达到找正钻孔中心的目的。当试钻达到同心要求后继续钻孔，孔将要钻穿时，必须减小进给量，如采用自动进给的，最好改为手动进给，以减少孔口的毛刺，并防止钻头折断或钻孔质量降低。

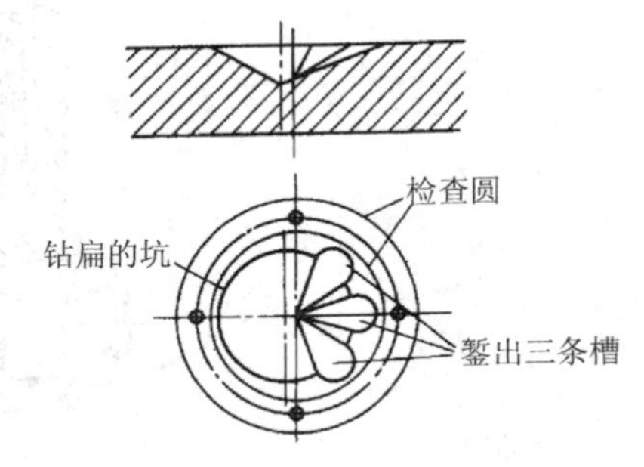

图 6－49　钻偏时錾槽校正

钻不通孔时，可按钻孔深度调整挡块，并通过测量实际尺寸来控制钻孔深度。

钻深孔时，一般钻进深度达到直径的 3 倍时，钻头要退出排屑，以后每钻进一定深度，钻头即退出排屑一次，以免切屑阻塞而扭断钻头。

钻直径超过 30 mm 的孔时可分两次钻削。先用(0.5～0.7)D 的钻头钻孔，然后再用直径为 D 的钻头扩孔，这样可以减小转矩和轴向阻力，既保护了机床，又可提高钻孔质量。

4. 零件特殊位置孔的钻孔方法

（1）在圆柱工件上钻孔。

在轴类或套类等圆柱形工件上钻与轴心线垂直相交的孔，特别当孔的中心线和工件中心线对称度要求较高时，可采用定心工具，如图 6－50(a)所示。

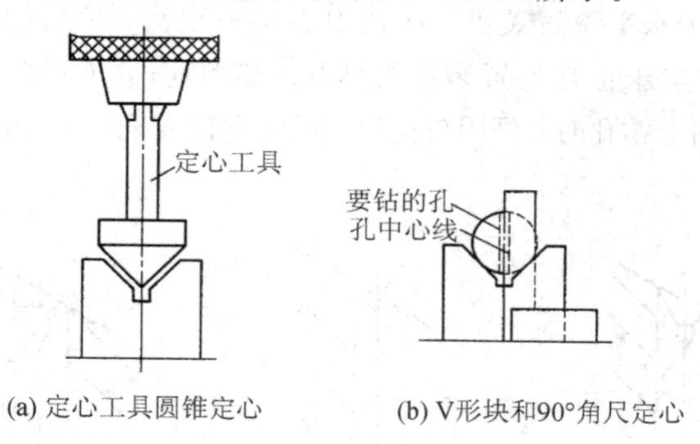

(a) 定心工具圆锥定心　　(b) V形块和90°角尺定心

图 6－50　在圆形工件上钻孔

钻孔前，利用百分表校正定心工具圆锥部分与钻床主轴保持较高的同轴度要求，使其振摆在 0.01～0.02 mm 之内。然后移动 V 形块使定心工具圆锥部分与 V 形块贴合，用压板把 V 形块位置固定。在钻孔工件的端面划出所需的中心线，用 90°角尺找正端面中心线使其保持垂直，如图 6－50(b)所示。换上钻头将钻尖对准钻孔中心后，再把工件压紧。然后试钻一个浅坑，检查中心位置是否正确，如有偏差，可调整工件后再试钻，直至位置正确后再钻孔。

对称度要求不高时，不必用定心工具，而用钻头的顶尖来找正 V 形块的中心位置，然后用 90°角尺找正工件端面的中心线，并使钻尖对准钻孔中心，压紧工件，进行试钻和钻孔。

（2）钻半圆孔。

若所钻半圆孔在工件的边缘，可把两工件合起来夹持在机用平口虎钳内钻孔。若只需一件，可取一块相同材料与工件拼合，夹持在机用平口虎钳内钻孔，如图 6－51(a)所示。在工件上钻半圆孔，则可先用同样材料嵌入工件内，与工件合钻一个圆孔，然后去掉嵌入材料，工件上即留下半圆孔，如图 6－51(b)所示。

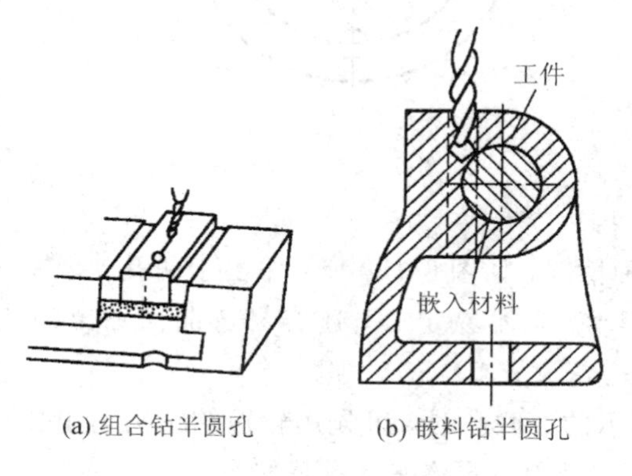

(a) 组合钻半圆孔　　(b) 嵌料钻半圆孔

图 6－51　钻半圆孔

(3) 在斜面上钻孔。

用普通钻头在斜面上钻孔时，钻头单边受力会使钻头偏斜而钻不进工件，一般可采用以下几种方法：

① 先用中心钻钻一个较大的锥度窝，如图 6-52(a)所示，再钻孔。

② 将钻孔斜面置于水平位置装夹，在孔中心锪一浅窝，然后把工件倾斜装夹，把浅窝钻深一些，最后将工件置于正常位置装夹再钻孔，如图 6-52(b)所示。

③ 在斜度较大的面上钻孔时，可用与孔径相同的立铣刀铣一个平面再钻孔，如图 6-52(c)所示。

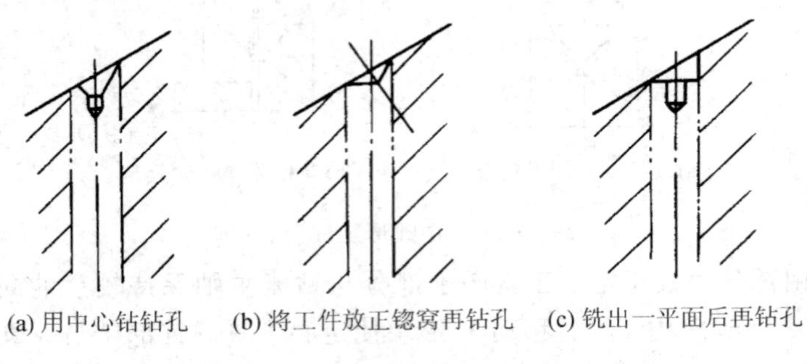

(a) 用中心钻钻孔　(b) 将工件放正锪窝再钻孔　(c) 铣出一平面后再钻孔

图 6-52　斜面上钻孔示意图

(4) 钻骑缝孔。

在钻壳体和衬套之间的骑缝螺纹底孔或销钉孔时，由于壳体、衬套的材料一般都不相同，此时样冲眼应打在略偏于硬材料一边，以抵消因阻力小而引起钻头向软材料方向偏移，如图 6-53 所示。同时要选用短钻头，以增强钻头刚度，钻头的横刃要磨短，增加钻头的定心作用，减少偏移。

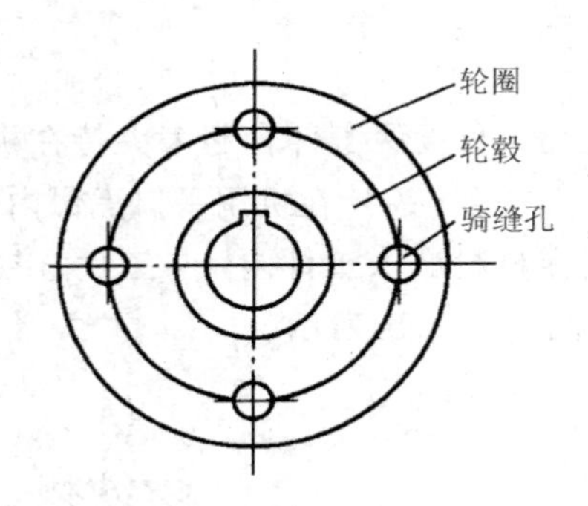

图 6-53　钻骑缝孔

(5) 钻二联孔。

常见的二联孔有三种情况，如图 6-54 所示。由于两孔比较深或距离比较远，钻孔时钻头伸出很长，容易产生摆动，且不易定心，还容易弯曲使钻出的孔倾斜，同心度达不到要求，此时可采用以下方法钻孔。

① 钻图 6-54(a)所示的二联孔时，可先用较短的钻头钻小孔至大孔深度，再改用长的小钻头将小孔钻完，然后钻入孔，再锪平大孔底平面。

② 钻图 6-54(b)所示的二联孔时，先钻出上面的孔，再用一个外径与上面孔配合较严

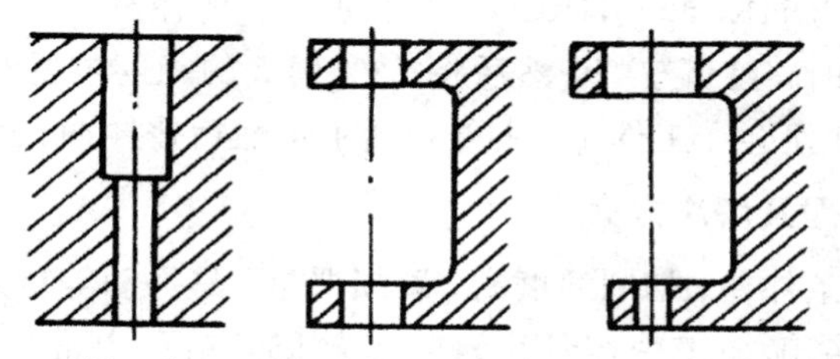

图 6－54　常见的二联孔

密的大样冲，插进上面的孔中，冲出下面孔的样冲眼，然后用钻头对正样冲眼慢速钻出一个浅坑，确认正确后，再正常钻孔。

③ 钻图 6－54(c)所示的二联孔时，对于成批生产，可制一根接长钻杆，其外径与上面孔为动配合。先钻完上面大孔后. 再换上装有小钻头的接长钻杆，以上面孔为引导，钻出下面的小孔。也可采用钻图 6－54(b)所示二联孔的方法钻孔。

(6) 配钻。

在有装配关系的两个零件中，一个孔已加工好，按此孔需要，在另一件上钻出相应孔的钻削过程称为配钻。常见的配钻情况如图 6－55 所示，主要是要求两相应孔的同轴度。

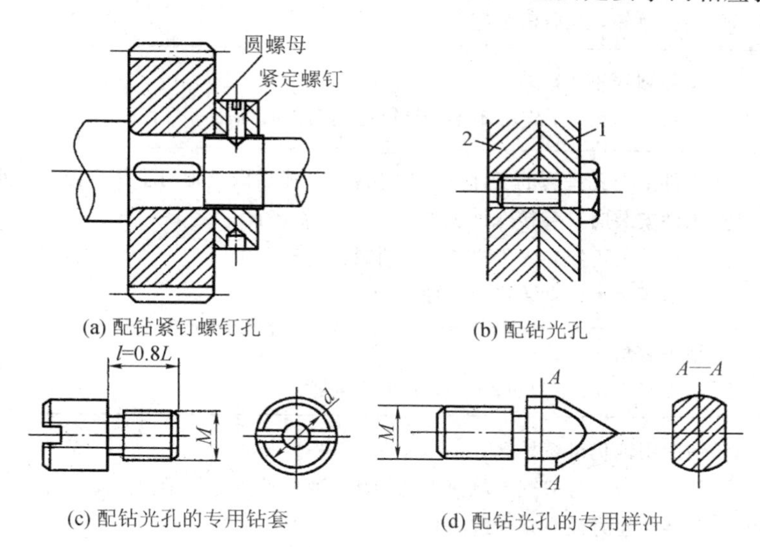

图 6－55　常见的配钻情况

配钻图 6－55(a)所示的轴上紧定螺钉锥孔(或圆柱孔)时，先把圆螺母拧紧到所要求位置，用外径略小于紧定螺钉孔内径的样冲插入螺孔内在轴上冲出样冲孔，卸下螺母后钻出锥坑或圆柱孔。也可以把圆螺母拧紧后配钻底孔，卸下后再在螺母上攻丝。

配钻图 6－55(b)所示工件 1 上的光孔时(工件 2 上的螺纹孔已加工好)，可先做一个与工件螺纹孔相配合的专用钻套，如图 6－55(c)所示。从左面拧在工件 2 上，把 1、2 两个工件相互位置对正并夹紧在一起，用一个与钻套孔径 d 相配合的钻头通过钻套在工件 1 上钻一个小孔，再把两个工件分开，按小孔定心钻出光孔。若工件上的螺纹孔为盲孔时，则可加工一个与工件 1 螺纹孔相配合的专用样冲，如图 6－55(d)所示，螺纹部分的长度约为直径的1.5倍，锥尖处硬度为HRC56～HRC60。使用时，将专用样冲拧进工件2的螺纹孔内，再把露在外的样冲顶尖的高度调整好，然后将工件1、2的相互位置对准并放在一起，用木锤击打工件1或2，样冲便会在工件1上打出样冲孔，然后按样冲孔钻出光孔。

5. 钻孔中常见的问题及解决方案

钻削加工具有切削条件差、切削温度高、磨损严重、易振动等特点，同时对操作者的技术水平要求较高，因此钻削加工中容易出现加工缺陷，钻孔中常见问题及解决方案如表6-8所示。

表6-8　钻孔中常见问题及解决方案

出现的现象	产 生 原 因
孔大于规定尺寸	① 钻头两切削刃长度不等； ② 钻床主轴径向偏摆或工作台未锁紧，有松动； ③ 钻头本身弯曲或装夹不好，使钻头有过大的径向跳动
孔壁粗糙	① 钻头不锋利； ② 进给量太大； ③ 切削液选用不当或供应不足； ④ 钻头过短，排屑槽堵塞
孔位偏移	① 工件划线不正确； ② 钻头横刃太长，定心不准，起钻过偏而没有纠正
孔歪斜	① 工件上与孔垂直的平面与主轴不垂直，或钻床主轴与工作台面不垂直； ② 工件安装时安装接触面上的切屑未清除干净； ③ 工件装夹不牢，钻孔时产生歪斜或工件有砂眼； ④ 进给量过大使钻头产生弯曲变形
钻孔呈多角形	① 钻头后角太大； ② 钻头两主切削刃长短不一，角度不对称
钻头工作部分折断	① 钻头用钝仍继续钻孔； ② 钻孔时未及时清理接触面上的切屑，致使钻头螺旋槽内阻塞； ③ 孔将钻通时没有减少进给量； ④ 进给量过大； ⑤ 工件未夹紧，钻孔时产生松动； ⑥ 在钻黄铜等软金属时，钻头后角太大，前角又没有修磨小而造成扎刀现象
切削刃迅速磨损或崩裂	① 切削速度太高； ② 没有根据工件材料硬度来刃磨钻头角度； ③ 工件表面或内部硬度高或有砂眼； ④ 进给量过大； ⑤ 切削液不足

任务 6.4　模板零件的钻削加工

1. 模板的钻孔加工

(1) 模板零件图及钻孔准备。

模板零件如图 6－56 所示。实训准备如下:

① 工具和量具:钻头、划针、样冲、划线盘和钢直尺等。

② 辅助工具:压板、螺栓、冷却润滑液及涂料等。

③ 备料:45 钢长方形钢板,厚度为 60 mm。

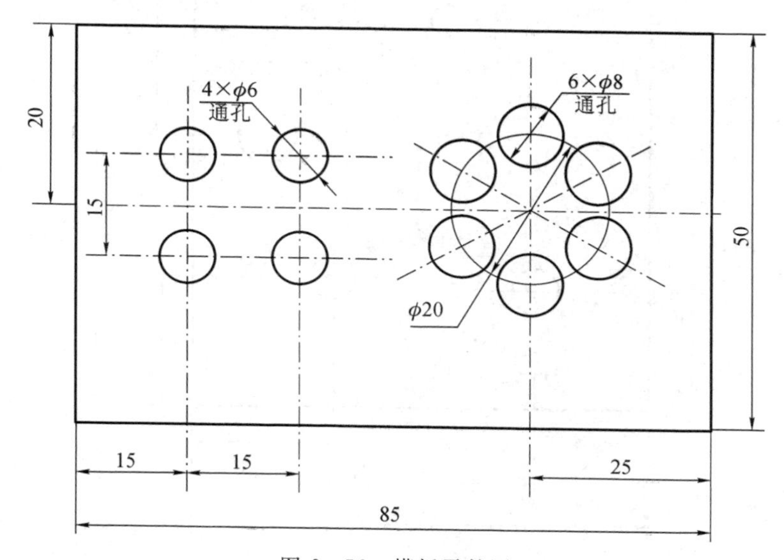

图 6－56　模板零件图

(2) 操作要点。

① 首先进行钻头刃磨练习,做到刃磨姿势正确,钻头几何形状和角度正确。

② 装夹钻头要用钻夹头钥匙,不得用楔铁和手锤敲击,以免损坏钻夹头。

③ 钻头用钝后必须及时进行修磨。

④ 钻孔时,手动进给的压力应根据钻头的工作情况以及目测和感觉进行控制。

⑤ 注意钻孔操作安全事项。

(3) 操作步骤。

① 刃磨钻头,要求几何形状和角度正确。

② 按毛坯形状和尺寸检查,清理表面,涂色。

③ 按要求划钻孔加工线。

④ 调整钻床达到要求。

⑤ 完成钻孔。

⑥ 检查工件加工质量。

2. 模板的铰孔加工

(1) 模板零件图及钻孔准备。

模板零件如图 6－57 所示。实训准备如下：

① 工具和量具：钻头、铰刀、划针、样冲、划线盘、钢直尺等。

② 辅助工具：试配用的圆柱销和圆锥销、软钳口衬垫、油石和涂料等。

③ 备料：45 钢长方形钢板，厚度为 40 mm。

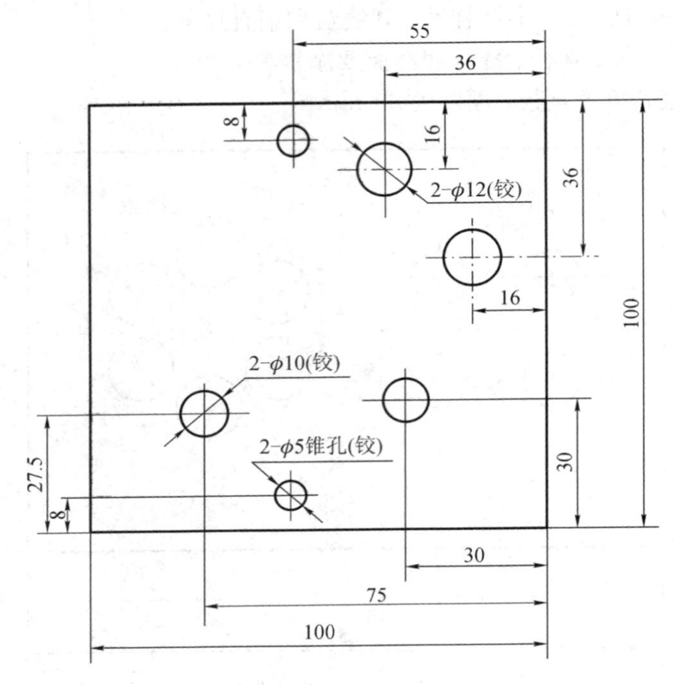

图 6－57　模板零件图

(2) 操作要点。

① 注意保护好铰刀刃，刀刃上如有毛刺或切屑黏附，可用油石轻轻磨去。

② 起铰后，右手垂直加压，左手转动，两手用力均匀，速度不可过快，保持稳定。

③ 使用锥铰刀时，应适当控制进给量，以防铰刀被卡住。

④ 从锥孔中取出铰刀时，顺时针旋转，不可倒转。

(3) 操作步骤。

① 按图样划出孔位置加工线。

② 钻孔，留一定的铰孔余量，选定各铰孔前的钻头规格，对孔口进行 0.5 mm×45°倒角。

③ 铰各圆柱孔，用圆柱销试配检验。

④ 铰锥销孔，用圆锥销试配检验，达到正确的配合尺寸要求。

3. 模板的钻孔、锪孔、铰孔加工

(1) 模板零件图及钻孔准备。

模板零件如图 6－58 所示。实训准备如下：

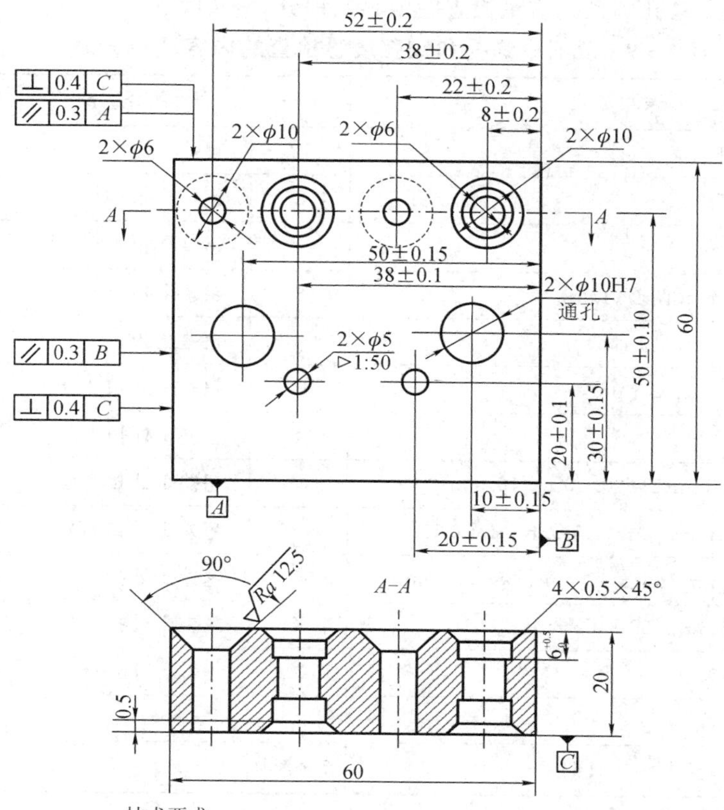

技术要求:
①A、B、C面相互垂直，且垂直度公差不大于0.05 mm。
②A、B、C的对应面平行于A、B、C面的平行度公差不大于0.05 mm。

图 6－58　模板零件图

① 工具和量具：钻头、直铰刀、锥铰刀(1∶50)、锤子、划规、样冲、钢直尺、游标卡尺、直角尺和刀口直角尺等。

② 辅助工具：软钳口衬垫、毛刷等。

③ 备料：45 钢板，60 mm×60 mm×20 mm，垂直度、平行度为 0.05 mm，每人一件。

(2) 操作步骤。

① 检查毛坯，作必要修整。

② 以 A、B 为基准面，划 2×ϕ5 mm 通孔中心线、2×ϕ10 mm 通孔中心线、4×ϕ6 mm 通孔中心线，用游标卡尺检查，使孔距准确。

③ 用样冲打中心样冲眼。

④ 用划规分别划 2×ϕ5 mm、6×ϕ10 mm、4×ϕ6 mm 通孔的圆，孔间距须达到图样要求。

⑤ 用柱形锪钻锪 2×ϕ10 mm 的孔，用 90°锥形锪钻锪 90°孔。

⑥ 将零件翻转 180°，按上述方法德另一面。

⑦ 用手铰刀铰 2×ϕ10H7 通孔和 1∶50 锥孔。

(3) 质量检查和成绩评定。

模板零件钻孔、锪孔和铰孔质量检查的内容及评分表，如表 6 - 9 所示。

表 6 - 9 钻孔、锪孔和铰孔质量检查的内容及评分表

序号	考核要求			配分	评分标准	检测结果	得分
1	铰 1∶50 锥孔			12	超差 1 处扣 0.5 分		
2	铰孔 2×ϕ10H7			8	超差全扣		
3	钻孔 4×ϕ6 mm			8	超差全扣		
4	锪孔 2×ϕ10 mm 两面(4 处)			8	超差全扣		
5	锪孔，深 $6^{+0.50}_{0}$(4 处)			8	超差全扣		
6	锪锥孔，90° Ra12.5 μm			11	超差 1 处扣 3 分		
7	4×C0.5			4	超差 1 处扣 1 分		
8	孔距 20±0.1 mm(2 处)、30±0.15 mm			9	超差 1 处扣 3 分		
9	孔距 50±0.1 mm、50±0.15 mm、10±0.15 mm			9	超差 1 处扣 3 分		
10	孔距 8±0.2 mm、22±0.2 mm、38±0.1 mm			9	超差 1 处扣 3 分		
11	孔距 38±0.2 mm、52±0.2 mm			4	超差 1 处扣 2 分		
12	安全文明生产			10	违者酌情扣 1～10 分		
备注							
姓名		日期		指导教师		总分	

思考与练习

6 - 1 标准麻花钻的切削角度主要有哪些？其前角、后角各有何特点？

6 - 2 钻孔时，工件的常见装夹形式有哪些？

6 - 3 采用划线方法钻孔时，如何进行纠偏？

6 - 4 如何钻削斜面孔和骑缝孔？

6 - 5 铰刀的种类有哪些？应如何选用？

6 - 6 如何合理地选择铰削余量？

项目 7 螺纹的加工

◎ 学习目标

- 了解螺纹的种类、基本要素。
- 了解螺纹加工工具及其使用方法。
- 了解攻螺纹的方法。
- 了解套螺纹的方法。
- 能加工零件上的螺纹孔。

任务 7.1 螺纹加工工具及其使用方法

许多机械零件都有大量的螺纹孔，大部分螺纹孔是连接用的，一般都采用攻螺纹的方法加工。加工螺纹的工具主要有丝锥和板牙。

1. 攻螺纹的工具

1）丝锥

丝锥是加工内螺纹的工具，分手用丝锥和机用丝锥两种，还有粗牙和细牙之分。手用丝锥一般用合金工具钢或轴承钢制造，机用丝锥都用高速钢制造。

（1）丝锥的构造。丝锥由工作部分和柄部两部分组成，如图 7－1 所示。柄部有方榫，用来传递转矩，工作部分包括切削部分和校准部分。

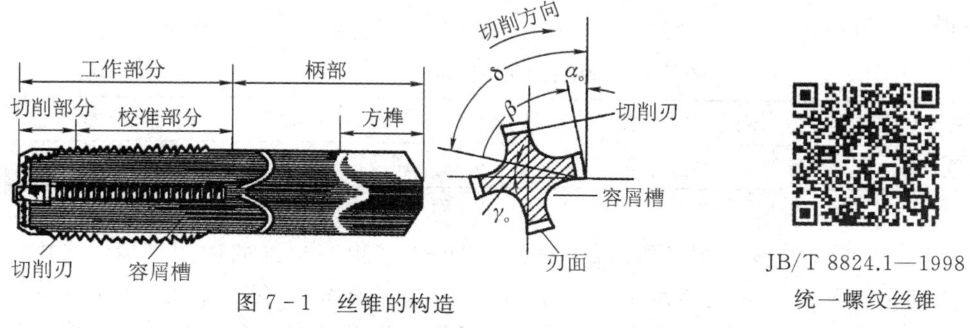

图 7－1 丝锥的构造

JB/T 8824.1—1998
统一螺纹丝锥

JB/T 8824.2—1998
统一螺纹丝锥 螺纹公差

JB/T 8824.3—1998
统一螺纹丝锥 技术条件

GB/T 28256—2012
梯形螺纹丝锥

JB/T 8825.1—1998
惠氏螺纹丝锥

GB 1578—1979
米制锥螺纹丝锥

GB/T 20333—2006
圆柱和圆锥管螺纹丝锥的 基本尺寸和标志

JB/T 8364.2—2010
60° 圆锥管螺纹刀具 第 2 部分：60°圆锥管螺纹丝锥

JB/T 8364.3—2010 60° 圆锥管螺纹刀具 第 3 部分：60°圆锥管螺纹丝锥 技术条件

GB/T 28255—2012
内容屑丝锥

GB/T 10878—2011
气瓶锥螺纹丝锥

JB/T 8364.2—2010
60°圆锥管螺纹刀具 第 2 部分：60°圆锥管螺纹丝锥

JB/T 8364.3—2010
60°圆锥管螺纹刀具 第 3 部分：60°圆锥管螺纹丝锥 技术条件

切削部分担负主要切削工作。切削部分沿轴向开有几条容屑槽，形成切削刃和前角，同时能容纳切屑。在切削部分前端磨出锥角，使切削负荷分布在几个刀齿上，从而使切削省力，刀齿受力均匀，不易崩刃或折断，丝锥也容易正确切入。

校准部分有完整的齿形，用来校准已切出的螺纹，并保证丝锥沿轴向运动。校准部分有 0.05～0.12 mm/100 mm 的倒锥，用以减小与螺孔的摩擦。

(2) 丝锥前角。校准丝锥的前角 γ_0 为 8°～10°，为了适应不同的工件材料，前角可在必要时作适当增减，如表 7-1 所示。切削部分的锥面上磨有后角，手用丝锥 α_0 为 6°～8°，机用丝锥 α_0 为 10°～12°，齿侧没有后角。手用丝锥的校准部分没有后角。对 M12 以上的机用丝锥铲磨出很小的后角。

表 7-1　丝锥前角的选择

被加工材料	铸青铜	铸铁	硬钢	黄铜	中碳钢	低碳钢	不锈钢	铝合金
前角 γ_0/(°)	0	5	5	10	10	15	15～20	20～30

(3) 成套丝锥。为了减少手用丝锥攻螺纹时的切削力和提高丝锥的使用寿命，将攻螺纹时的整个切削量分配给几支丝锥来担负，故 M6～M24 的丝锥一套有 2 支，M6 以下及 M24 以上的丝锥一套有 3 支。因为丝锥越小越容易折断，所以备有 3 支；大的丝锥切削负荷很大，需分几支逐步切削，所以也备有 3 支一套。细牙丝锥不论大小均为 2 支一套。

在成套丝锥中，切削量的分配有两种形式，即锥形分配和柱形分配，如图 7-2 所示。

锥形分配如图 7-2(a)所示，每套中丝锥的大径、中径、小径都相等，只是切削部分的长度及锥角不同。头锥的切削部分长度为 5～7 个螺距，二锥的切削部分长度为 2. 5～4 个螺距，三锥切削部分长度为 1. 5～2 个螺距。

柱形分配如图 7-2(b)所示，其头锥、二锥的大径、中径、小径都比三锥小。头锥、二

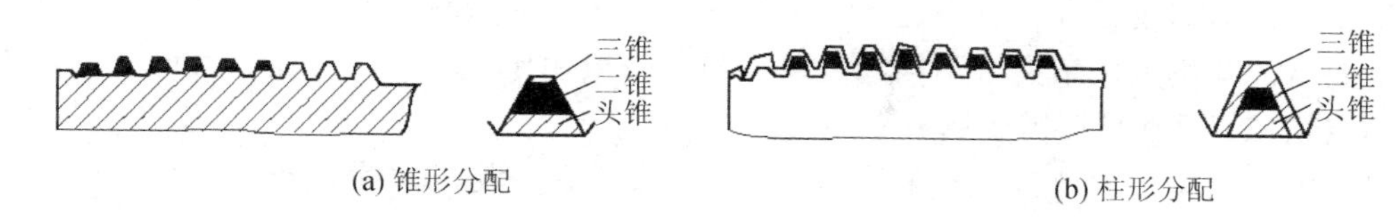

图 7-2　丝锥切削量分配示意图

锥的中径一样，大径不一样，头锥的大径小，二锥的大径大。柱形分配的丝锥，其切削量分配比较合理，使每支丝锥磨损均匀，使用寿命长，攻丝时较省力。同时因末锥的两侧刃也参加切削，所以螺纹表面粗糙度较小。但在攻丝时丝锥顺序不能搞错。

大于或等于 M12 的手用丝锥采用柱形分配，小于 M12 的手用丝锥采用锥形分配。所以，攻 M12 或 M12 以上的通孔螺纹时，最后一定要用未攻过的丝锥才能得到正确的螺纹直径。

2）铰杠

铰杠是用来夹持丝锥柄部方榫，带动丝锥旋转切削的工具。铰杠有普通铰杠和丁字铰杠两类，各类铰杠又分为固定式和活络式两种，如图 7-3 所示。

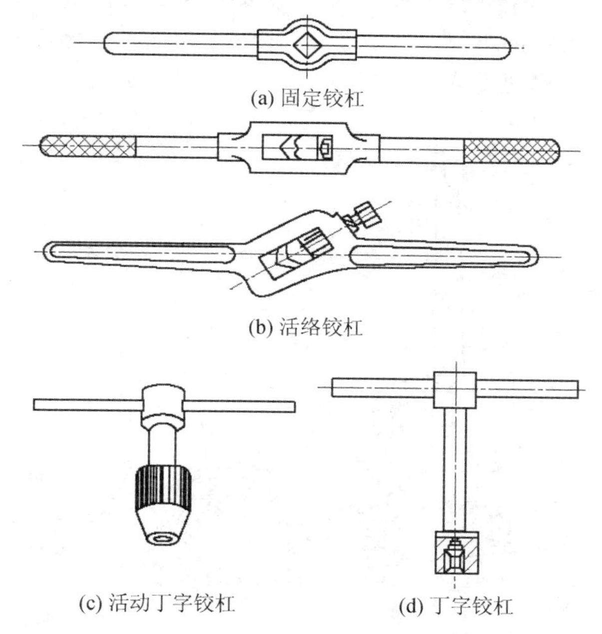

图 7-3　铰杠

固定铰杠的方孔尺寸与导板的长度应符合一定的规格，使丝锥受力不致过大，以防折断。固定铰杠一般在攻 M5 以下螺纹时使用。

活络铰杠的方孔尺寸可以调节，故应用广泛。活络铰杠的规格以其长度表示，使用时根据丝锥尺寸一般按表 7-2 所列范围选用。

表 7-2　活络铰杠适用范围

活络铰杠规格/in	6	9	11	15	19	24
适用丝锥范围	M5～M8	M8～M12	M12～M14	M14～M16	M16～M22	M24 以上

丁字铰杠则在攻工件台阶旁边或攻机体内部的螺孔时使用，丁字形可调节的铰杠是通过一个四爪的弹簧夹头来夹持不同尺寸的丝锥，一般用于 M6 以下丝锥，大尺寸的丝锥一般用固定铰杠，通常是按需要制成专用的。

铰杠的长度应根据丝锥尺寸的大小选择，以便控制一定的攻螺纹扭矩，可参照表 7－3 选用。

表 7－3　攻丝的铰杠长度选择　　mm

丝锥直径/mm	≤6	8～10	12～14	≥16
铰杠长度/mm	150～200	200～250	250～300	400～450

3）保险夹头

为了提高攻螺纹的生产效率，减轻工人的劳动强度，当螺纹数量很多时，可以在钻床上攻螺纹。在钻床上攻螺纹时，要用保险夹头来夹持丝锥，避免丝锥负荷过大或攻不通孔到达孔底时造成丝锥折断或损坏工件等现象。

常用的保险夹头是锥体摩擦式保险夹头，如图 7－4 所示。保险夹头本体 1 的锥柄装在钻床主轴孔中，在本体 1 的孔中装有轴 6，在本体的中段开有四条槽，嵌入四块 L 形锡锌铝青铜摩擦块 3，其外径带有的小锥度与螺套 2 的内锥孔相配合。螺母 4 的轴向位置由螺钉 5 来固定，拧紧螺套 2 时，通过锥面作用把摩擦块 3 压紧在轴 6 上，本体 1 的动力便传给轴

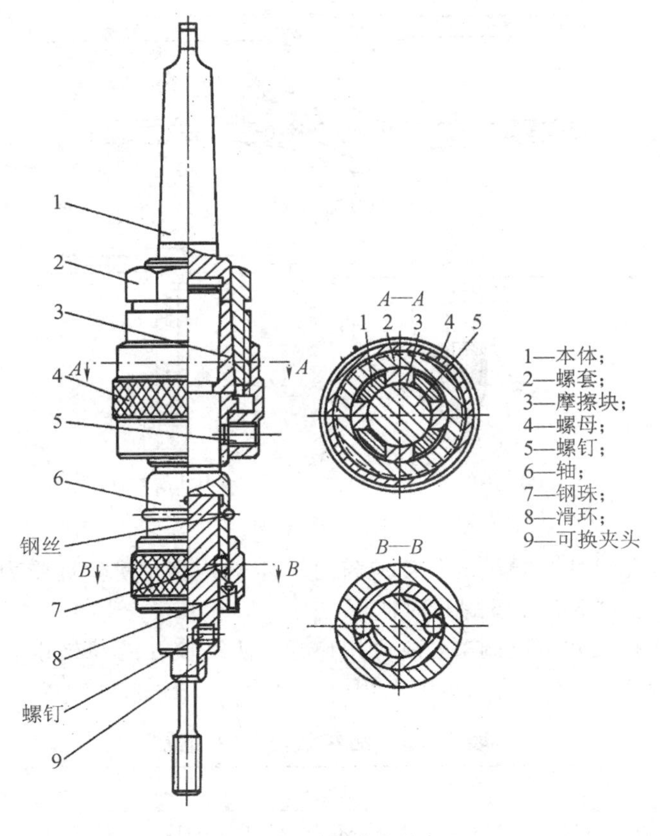

图 7－4　保险夹头

6。轴 6 在本体 1 的孔外部分和钢珠 7、滑环 8、可换夹头 9 组成一套快换装置。各种不同规格的丝锥可预先装好在可换夹头 9 的方孔中(可换夹头的方孔可制成多种不同尺寸)，并用支头螺钉 5 压紧丝锥的方榫，操作滑环 8 就可在不停车时调换丝锥。

螺套 2 与摩擦块 3 之间依靠小锥度相贴合，所以可传递较大的转扭，攻制 M12 以上螺纹时也能适用。攻螺纹时根据不同螺纹直径调节螺套 2，使其在超过一定的转矩时出现打滑，起到保险作用。

2. 套螺纹的工具

用板牙在圆杆或管子上切削加工外螺纹的方法称为套螺纹(套丝)。

1) 板牙

(1) 圆板牙。圆板牙是加工外螺纹的工具，由切削部分、校准部分和排屑孔组成，其外形像一个圆螺母，在它上面钻有几个排屑孔(一般 3～8 个孔，螺纹直径大则孔多)形成刀刃，如图 7-5 所示。

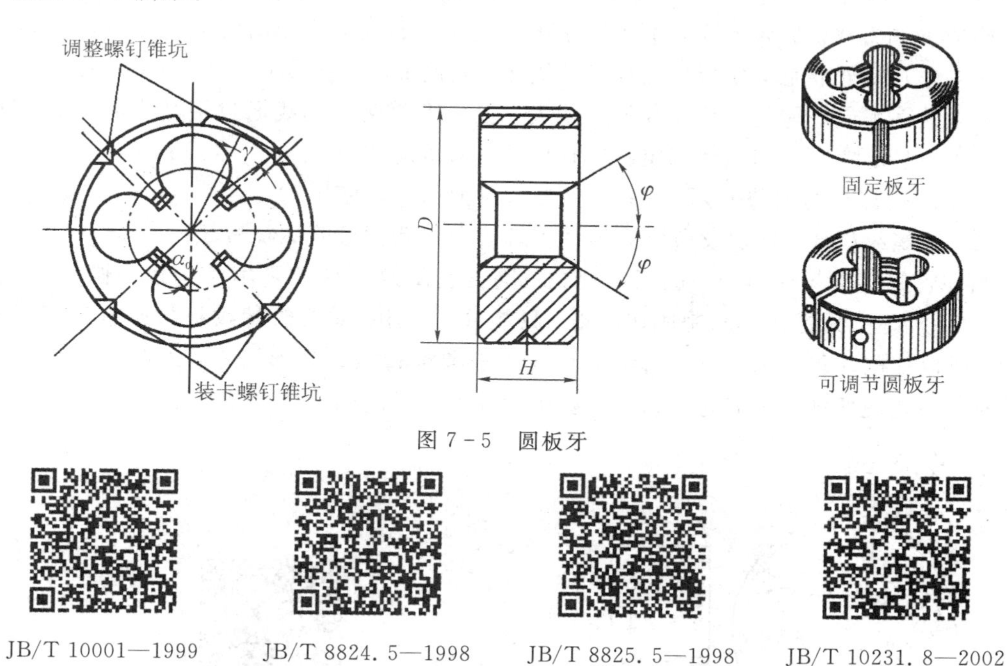

图 7-5　圆板牙

JB/T 10001—1999
六方板牙

JB/T 8824.5—1998
统一螺纹圆板牙

JB/T 8825.5—1998
惠氏螺纹圆板牙

JB/T 10231.8—2002
刀具产品检测方法
第 8 部分：板牙

GB/T 21020—2007
金属切削刀具 圆板牙术语

GB/T 970.1—2008
圆板牙 第 1 部分：圆板牙和圆板牙架的型式和尺寸

GB/T 970.2—2008
圆板牙 第 2 部分：技术条件

圆板牙两端的锥角部分是切削部分，切削部分不是圆锥面(圆锥面的刀齿后角 $\alpha_0=0°$)，而是经过铲磨而成的阿基米德螺旋面，形成后角 α 为 7°～9°。

锥角 φ 为 20°～25°(2φ 为 40°～50°)。

圆板牙的前刀面就是圆孔的部分曲线，故前角数值沿着切削刃而变化，如图 7-6 所示。在小径处前角 γ_d最大，大径处前角 γ_{d0} 最小，一般 γ_{d0} 为 8°～12°，粗牙 γ_d为 30°～35°，细牙 γ_d为 25°～30°。

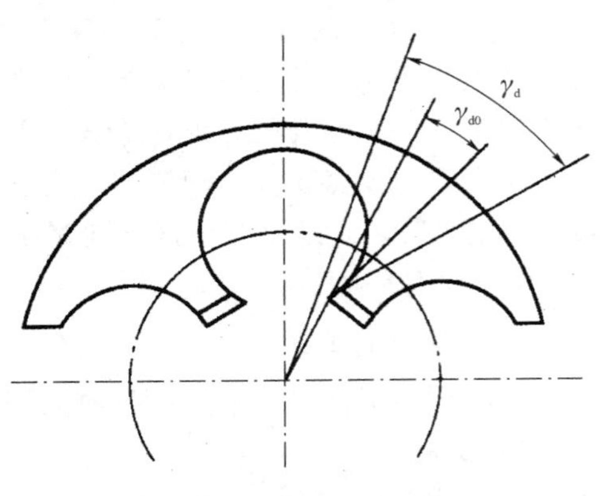

图 7-6 圆板牙的前角

板牙的中间一段是校准部分，也是套螺纹时的导向部分。

板牙的校准部分因磨损会使螺纹尺寸变大而超出公差范围。为延长板牙的使用寿命，M3.5 以上的圆板牙，其外圆上面的 V 形槽如图 7-5 所示，可用锯片砂轮切割出一条通槽，此时 V 形通槽成为调整槽。板牙上面有两个调整螺钉的偏心锥坑，使用时可通过铰杠的紧定螺钉挤紧时与锥坑单边接触，使板牙孔径尺寸缩小，其调节范围为 0.1～0.25 mm。若在 V 形通槽开口处旋入螺钉，能使板牙孔径尺寸增大。板牙下部两个轴线通过板牙中心的装卡螺钉锥坑，使用紧定螺钉将圆板牙固定在铰杠中，用来传递转矩。

板牙两端都有切削部分，待一端磨损后，可换另一端使用。

(2) 管螺纹板牙。管螺纹板牙分圆柱管螺纹板牙和圆锥管螺纹板牙。

圆柱管螺纹板牙的结构与圆板牙相仿。圆锥管螺纹板牙的基本结构也与圆板牙相仿，如图 7-7 所示，只是在单面制成切削锥，只能单面使用。圆锥管螺纹板牙所有刀刃均参加切削，所以切削时很费力。板牙的切削长度影响圆锥管螺纹牙形尺寸，因此套螺纹时要经常检查，不能使切削长度超过太多，只要相配件旋入后能满足要求就可以了。

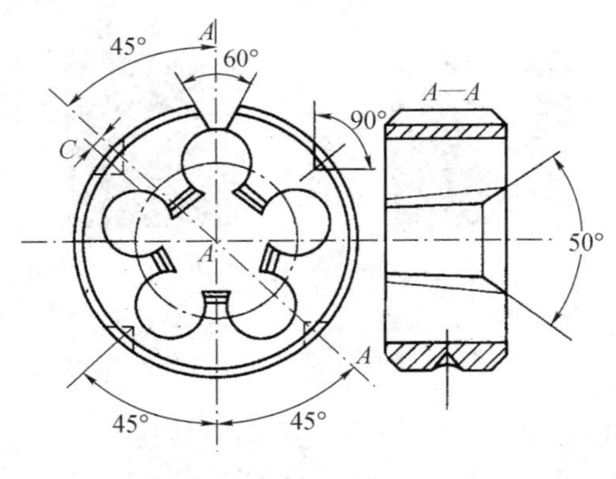

图 7-7 圆锥管螺纹板牙

JB/T 8364.1—2010
60°圆锥管螺纹刀具
第 1 部分：60°圆锥管螺纹圆板牙

2) 板牙铰杠

板牙铰杠是手工套螺纹时的辅助工具，如图 7-8 所示。板牙铰杠外圆旋有四只紧定螺钉和一只调整螺钉。使用时，紧定螺钉将板牙紧固在铰杠中，并传递套螺纹的转矩。当使用的圆板牙带有 V 形调整通槽时，通过调节上面两只紧定螺钉和一只调整螺钉，可使板牙在一定范围内变动。

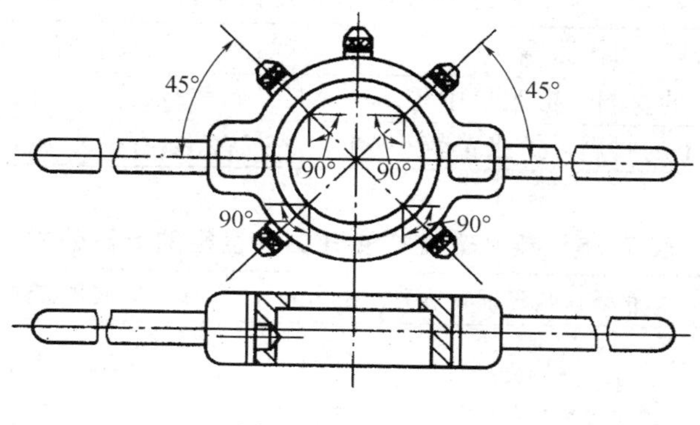

图 7－8 板牙铰杠

任务 7.2 螺纹加工方法

1. 攻螺纹的方法

攻螺纹前首先应确定螺纹底孔直径并掌握正确的操作方法。

1）螺纹底孔直径的确定

攻螺纹时，每个切削刃一方面在切削金属，一方面也在挤压金属，因而会产生金属凸起并向牙尖流动的现象，被丝锥挤出的金属会卡住丝锥甚至将其折断，因此底孔直径应比螺纹小径略大，这样挤出的金属流向牙尖正好形成完整螺纹，又不易卡住丝锥，如图 7－9 所示。

底孔直径的大小要根据工件的材料和螺纹直径大小来确定，其方法可用表 7－4 和表 7－5 经验公式得出，也可查表 7－6、表 7－7 和表 7－8 确定。

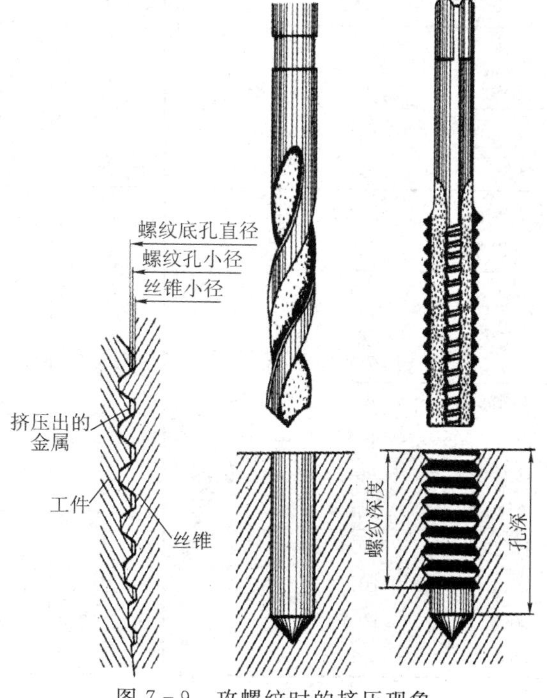

图 7－9 攻螺纹时的挤压现象

表 7－4　加工普通螺纹前钻底孔钻头直径的计算公式

被加工材料和扩张量	钻头直径计算公式
钢和其他塑性大的材料，扩张量中等	$d_0=D$(公称直径)$-P$(螺距)
铸铁和其他塑性小的材料，扩张量较小	$d_0=D$(公称直径)$-(1.05\sim1.1)P$(螺距)

表 7－5　英制螺纹钻底孔钻头直径的计算公式

螺纹公称直径/in	钻铸铁与青铜时钻头直径/mm	钻钢和黄铜时钻头直径/mm
$\frac{3}{16}\sim\frac{5}{8}$	$D_{钻}=25\left(D-\frac{1}{n}\right)$	$D_{钻}=25\left(D-\frac{1}{n}\right)+0.1$
$\frac{3}{4}\sim1\frac{1}{2}$	$D_{钻}=25\left(D-\frac{1}{n}\right)$	$D_{钻}=25\left(D-\frac{1}{n}\right)+0.2$

注：D 为螺纹公称直径，n 为每英寸牙数。

表 7－6　攻普通螺纹钻底孔的钻头直径

螺纹直径 D/mm	螺距 P/mm	钻头直径 $D_{钻}$/mm	
		铸铁、青铜黄铜	钢、可锻铸铁、紫铜、层压板
2	0.4	1.6	1.6
	0.25	1.75	1.75
2.5	0.45	2.05	2.05
	0.35	2.15	2.15
3	0.5	2.5	2.5
	0.35	2.65	2.65
4	0.7	3.3	3.3
	0.5	3.5	3.5
5	0.8	4.1	4.2
	0.5	4.5	4.5
6	1	4.9	5
	0.75	5.2	5.2
8	1.25	6.6	6.7
	1	6.9	7
	0.75	7.1	7.2
10	1.5	8.4	8.5
	1.25	8.6	8.7
	1	8.9	9
	0.75	9.1	9.2
12	1.75	10.1	10.2
	1.5	10.4	10.5
	1.25	10.6	10.7
	1	10.9	11
14	2	11.8	12
	1.5	12.4	12.5
	1	12.9	13
16	2	13.8	14
	1.5	14.4	14.5
	1	14.9	15
18	2.5	15.3	15.5
	2	15.8	16
	1.5	16.4	16.5
	1	16.9	17
20	2.5	17.3	17.5
	2	13.7	18
	1.5	18.4	18.5
	1	18.9	19
22	2.5	19.3	19.5
	2	19.8	20
	1.5	20.4	20.5
	1	20.9	21
24	3	20.7	21
	2	21.8	22
	1.5	22.4	22.5
	1	22.9	23

表 7-7　英制螺纹、圆柱管螺纹攻螺纹前钻底孔的钻头直径

英制螺纹				圆柱管螺纹		
螺纹直径/in	每 in 牙数	钻头直径/mm		螺纹直径/in	每 in 牙数	钻头直径 mm
		铸铁、青铜、黄铜	钢、可锻铸钢			
3/16	24	3.8	3.9	1/8	28	8.8
1/4	20	5.1	5.2	1/4	19	11.7
5/16	18	6.6	6.7	3/8	19	15.2
3/8	16	8	8.1	1/2	14	18.6
1/2	12	10.6	10.7	3/4	14	24.4
5/8	11	13.6	13.8	1	11	30.6
3/4	10	16.6	16.8	$1\frac{1}{4}$	11	39.2
7/8	9	19.6	19.7	$1\frac{3}{8}$	11	41.6
1	8	22.3	22.5	$1\frac{1}{2}$	11	45.1
$1\frac{1}{8}$	7	25	25.2			
$1\frac{1}{4}$	7	28.2	28.4			
$1\frac{1}{2}$	6	34	34.2			
$1\frac{3}{4}$	5	39.5	39.7			
2	$4\frac{1}{2}$	45.3	45.6			

表 7-8　圆锥管螺纹攻螺纹前钻底孔的钻头直径

55°圆锥管螺纹			60°圆锥管螺纹		
公称直径/in	每 in 牙数	钻头直径/mm	公称直径/in	每 in 牙数	钻头直径/mm
1/8	28	8.4	1/8	27	8.6
1/4	19	11.2	1/4	18	11.1
3/8	19	14.7	3/8	18	14.5
1/2	14	18.3	1/2	14	17.9
3/4	14	23.6	3/4	14	23.2
1	11	29.7	1	$11\frac{1}{2}$	29.2
$1\frac{1}{4}$	11	38.3	$1\frac{1}{4}$	$11\frac{1}{2}$	37.9
$1\frac{1}{2}$	11	44.1	$1\frac{1}{2}$	$11\frac{1}{2}$	43.9
2	11	55.8	2	$11\frac{1}{2}$	56

2）攻螺纹的要点及注意事项

（1）钻底孔。确定底孔直径可查表7-6、表7-7和表7-8，也可用公式计算确定底孔直径，选用钻头。

（2）孔口倒角。钻孔后孔口倒角（攻通孔时两面孔口都应倒角），90°锪钻倒角，如图7-10所示，使倒角的最大直径和螺纹的公称直径相等，便于起锥，最后一道螺纹不至于在丝锥穿出来的时候崩裂。

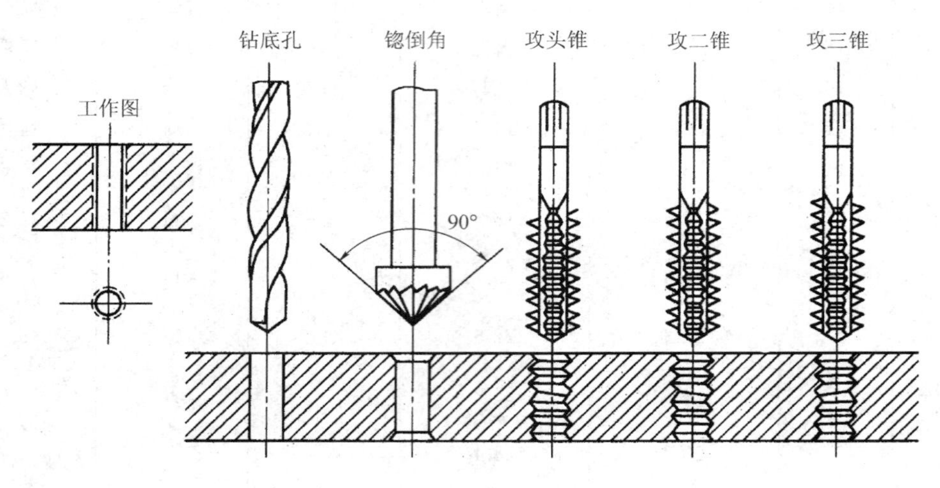

图7-10　攻螺纹的基本步骤

（3）装夹工件。通常工件夹持在虎钳上攻螺纹，但较小的工件可以放平，左手握紧工件，右手使用铰杠攻螺纹。

（4）选铰杠。按照丝锥柄部的方头尺寸来选用铰杠。

（5）攻头锥。攻螺纹时丝锥必须尽量放正，与工件表面垂直，如图7-11所示。攻螺纹开始时，用手掌按住丝锥中心，适当施加压力并转动铰杠。开始切削时，两手要加适当压力，并按顺时针方向（右旋螺纹）将丝锥旋入孔内。当切削刃切进后，两手不要再加压力，只用平稳的旋转力将螺纹攻出，如图7-12所示。在攻螺纹中，两手用力要均衡，旋转要平稳，每旋转1/2～1周时，将丝锥反转1/4周，以割断和排除切屑，防止切屑堵塞容屑槽造成丝锥的损坏和折断。

（6）攻二锥、三锥。头锥攻过后，再用二锥、三锥扩大及修光螺纹。攻二锥、三锥必须先用手将丝锥旋进头锥已攻过的螺纹中，使其得到良好的引导后，再用铰杠按照上述方法，前后旋转直到攻螺纹完成为止。

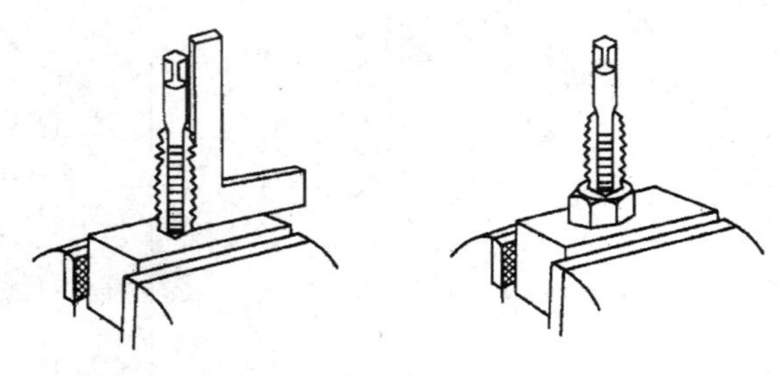

图7-11　丝锥找正方法

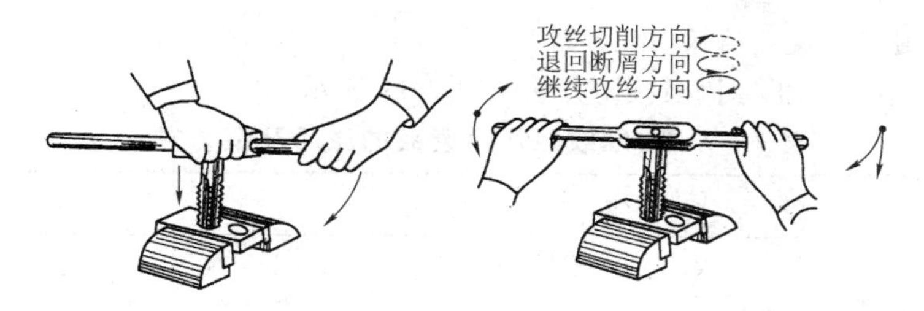

图 7-12 攻螺纹的方法

(7) 攻不通孔。攻不通孔时，要经常退出丝锥，排出孔中切屑。当将攻到孔底时，更应及时排出孔底积屑，以免攻到孔底时丝锥被轧住。

(8) 攻通孔螺蚊。丝锥校准部分不应全部攻出头，否则会扩大或损坏孔口最后几道螺纹。

(9) 丝锥退出。退出丝锥时，应选用铰杠带动螺纹平稳地反向转动。当能用手直接旋动丝锥时，应停止使用铰杠，以防铰杠带动丝锥退出时产生摇摆和振动，破坏螺纹表面粗糙度。

(10) 换用丝锥。在攻螺纹过程中，换用另一支丝锥时，应先用手握住另一支丝锥并旋入已攻出的螺纹中，直到用手旋不动时，再用铰杠进行攻螺纹。

(11) 攻塑性材料的螺纹。攻螺纹时，要加切削液，以减少切削阻力和提高螺纹的表面质量，延长丝锥的使用寿命。切削液一般用机油或浓度较大的乳化液，要求高的螺纹孔也可用菜油或二硫化钼等。

3) 丝锥的修磨

当丝锥的切削部分磨损时，可以修磨其后刀面，如图 7-13 所示。修磨时要注意保持各刀瓣的半锥角及切削部分长度的准确性和一致性。转动丝锥时要留心，不要使另一刃瓣的刀齿碰擦而磨坏。

当丝锥的校准部分有显著磨损时，可用棱角修圆的片状砂轮修磨其前刀面，如图 7-14 所示，并控制好一定的前角 γ_0。

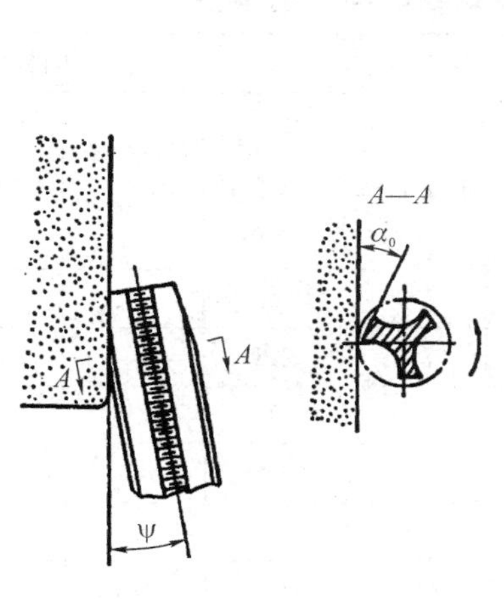

图 7-13 修磨丝锥的后刀面

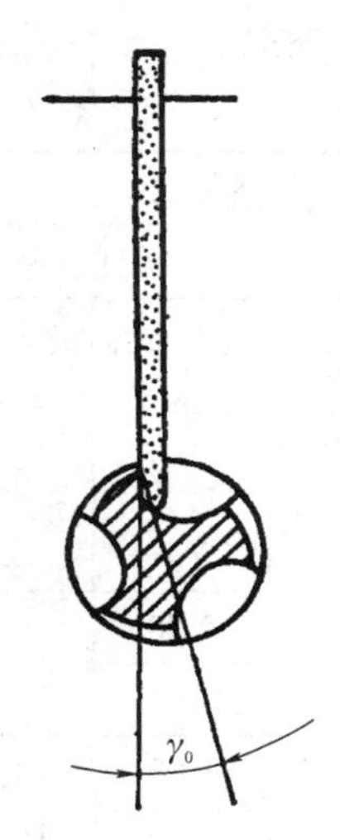

图 7-14 修磨丝锥的前刀面

4）攻螺纹时产生废品的原因及预防方法

攻螺纹时产生废品的原因及预防方法如表7－9所示。

表7－9 攻螺纹时产生废品的原因及预防方法

废品形式	产生原因	预防方法
螺纹乱扣、断裂、撕破	① 底孔直径太小，丝锥攻不进，使孔口乱扣； ② 头锥攻过后，攻二锥时，放置不正，头锥、二锥中心不重合； ③ 螺纹孔攻歪斜很多，而用丝锥强行“找正”仍找不过来； ④ 低碳钢及塑性好的材料，攻螺纹时没用冷却润滑液； ⑤ 丝锥切削部分磨钝	① 认真检查底孔，选择合适的底孔钻头，将孔扩大再攻； ② 先用手将二锥旋入螺纹孔内，使头锥、二锥中心重合； ③ 保持丝锥与底孔中心一致，操作中两手用力均衡，偏斜太多时不要强行找正； ④ 应选用冷却润滑液； ⑤ 将丝锥后角修磨锋利
螺纹孔偏斜	① 丝锥与工件端平面不垂直； ② 铸件内有较大砂眼； ③ 攻螺纹时两手用力不均衡，倾向于一侧	① 起攻时要使丝锥与工件端平面成垂直，要注意检查与校正； ② 攻螺纹前注意检查底孔，如砂眼太大则不宜攻螺纹； ③ 要始终保持两手用力均衡，不要摆动
螺纹高度不够	攻螺纹底孔直径太大	正确计算与选择攻螺纹底孔直径与钻头直径

2. 套螺纹的方法

1）套螺纹前圆杆直径的确定

与用丝锥攻螺纹一样，用板牙在工件上套螺纹时，材料同样会因为受到挤压而变形，牙顶将被挤高一些，因此，圆杆直径应稍小于螺纹大径的尺寸。圆杆直径可根据螺纹直径和材料的性质，参照表7－10选择。一般硬质材料直径可大些，软质材料直径可稍小些。

表7－10 板牙套螺纹时圆杆的直径

粗牙普通螺纹				英制螺纹			圆柱管螺纹		
螺纹直径/mm	螺距/mm	螺杆直径		螺纹直径/mm	螺杆直径		螺纹直径/mm	螺杆直径	
		最小直径/mm	最大直径/mm		最小直径/mm	最大直径/mm		最小直径/mm	最大直径/mm
M6	1	5.8	5.9	1/4	5.9	6	1/8	9.4	9.5
M8	1.25	7.8	7.9	5/16	7.4	7.6	1/4	12.7	13
M10	1.5	9.75	9.85	3/8	9	9	3/8	16.2	16.5
M12	1.75	11.75	11.9	1/2	12	12	1/2	20.5	20.8
M14	2	13.7	13.85	—	—	—	5/8	22.5	22.8
M16	2	15.7	15.85	5/8	15.2	15.4	3/4	26	26.3

续表

粗牙普通螺纹				英制螺纹			圆柱管螺纹		
螺纹直径/mm	螺距/mm	螺杆直径		螺纹直径/mm	螺杆直径		螺纹直径/mm	螺杆直径	
		最小直径/mm	最大直径/mm		最小直径/mm	最大直径/mm		最小直径/mm	最大直径/mm
M18	2.5	17.7	17.85	—	—	—	7/8	29.8	30.1
M20	2.5	19.7	19.85	3/4	18.3	18.5	1	32.8	33.1
M22	2.5	21.7	21.85	7/8	21.4	21.6	1 ⅛	37.4	37.7
M24	3	23.65	23.8	1	24.5	24.8	1 ¼	41.4	41.7
M27	3	26.65	26.8	1 ¼	30.7	31	1 ⅜	43.8	44.1
M30	3.5	29.6	29.8	—	—	—	1½	47.3	47.6
M36	4	35.6	35.8	1½	37	37.3	—	—	—
M42	4.5	41.55	41.75						
M48	5	47.5	47.7						
M52	5	51.5	51.7						
M60	5.5	59.45	59.7						
M64	6	63.4	63.7						
M68	6	67.4	67.7						

套螺纹前圆杆直径也可用经验公式来确定：

$$d_{杆}=d-0.13P$$

式中：$d_{杆}$——套螺纹前圆杆直径(mm)；d——螺纹大径(mm)；P——螺距(mm)。

2）套螺纹的方法及注意事项

(1) 为使板牙容易对准工件和切入工件，圆杆端都要倒成圆锥斜角为15°～20°的锥体，如图7-15所示。锥体的最小直径可以略小于螺纹小径，使切出的螺纹端部避免出现锋口和卷边而影响螺母的拧入。

(2) 为了防止圆杆夹持出现偏斜和夹出痕迹，圆杆应装夹在用硬木制成的V形钳口或软金属制成的衬垫中，如图7-16所示，在加衬垫时圆杆套螺纹部分离钳口要尽量近。

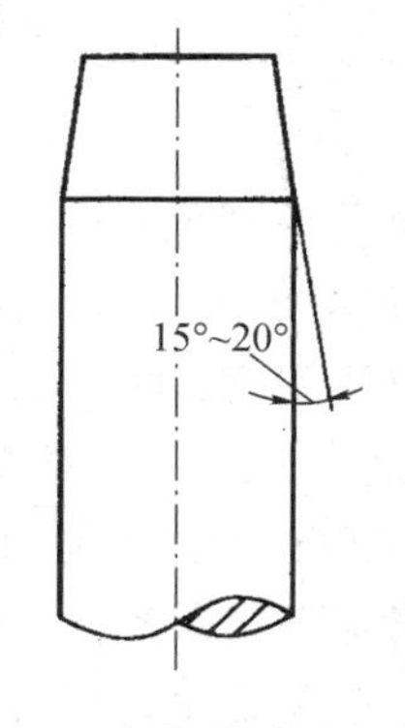

图7-15　套螺纹时圆杆的倒角

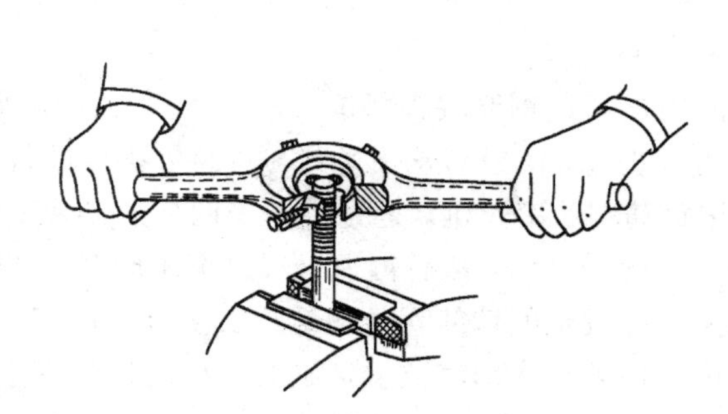

图7-16　夹紧圆杆的方法

(3) 套螺纹时应保持板牙端面与圆杆轴线垂直，否则套出的螺纹两面会深浅不一，甚至烂牙。

(4) 在开始套螺纹时，可用手掌按住板牙中心，适当施加压力并转动铰杠。当板牙切入圆杆 1～2 圈时，应目测检查和校正板牙的位置。当板牙切入圆杆 3～4 圈时，应停止施加压力，而仅平稳地转动铰杠，靠板牙螺纹自然旋进套螺纹。

(5) 为了避免切屑过长，套螺纹过程中板牙应经常倒转。

(6) 在钢件上套螺纹时要加切削液，以延长板牙的使用寿命，减小螺纹的表面粗糙度。

3) 套螺纹时产生废品的原因及预防方法

套螺纹时产生废品的原因与攻螺纹类似，具体如表 7－11 所示。

表 7－11 套螺纹时产生废品的原因及预防方法

废品形式	产品原因	预防方法
烂牙	① 对低碳钢等塑性好的材料套螺纹时，未加润滑冷却液，板牙把工件上螺纹粘去一部分； ② 套螺纹时板牙一直不回转，切屑堵塞，把螺纹啃坏； ③ 被加工的圆杆直径太大； ④ 板牙歪斜太多，在找正时造成烂牙	① 对塑性材料套螺纹时一定要加适合的润滑冷却液； ② 板牙正转 1～1.5 圈后，就要反转 0.25～0.5 圈，使切屑断裂； ③ 把圆杆加工到合适的尺寸； ④ 套螺纹时板牙端面要与圆杆轴线垂直，并经常检查。发现略有歪斜，就要及时找正
螺纹对圆杆歪斜，螺纹一边深，一边浅	① 圆杆端头倒角没倒好，使板牙端面与圆杆放不垂直； ② 板牙套螺纹时，两手用力不均匀，使板牙端面与圆杆不垂直	① 圆杆端头要按图 7－15 所示倒角，四周斜角要大小一样； ② 套螺纹时两手要均匀，要经常检查板牙端面与圆杆是否垂直，并及时纠正
螺纹中径太小（齿牙太瘦）	① 套螺纹时铰杠摆动，不得不多次找正，造成螺纹中径变小； ② 板牙切入圆杆后，还用力压板牙铰杠； ③ 活动板牙、开口后的圆板牙尺寸调节得太小	① 套螺纹时，板牙铰杠要握稳； ② 板牙切入后，只要均匀使板牙旋转即可，不能再加力下压； ③ 活动板牙、开口后的圆板牙要用螺柱来调整好尺寸
螺纹太浅	圆杆直径太小	圆杆直径要在表 7－10 中规定的范围内

3. 滚丝机

滚丝机能够把钢筋端头部位一次快速直接滚制成螺纹，使丝头部位产生冷性硬化，从而强度得到提高，使钢筋丝头达到与母材等强度的效果。滚丝机可加工 ϕ16～ϕ40 mm 的钢筋。采用钢筋剥肋滚丝机，是先将钢筋的横肋和纵肋进行剥切处理后，使钢筋滚丝前的柱体直径达到同一尺寸，然后再进行螺纹滚压成型。这种方法使螺纹精度高，接头质量稳定，并且能实现按调定的钢筋直径和螺纹长度自动倒车返离工件，摇至 0 位时能自动停车。在滚丝机内采用内给冷却液装置，加工一种规格的钢筋，只需调定一次滚丝头，启动一次开关，便能连续加工大量丝头，产品结构紧凑，性能可靠，操作非常简便，大大提高了工作效率。

如图 7－17 所示 GZK－40 型剥肋滚轧直螺纹滚丝机床可一次装夹完成剥肋、滚轧螺纹加工，加工后牙型饱满，尺寸精度高，可加工正扣螺纹，也可加工反扣螺纹；操作简单，结构紧凑，工作可靠，具有独特的刀具自动开合结构；可加工直径 ϕ16～ϕ40 mm 的 HRB335 级和 HRB400 级钢筋。

图 7－17　GZK－40 型剥肋滚轧直螺纹滚丝机床

JB/T 5201.1—2007 滚丝机 第 1 部分：精度

JB/T 5201.2—2007 滚丝机 第 2 部分：技术条件

JB/T 5201.3—2007 滚丝机 第 3 部分：基本参数

JB 9972—1999 滚丝机、卷簧机、制钉机噪声限值

图 7－18 所示，GZK－40A 型剥肋滚轧直螺纹滚丝机床用一个滚丝盘就可以完成 ϕ16～ϕ40 mm的钢筋剥肋滚轧。刀具采用自动开合结构，钢筋一次装夹，30 秒完成丝头加工，效率高；滚丝车床滚丝后自动回车。设计合理，使用维护方便，更换刀具仅需 2 分钟；采用滚丝轮冷轧工艺，钢筋丝头加工“模具化”，精度高；调整方便，滚轧不同规格的钢筋，只要螺距相同，不需要拆开滚丝头即可进行调节。

图 7－18　GZK－40A 型剥肋滚轧直螺纹滚丝机床

任务 7.3　模板上螺纹的加工

1. 模板零件图及实训要求

模板零件如图 7-19 所示。实训要求如下：

(1) 进一步巩固划线技巧。

(2) 掌握钻头选用技巧。

(3) 掌握攻螺纹和套螺纹的基本方法。

(4) 掌握常用工具、量具的使用方法。

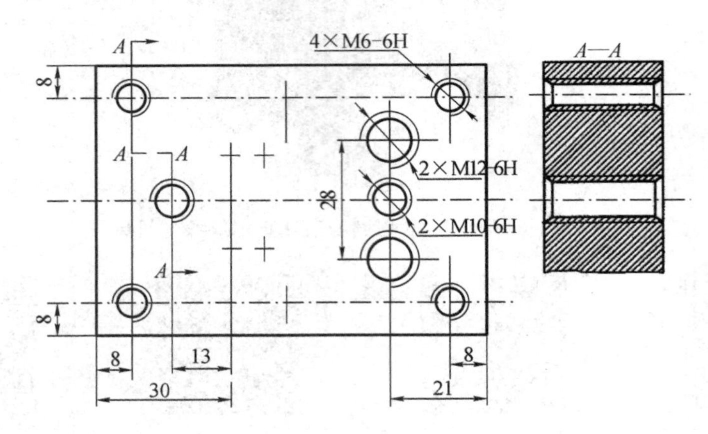

图 7-19　模板零件图

2. 确定加工内容和加工顺序

确定模板零件手工制作的内容和加工顺序，并填入表 7-12 中。

表 7-12　模板零件手工制作的内容和加工顺序

序号	加工内容	刀具	量具	辅具
1				
2				
3				
4				
5				
6				
7				
8				
9				

3. 准备工具、量具和刃具

准备钻孔、攻螺纹和套螺纹的工具、量具和刃具，并填入表 7-13 中。

表 7-13 钻孔、攻螺纹和套螺纹的工具、量具和刃具

名称	规格	精度	数量
游标卡尺			
钢直尺			
标准麻花钻			
铰杠			
丝锥			
板牙			

4. 操作过程

(1) 修整零件的基准面，去除毛刺。

(2) 按工序图上的孔距要求，在零件上划出各孔的中心线，用游标卡尺作复检。

(3) 使用样冲在孔的中心线上打眼，用划规按各个孔的要求划圆。钻大孔时，为使孔不易偏斜应划几个检查的圆线，并将中心样冲眼打大，以便准确地落钻。

(4) 按攻螺纹底孔的要求钻孔，并在其他材料上试钻。

(5) 准备好夹具、量具和辅助用具。

(6) 根据工件的定位要求正确装夹工件。

(7) 按图样要求和加工顺序进行钻孔加工。

(8) 按图样要求攻螺纹。

5. 攻螺纹加工质量检查内容和考核标准

攻螺纹质量检查内容和考核标准如表 7-14 所示。

表 7－14　攻螺纹质量检查内容和考核标准

序号	考核内容及要求		配分	检测结果		得分
	精度	表面粗糙度		精度	表面粗糙度	
1	4×M6－6H		20			
2	2×M10－6H		10			
3	2×M12－6H		10			
4	孔距 8(4 处)		20			
5	孔距 21(2 处)		10			
6	孔距 28(1 处)		10			
7	孔距 13		10			
8	安全文明生产		10			
总　分						
学生姓名			教师签字		日期	
训练项目		攻螺纹和套螺纹				
备注						

思考与练习

7－1　螺纹有哪些分类方法？列举三种以上螺纹的用途。

7－2　分别在钢料和铸铁上攻 M16 和 M12×1 螺纹，求攻螺纹前钻底孔的钻头直径。

7－3　试述丝锥的各部分名称、结构特点及作用。

7－4　试述攻螺纹的工作要点。

7－5　套螺纹时圆杆上端倒角有何作用？套螺纹前圆杆直径是否等于螺纹大径？为什么？

7－6　套螺纹 M12 和螺纹 M16 时圆杆直径应为多少毫米？

7－7　什么是铰杠？铰杠有哪几种类型？各有何作用？

7－8　成组丝锥切削用量的分配方式有哪两种？各有何特点？

7－9　试述盲孔螺纹攻制的操作要点。

7－10　分析攻螺纹时产生废品的原因。

7－11　分析套螺纹时丝锥损坏的原因。

提 高 篇

（高职阶段）

项目 8　零件的研磨、抛光和去毛刺

◎ 学习目标

- 了解零件的研磨加工方法。
- 了解零件的抛光加工方法。
- 了解零件的去毛刺方法。
- 能完成零件的研磨、抛光和去毛刺任务。

任务 8.1　零件的研磨加工

在模具零件和较精密机械零件的制造过程中，形状加工后的平滑加工和镜面加工称为零件表面的研磨与抛光，是提高表面质量的重要工序。研磨主要用于表面粗糙度值要求很低，磨削又难以达到要求的压铸模具和塑料模具零件表面。钳工研磨一般都是手工操作。

1. 研磨的作用与研磨余量

(1) 研磨的基本原理。

研磨是一种微量的金属切削运动，它包含着物理和化学的综合作用。

研磨过程中的物理作用即磨料对工件的切削作用。研磨时，要求研具材料比被研磨的工件软，这样受到一定压力后，研磨剂中微小颗粒(磨料)被压嵌在研具表面上。这些细微的磨料小颗粒具有较高的硬度，成为无数个刀刃。由于研具和工件的相对运动，半固定或浮动的磨粒则在工件和研具之间作运动轨迹很少重复的滑动和滚动，因而对工件产生微量的切削作用，均匀地从工件表面切去一层极薄的金属。借助于研具的精确型面，从而使工件逐渐得到准确的尺寸精度及合格的表面粗糙度。

当采用氧化铬、硬脂酸等化学研磨剂进行研磨时，与空气接触的工件表面很快形成一层极薄的氧化膜，而氧化膜又很容易被研磨掉，这就是研磨的化学作用。在研磨过程中，氧化膜迅速形成(化学作用)，又不断地被磨掉(物理作用)。经过这样的多次反复，工件表面就能很快地达到预定要求。

(2) 研磨的作用。

研磨在机械零件加工中的作用，主要有以下几点：

① 降低零件表面粗糙度。各种不同加工方法所得表面粗糙度的比较如表 8－1 所示，经过研磨后的表面粗糙度最小。在零件制造过程中，采用研磨加工可降低模具的型腔或型芯零件表面的粗糙度。

② 提高尺寸精度。通过研磨后的机械零件，其尺寸精度可以达到 0.001 ～0.005 mm。

③ 提高几何形状的准确性。机械零件在机械加工中产生的形状误差可以通过研磨的方法校正。

表 8-1　各种不同加工方法能达到的表面粗糙度

加工方法	加工情况	表面放大的情况	表面粗糙度 $Ra/\mu m$
车			1.6～80
磨			0.4～5
压光			0.1～2.5
珩磨			0.1～1.0
研磨			0.05～0.2

④ 延长零件的使用寿命。经过研磨后，机械零件的表面粗糙度很小，零件的耐蚀性、抗腐蚀能力和抗疲劳强度等也相应得到提高，从而延长零件的使用寿命。

(3) 研磨余量。

研磨的切削量很小，每研磨一遍一般所能磨去的金属层不超过 0.002 mm。研磨余量不能太大。否则，会使研磨时间增加，并且研磨工具的使用寿命也会缩短。通常研磨余量在 0.005～0.03 mm 范围内比较合适，有时研磨余量保留在零件的公差以内。

研磨余量应根据如下主要方面来确定：零件的研磨面积及复杂程度；零件的精度要求；零件是否有工装及研磨面的相互关系等。一般情况下的研磨余量如表 8-2 所示。

表 8-2　研磨余量　单位：mm

平面长度	平面宽度		
	≤25	26～75	75～150
≤25	0.005～0.007	0.007～0.010	0.010～0.014
26～75	0.007～0.010	0.010～0.014	0.014～0.020
76～150	0.010～0.014	0.014～0.020	0.020～0.024
151～260	0.014～0.018	0.020～0.024	0.024～0.030

2. 研磨工具

研磨工具一般称研具。在研磨加工中，研具是保证研磨工件几何形状正确的主要因素，因此要求研具的材料和几何精度较高，而表面粗糙度值要小。

(1) 研具材料。

研具材料应满足如下技术要求：材料的组织要细致均匀，要有很高的稳定性和耐磨性，具有较好的嵌存磨料的性能，工作面的硬度应比工件表面硬度稍软。常用的研具材料有如下几种。

① 灰铸铁。灰铸铁润滑性好，磨耗较慢，硬度适中，研磨剂在其表面容易涂布均匀，是一种研磨效果较好、价廉易得的研具材料，因此得到广泛应用。

② 球墨铸铁。球墨铸铁比一般灰铸铁更容易嵌存磨料，并且更均匀、牢固，同时还能增加研具的耐用度，已得到广泛应用，尤其用于精密工件的研磨。

③ 软钢。软钢韧性较好，不容易折断，常用来制作小型的研具，如研磨螺纹和小直径工具、工件等。

④ 铜。性质较软，表面容易被磨料嵌入，适于制作研磨软钢类工件的研具。

(2) 研具的类型。

生产中需要研磨的工件是多种多样的，不同形状的工件应用不同类型的研具。常用的研具有以下几种。

① 研磨平板。研磨平板主要用来研磨平面，如研磨块规、精密量具的平面等，分为有槽的和光滑的两种，如图 8－1 所示。有槽的研磨平板用于粗研，研磨时易于将工件压平，可防止将研磨面磨成凸弧面；精研时，则应在光滑的平板上进行。

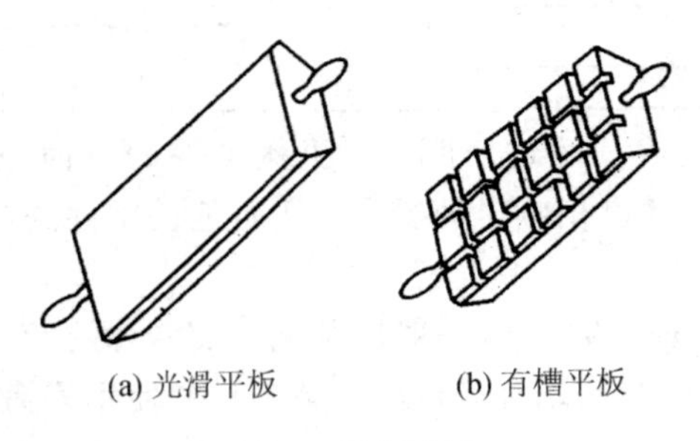

图 8－1　研磨平板

② 研磨环。研磨环主要用来研磨外圆柱表面。研磨环的内径应比工件的外径大 0.025～0.05 mm，其结构如图 8－2 所示。当研磨一段时间后，若研磨环内孔磨大，拧紧调节螺钉 3，可使孔径缩小，以达到所需间隙，如图 8－2(a)所示。图 8－2(b)所示的研磨环，孔径的调整则靠右侧的螺钉。

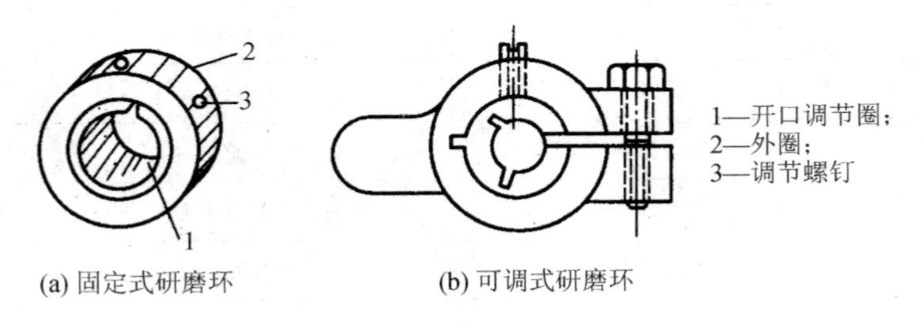

图 8－2　研磨环

③ 研磨棒。研磨棒主要用于圆柱孔的研磨，分为固定式和可调式两种，如图 8－3 所示。固定式研磨棒制造容易，但磨损后无法补偿，多用于单件研磨或机修中。对工件上某一尺寸孔径的研磨，需要二三个预先制好的粗、半精、精研磨余量的研磨棒来完成，有槽的粗研磨棒用于粗研，光滑的用于精研。

(a) 固定式光滑研磨棒　(b) 固定式带槽研磨棒　(c) 可调节式研磨棒

图 8-3　研磨棒

3. 研磨剂

研磨剂是由磨料和研磨液调和而成的混合剂。

(1) 磨料。

磨料是一种粒度很小的粉状硬质材料，在研磨中起切削作用，研磨加工的效率和精度都与磨料有直接的关系。常用的磨料一般有以下三类：

① 氧化物磨料。常用的氧化物磨料有氧化铝(白刚玉)和氧化铬等，有粉状和块状两种。氧化物磨料具有较高的硬度和较好的韧性，主要用于碳素工具钢、合金工具钢、高速钢和铸铁工件的研磨，也可用于研磨铜、铝等各种有色金属。

② 碳化物磨料。碳化物磨料呈粉状，常见的有碳化硅、碳化硼，它的硬度高于氧化物磨料，除用于一般钢铁制件的研磨外，主要用来研磨硬质合金、陶瓷和硬铬之类的高硬度工件。

③ 金刚石磨料。金刚石磨料有人造和天然两种，其切削能力、硬度比氧化物磨料和碳化物磨料都高，研磨质量也好。但由于价格昂贵，一般只用于特硬材料的研磨，如硬质合金、硬铬、陶瓷和宝石等高硬度材料的精研磨加工。

磨料系列及其特性、适用范围如表 8-3 所示。

表 8-3　磨料系列及其特性、适用范围

系列	磨料名称	代号	特　性	适用范围
氧化铝系	棕刚玉	A	棕褐色，硬度高，韧性大，价格便宜	粗、精研磨钢、铸铁和黄铜
	白刚玉	WA	白色，硬度比棕刚玉高，韧性比棕刚玉差	精研磨淬火钢、高速钢、高碳钢及薄壁零件
	铬刚玉	PA	玫瑰红或紫红色，韧性比白刚玉高，磨削粗糙度值低	研磨量具、仪表零件
	单晶刚玉	SA	淡黄色或白色，硬度和韧性比白刚玉高	研磨不锈钢、高钒高速钢等强度高、韧性大的材料
碳化物系	黑碳化物	C	黑色有光泽，硬度比白刚玉高，脆而锋利，导热性和导电性良好	研磨铸铁、黄铜、铝、耐火材料及非金属材料
	绿碳化物	GC	绿色，硬度和脆性比黑碳化硅高，具有良好的导热性和导电性	研磨硬质合金、宝石、陶瓷、玻璃等材料
	碳化硼	BC	灰黑色，硬度仅次于金刚石，耐磨性好	粗研磨和抛光硬质合金、人造宝石等硬质材料

续表

系列	磨料名称	代号	特性	适用范围
金刚石系	人造金刚石	JR	无色透明或淡黄色、黄绿色、黑色，硬度高，比天然金刚石略脆，表面粗糙	粗、精研磨硬质合金、人造宝石、半导体等高硬度脆性材料
	天然金刚石	JT	硬度最高，价格昂贵	
其他	氧化铁		红色至暗红色，比氧化铬软	精研磨或抛光钢、玻璃等材料
	氧化铬		深绿色	

JB/T 8002—1999 超硬磨料制品 人造金刚石或立方氮化硼研磨膏

磨料的粗细用粒度表示，有磨粒、磨粉和微粉三个组别。其中，磨粒和磨粉的粒度以号数表示，一般是在数字的右上角加“#”表示，如100#、240#等，这类磨料系用过筛法取得，粒度号为单位面积上筛孔的数目，号数大，磨料细；号数小，磨料粗。而微粉的粒度则是用微粉尺寸(μm)的数字前加“W”表示，如W10、W15等，此类磨料系采用沉淀法取得，号数大，磨料粗；号数小，磨料细。磨料的颗粒尺寸如表8-4所示。

表8-4 磨料的颗粒尺寸

组别	粒度号数	颗粒尺寸/μm
磨粒	12#	2 000～1 600
	14#	1 600～1 250
	16#	1 250～1 000
	20#	1 000～800
	24#	800～630
	30#	630～500
	36#	500～400
	46#	400～315
	60#	315～250
	70#	250～200
	80#	200～160
磨粉	100#	160～125
	120#	125～100
	150#	100～80
	180#	80～63
	240#	63～50
	280#	50～40

续表

组别	粒度号数	颗粒尺寸/μm
微粉	W40	40～28
	W28	28～20
	W20	20～14
	W14	14～10
	W10	10～7
	W7	7～5
	W5	5～3.5
	W3.5	3.5～2.5
	W2.5	2.5～1.5
	W1.5	1.5～1
	W1	1～0.5
	W0.5	0.5或更大

(2) 研磨液。

研磨液在加工过程中起调和磨料、冷却和润滑的作用，它能防止磨料过早失效和减少工件(或研具)的发热变形。常用的研磨液有煤油、汽油、10号和20号机械油、锭子油。

4. 零件表面的研磨

(1) 研磨场地的要求。

① 温度。研磨场地温度应维持20℃的恒温。

② 湿度。场地要求干燥，防止工件表面生锈，同时禁止场地有酸性物质溢出。

③ 尘埃。保持场地洁净，必要时配备空气过滤装置。

④ 振动。要求场地和研磨设备本身都不应有振动，避免影响研磨质量。精密研磨场地应选择在坚实的防震基础上。

⑤ 操作者。操作者必须注意自身清洁卫生，不把尘埃带入场地。精研时，手渍会造成工件的锈蚀，要采取必要的措施加以避免。

(2) 手工研磨。

研磨分手工研磨和机械研磨两种。手工研磨时，要使工件表面各处都受到均匀的切削，应合理选用运动轨迹，这对提高研磨效率、工件表面质量和研具的耐用度都有直接影响。

手工研磨的运动轨迹有直线形、摆动式直线形、螺旋形、8字形或仿8字形等多种，如图8-4所示，其共同特点是工件的被加工面与研具的工作面在研磨中始终保持相密合的平行运动，既可获得比较理想的研磨效果，又能保持平板的均匀磨损，提高平板的使用寿命。

① 直线形研磨运动轨迹。图8-4(a)所示为直线形研磨运动轨迹，由于直线运动的轨迹不会交叉，容易重叠，使工件难以获得较小的表面粗糙度，但可获得较高的几何精度，常用于窄长平面或窄长台阶平面的研磨。

② 摆动式直线形研磨运动轨迹。图8-4(b)所示为摆动式直线形研磨运动轨迹，工件在直线往复运动的同时进行左右摆动，常用于研磨直线度要求高的窄长刀口形工件，如刀口尺、刀口直角尺及样板角尺测量刃口等的研磨。

③ 螺旋形研磨运动轨迹。图8-4(c)所示为螺旋形研磨运动轨迹，适用于研磨圆片形或圆柱形工件的表面，如研磨千分尺的测量面等，可获得较高的平面度和较小的表面粗

糙度。

④ 8字形研磨运动轨迹。图8－4(d)所示为8字形研磨运动轨迹，这种运动能使研磨表面保持均匀接触，有利于提高工件的研磨质量，使研具均匀磨损，适于小平面工件的研磨和研磨平板的修整。

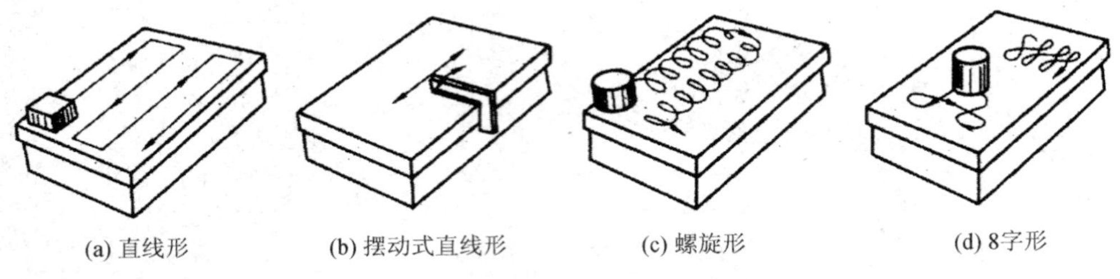

(a) 直线形　(b) 摆动式直线形　(c) 螺旋形　(d) 8字形

图8－4　手工研磨的运动轨迹

(3) 平面的研磨。

研磨平面可分为研磨一般平面和研磨窄平面。

① 研磨一般平面。研磨一般平面是在平整的研磨平板上进行的。粗研时，在有槽研磨平板上进行，因为有槽研磨平板能保证工件在研磨时整个平面内有足够的研磨剂并保持均匀，避免使表面磨成凸弧面。精研时，则应在光滑研磨平板上进行。

研磨前，先用煤油或汽油把研磨平板的工作表面清洗干净并擦干，再在研磨平板上涂上适当的研磨剂，然后把工件需研磨的表面(已去除毛刺并清洗过)贴合在研板上。沿研磨平板的全部表面，以8字形或螺旋形的旋转与直线运动相结合的方式进行研磨，并不断变更工件的运动方向。由于周期性的运动，使磨料不断在新的方向起作用，工件就能较快达到所需要的精度要求。

研磨时，要控制好研磨的压力和速度。对较小的高硬度工件或粗研时，可用较大的压力和较低的速度进行研磨。有时为减小研磨时的摩擦阻力，对自重大或接触面积较大的工件，研磨时可在研磨剂中加入一些润滑油或硬脂酸起润滑作用。

在研磨中，应防止工件发热，若稍有发热，应立即暂停研磨，避免工件因发热而产生变形。同时，工件在发热时所测尺寸也不准确。

② 研磨窄平面。研磨窄平面时，应采用直线形研磨运动轨迹。为保证工件的垂直度和平面度，应用金属块作导靠，使金属块和工件紧紧地靠在一起，并跟工件一起研磨，如图8－5(a)所示。导靠金属块的工作面与侧面应具有较高的垂直度。

若研磨工件的数量较多时，可用C形夹将几个工件夹在一起同时研磨。对一些易变形的工件，可用两块导靠将其夹在中间，然后用C形夹头固定在一起进行研磨，如图8－5(b)

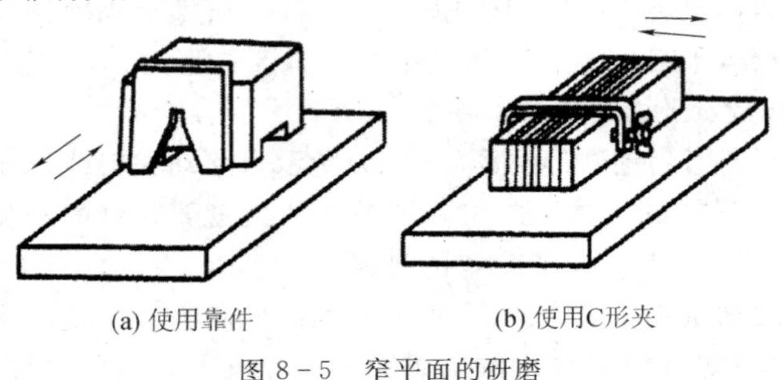

(a) 使用靠件　(b) 使用C形夹

图8－5　窄平面的研磨

所示，这样既可保证研磨的质量，又提高了研磨效率。

(4) 曲面的研磨。

① 外圆柱面的研磨。外圆柱面的研磨一般采用手工和机械相配合的研磨方法进行，即将工件装夹在车床或钻床上，用研磨环进行研磨，如图 8-6 所示。研磨环的内径尺寸比工件的直径略大 0.025～0.05 mm，其长度是直径的 1～2 倍。

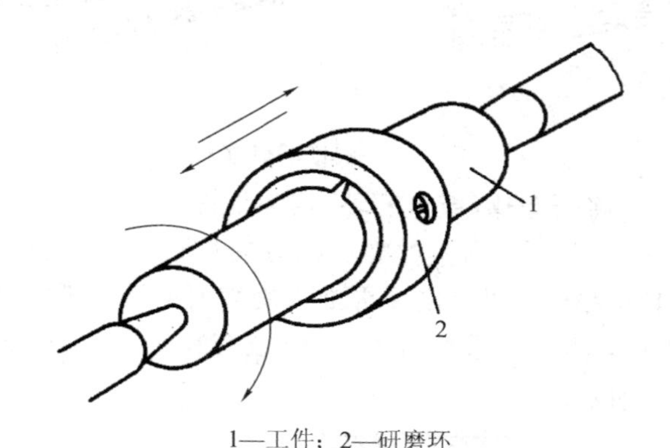

1—工件；2—研磨环

图 8-6　外圆柱面的研磨

外圆柱面的研磨方法是将研磨的圆柱形工件牢固地装夹在车床或钻床上，然后在工件上均匀地涂敷研磨剂(磨料)，套上研磨环(配合的松紧度以能用手轻轻推动为宜)。工件在机床主轴的带动下作旋转运动(直径在 80 mm 以下时，转速 100 r/min；直径大于 100 mm 时，转速为 50 r/min 为宜)，用手扶持研磨环，在工件上作轴向直线往复运动。研磨环运动的速度以在工件表面上磨出 45°交叉的网纹线为宜。研磨环移动速度过快时，网纹线与工件轴线的夹角小于 45°，研磨速度过慢则网纹线与工件轴线的夹角大于 45°，如图 8-7 所示。

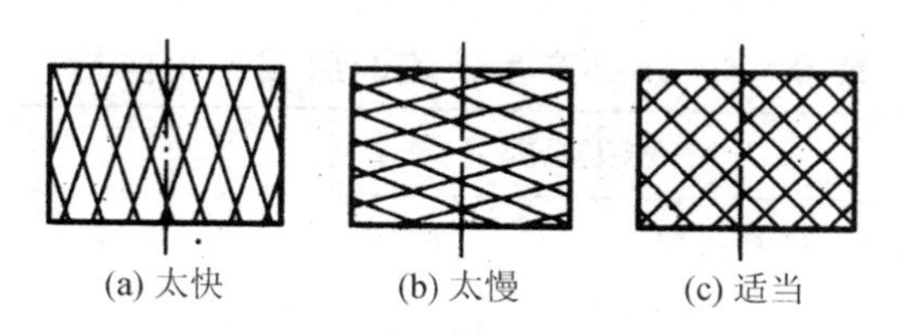

图 8-7　外圈柱面移动速度和网纹线的关系

② 内圆柱面的研磨。研磨圆柱孔的研具是研磨棒，分为固定式和可调式两种，将工件套在研磨棒上进行研磨。研磨棒的直径应比工件的内径小 0.01～0.025 mm，工作部分的长度比工件长 1.5～2 倍。圆柱孔的研磨方法与圆柱面的研磨方法类似，不同的是将研磨棒装夹在机床主轴上。对直径较大、长度较长的研磨棒同样须用尾座顶尖顶住。将研磨剂(磨料)均匀涂布在研磨棒上，然后套上工件，按一定的速度开动机床旋转，用手扶持工件在研磨棒上沿轴线作直线往复运动。研磨时，要经常擦干挤到孔口的研磨剂，以免造成孔口的扩大，或采取将研磨棒两端都磨小尺寸的办法。研磨棒与工件相配合的间隙要适当，配合太紧，会拉毛工件表面，降低工件研磨质量；配合过松会将工件磨成椭圆形，达不到要求的几何形状。间隙大小以用手推动工件不费力为宜。

③ 圆锥面的研磨。圆锥面的研磨包括圆锥孔的研磨和外圆锥面的研磨。研磨圆锥面使用带有锥度的研磨棒(或研磨环)进行研磨。也有不用专门的研具，而用与研磨件相配合的

表面直接进行研配的。研磨棒(或研磨环)应具有同研磨表面相同的锥度，研磨棒上开有螺旋槽，用来储存研磨剂，螺旋槽有右旋和左旋之分、如图 8－8 所示。

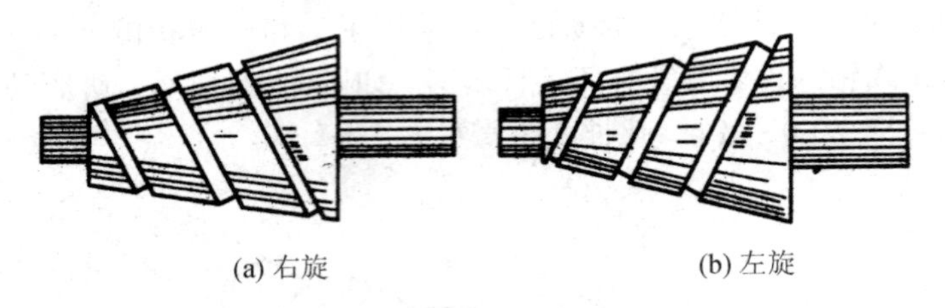

图 8－8　圆锥形研磨棒

圆锥面的研磨方法是将研磨棒(或研磨环)均匀地涂上一层研磨剂(磨料)，然后插入工件孔中(或套在圆锥体上)，要顺着研具的螺旋槽方向进行转动(也可装夹在机床上)，每转动 4～5 圈后，便将研具稍稍拔出些。之后再推入旋转研磨。当研磨接近要求时，可将研具拿出，擦干净研具或工件，然后再重新装入锥孔(或套在锥体上)研磨，直到表面呈银灰色或发亮为止，如图 8－9 所示。

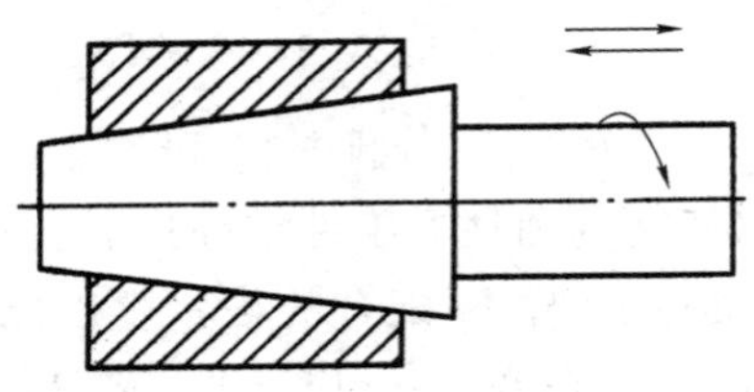

图 8－9　圆锥面的研磨

5. 研磨缺陷分析

研磨时，产生缺陷的形式、原因及预防措施如表 8－5 所示。

表 8－5　研磨产生缺陷的原因及预防措施

缺陷形式	产生原因	防止办法
表面不光洁	① 磨料过粗； ② 研磨液不当； ③ 研磨剂涂得太薄	① 正确选用磨料； ② 正确选用研磨液； ③ 研磨剂涂布应适当
表面拉毛	研磨剂中混入杂质	做好清洁工作
平面成凸形或孔口扩大	① 研磨剂涂得太厚； ② 孔口或工件边缘被挤出的研磨剂未擦去就连续研磨； ③ 研磨棒伸出孔口太长	① 研磨剂应涂得适当； ② 被挤出的研磨剂应擦去后再研磨； ③ 研磨棒伸出长度要适当
孔成椭圆形或有锥度	① 研磨时没有更换方向； ② 研磨时没有掉头研	① 研磨时应变换方向； ② 研磨时应掉头研
薄形工件拱曲变形	① 工件发热了仍继续研磨； ② 装夹不正确引起变形	① 不使工件温度超过 50℃，发热后应暂停研磨； ② 装夹要稳定，不要夹得太紧

6. 模板上下表面的研磨加工实训

研磨模板平行面，其零件如图 8 - 10 所示。

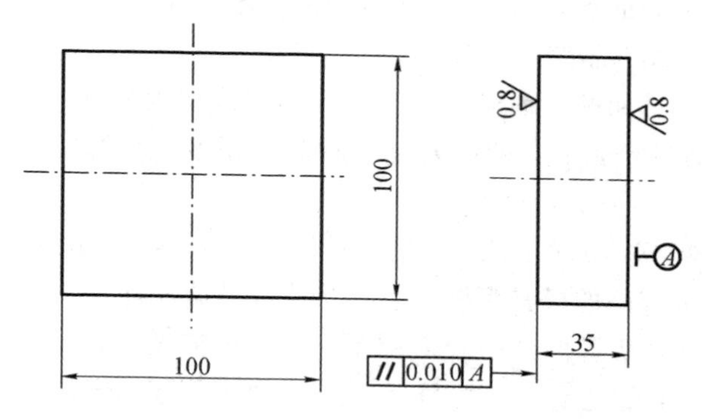

图 8 - 10　模板零件图

(1) 实训准备。

① 工具和量具：研磨平板、千分尺、千分表、量块等。

② 辅助材料：研磨剂等。

③ 备料：经刮削或磨削的 100 mm×100 mm×35 mm 铸铁(HT150)平板，两个平面的平行度为 0.01 mm，表面粗糙度为 Ra1.6 μm，每人一块。

(2) 操作要点。

① 研磨剂每次上料不宜太多，并要分布均匀。

② 研磨时要特别注意清洁工作，不要使杂质混入研磨剂中，以免划伤工件。

③ 注意控制研磨时的速度和压力，应使工件均匀受压。

④ 应使工件的运动轨迹能够均匀地遍布于整个研具表面，以防研具发生局部磨损。在研磨一段时间后，应将工件掉头轮换进行研磨。

⑤ 在由粗研磨工序转入精研磨工序时，要对工件和研具做全面清洗，以清除上道工序留下的较粗磨料。

(3) 操作步骤。

① 用千分尺检查工件的平行度，观察其表面质量，确定研磨方法。

② 准备磨料。粗研用 100# ～200# 的磨粉；精研用 W20～W40 的微粉。

③ 研磨基准面 A。分别用各种研磨运动轨迹进行研磨练习，直至达到表面粗糙度 Ra0.8 μm的要求。

④ 研磨另一大平面。先打表测量其对基准的平行度，确定研磨量，然后再进行研磨。保证 0.010 mm 的平面度要求和 Ra0.8 μm 的表面粗糙度要求。

⑤ 用量块全面检测研磨精度，送检。

任务 8.2　零件的抛光加工

1. 抛光的作用与抛光余量

抛光主要用于降低工件表面粗糙度，增加工件表面光亮和提高耐腐蚀能力，但不能改变工件原有的形状精度。

抛光是用敷有细磨粉或软膏磨料的布轮、布盘或皮轮、皮盘等软质工具，靠机械滑擦和化学作用来减小加工表面的粗糙度。抛光的加工余量小到可以忽略。与超精加工一样，抛光对尺寸误差和形状误差也没有纠正能力。

抛光是通过抛光工具和抛光剂对零件进行极其细微切削的加工方法，其基本原理与研磨相同，是研磨的一种特殊形式，即抛光是一种超精研磨，其切削作用含物理和化学的综合作用。

抛光常用于各类奖杯、金属工艺品、生活日用品、量块等精密量具和各类加工刃具，以及尺寸和几何形状要求较高的模具型腔、型芯及精密机械零件。

通过抛光，零件可以获得很高的表面质量，表面粗糙度 Ra 可达 0.008 μm，并使加工面平滑，具有光泽。由于抛光是工件的最后一道精加工工序，要使工件达到表面质量的要求，加工余量应适当，具体可根据零件的尺寸精度而定，一般在 0.005～0.05 mm 范围内选取，有时加工余量就留在工件的公差以内。

2. 常用抛光方法与抛光工具

抛光分为手工抛光和机械抛光，抛光时可用与研磨相同的电动或气动研磨工具。

(1) 手工抛光工具。

① 平面抛光器。平面抛光器的手柄采用硬木制作，在抛光器的研磨面上刻出大小适当的凹槽，面稍高的地方可有用于缠绕布类制品的止动凹槽，如图 8－11 所示。

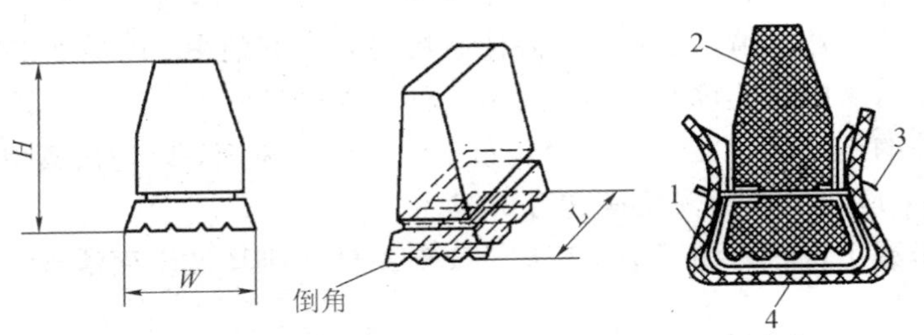

1—人造皮革；2—木制手柄；3—铁丝或铅丝；4—尼龙布

图 8－11　平面抛光器

若使用粒度较粗的研磨剂进行研磨加工时，只需将研磨膏涂在抛光器的研磨面上进行研磨加工即可。若使用极细的微粉进行抛光作业时，可将人造皮革缠绕在研磨面上，再把磨粒放在人造皮革上并以尼龙布缠绕，用铁丝(冷拉钢丝)沿止动凹槽捆紧后进行抛光加工。

若使用更细的磨粒进行抛光，可把磨粒放在经过尼龙布缠绕的人造皮革上，以粗棉布或法兰绒进行缠绕，之后进行抛光加工。原则上是磨粒越细，采用越柔软的包卷用布。每一种抛光器只能使用同种粒度的磨粒。各种抛光器不可混放在一起，应使用专用密封容器保管。

② 球面抛光器。

球面抛光器与平面抛光器的操作方法基本相同。抛光凸形工件的研磨面时，其曲率半径一般要比工件曲率半径大 3 mm；抛光凹形工件的研磨面时，其曲率半径比工件曲率半径要小 3 mm，如图 8－12 所示。

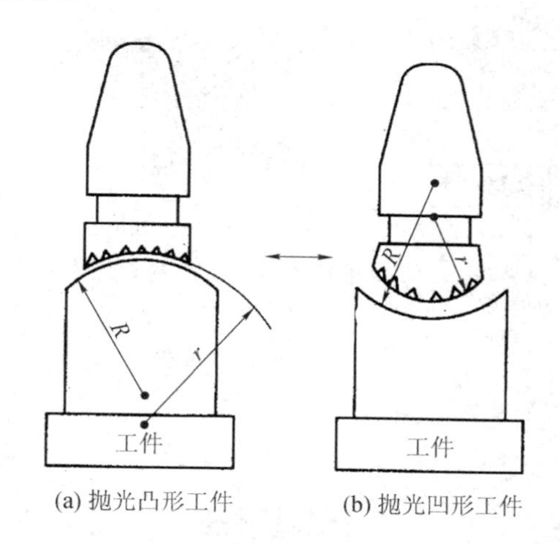

(a) 抛光凸形工件　(b) 抛光凹形工件

图 8－12　球面抛光器

③ 自由曲面抛光器。对于自由曲面的抛光应尽量使用小型抛光器，因为抛光器越小越容易模拟自由曲面的形状，如图 8－13 所示。

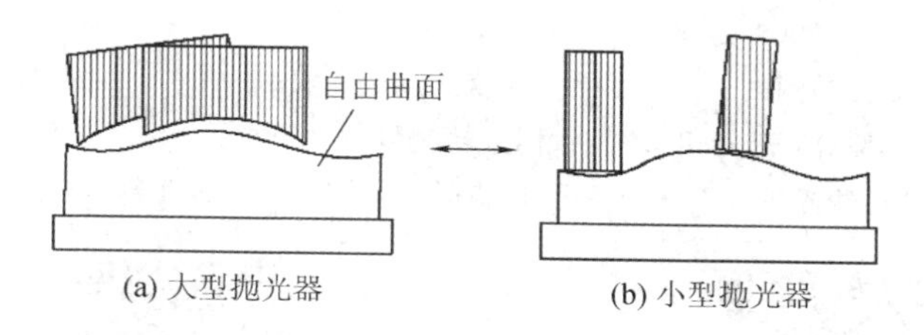

(a) 大型抛光器　(b) 小型抛光器

图 8－13　自由曲面抛光器

④ 精密抛光用具。精密抛光的研具通常与抛光剂有关，当用混合剂抛光精密表面时，多采用高磷铸铁作研具；用氧化铬抛光精密表面时，则采用玻璃作研具。由于精密抛光是借助抛光研具精确型面来对工件进行仿型加工，因此，要求研具具有一定的化学成分，并且还应有很高的制造精度。

凡尺寸精度要求小于 1 μm，表面粗糙度 Ra 要求为 0.0025～0.08 μm 的工件，均需进行精密抛光。精密抛光的操作方法与一般研磨加工方法相同，不过加工速度比研磨要快，通常应由高级钳工或技师来完成。

(2) 电动抛光工具。

由于模具工作零件型面与型腔的手工研磨、抛光工作量大，在模具制造业中已广泛采用电动抛光工具进行抛光加工。

① 手动砂轮机。利用手动砂轮机进行抛光加工，即将砂轮机上柔性布轮(或用砂布叶轮)直接进行抛光。在抛光时，可根据工件抛光前原始表面粗糙度的情况及要求，选用不同规格的布轮或砂布叶轮，并按粗、中、细逐级进行抛光。

② 手持角式旋转研抛头或手持直身式旋转研抛头。加工面为平面或曲率半径较大的规则面时，采用手持角式旋转研抛头或手持直身式旋转研抛头配用铜环，将抛光膏涂在工件上进行抛光加工，如图 8－14 所示。

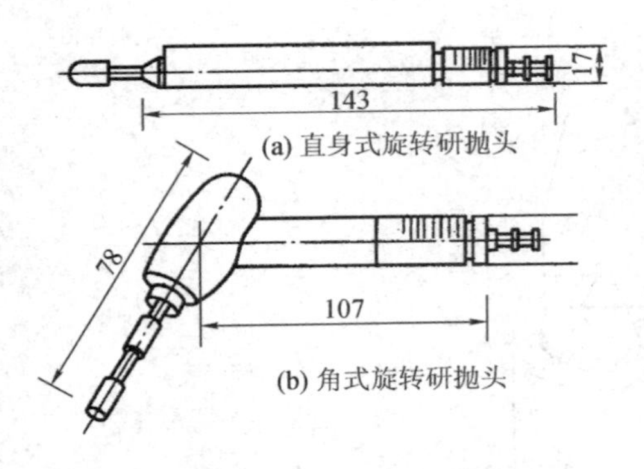

图 8-14　手持旋转气动抛光研磨器

GB/T 3787—2006
手持式电动工具的管理、使用、检查和维修安全技术规程

GB 3883.3—2007
手持式电动工具的安全 第二部分：砂轮机、抛光机和盘式砂光机的专用要求

GB/T 22665.3—2008
手持式电动工具手柄的振动测量方法 第 3 部分：砂轮机、抛光机和盘式砂光机

GB/T 8910.4—2008
手持便携式动力工具手柄振动测量方法 第 4 部分：砂轮机

GB/T 22665.4—2008
手持式电动工具手柄的振动测量方法 第 4 部分：非盘式砂光机和抛光机

HG/T 2571—1994
抛光膏

HG/T 4079—2009
金属抛光表面质量检测及评判规则

对于加工面为小曲面或复杂形状的型面，则采用手持往复式抛光工具，也配用铜环，将抛光膏涂在工件上进行抛光加工，如图 8-15 所示。特别是对于某些外表面形状复杂，带有凸凹沟槽的部位，则更需要采用往复式电动、气动或超声波手持研磨抛光工具，从不同角度对其不规则表面进行研磨修整及抛光。

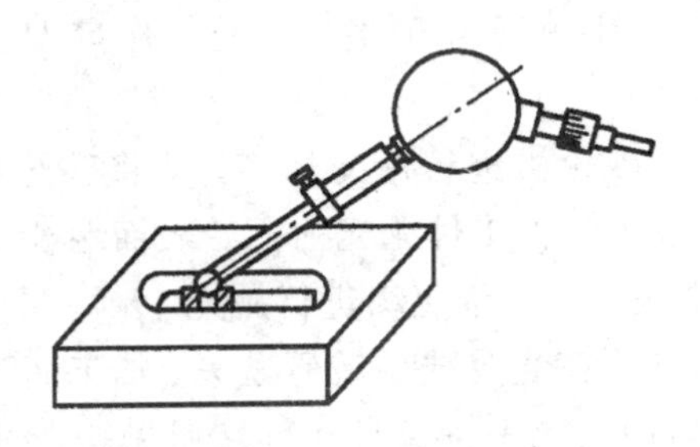

图 8-15　手持往复式研抛工具

③ 新型抛光磨削头。新型抛光磨削头是采用高分子弹性多孔性材料制成的一种新型磨削头，这种磨削头具有微孔海绵状结构，磨料均匀、弹性好，可以直接进行镜面加工。使用时，磨削均匀、产热少、不易堵塞，能获得平滑、光洁、均匀的表面。弹性磨料配方有多种，分别用于磨削各种材料。磨削头在使用前可用砂轮修整成各种所需形状。

3. 新型抛光方法

(1) 磁力抛光。

磁力抛光是用带磁性的研磨料，在电磁头的吸引下，按照磁场的形状呈刷子状排列。此磁刷在旋转铁心电磁铁的作用下，在工件表面移动进行研磨、抛光。该研磨工具非常柔软，能较好地与曲面相接触，抛光原理如图 8－16 所示。

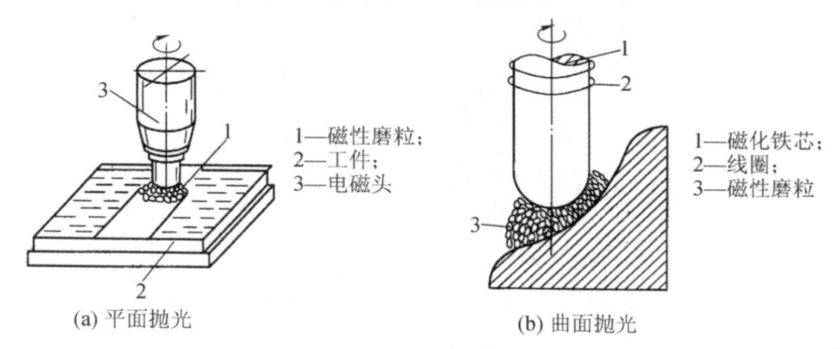

图 8－16　磁力抛光原理图

(2) 超声波抛光。

超声波抛光的抛光效率高，能适用于各种材料，可用于加工狭缝、深槽、异形腔等，在模具抛光中应用较多。超声波抛光是超声波加工的一种特殊应用，它对工件只进行微量尺寸加工，加工后提高的是表面精度，表面粗糙度值可达 $Ra\,0.012\ \mu m$，甚至可得到近似镜面的光亮度。超声波抛光效率高，硬质合金抛光比普通抛光效率提高 20 倍；淬火钢抛光比普通抛光效率提高 15 倍；45 钢抛光比普通抛光效率提高 10 倍。

超声波抛光是利用工具端面作超声频率振动，通过磨料悬浮液抛光脆硬材料加工，抛光工具对工件保持一定的静压力(3～5 N)，推动抛光工具作平行于表面的往复运动，运动频率为每分钟 10～30 次，超声波抛光原理如图 8－17 所示。

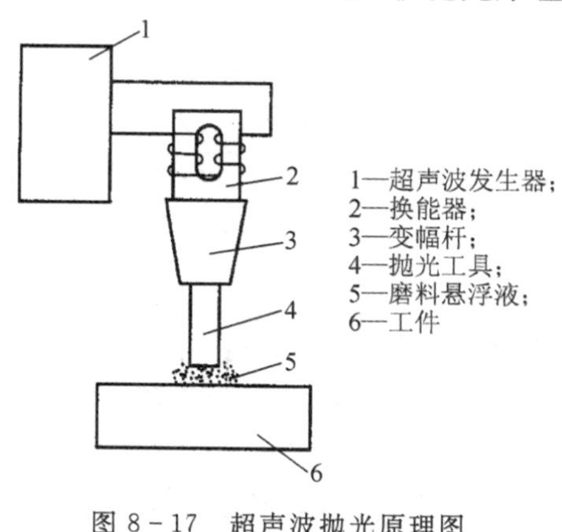

图 8－17　超声波抛光原理图

JB/T 10142—1999
超声抛光机 技术条件

(3) 挤压珩磨抛光。

挤压珩磨抛光是把含有磨粒的黏性介质装入机器的介质缸内，并夹紧加工零件，介质在活塞的压力下沿着固定通道和夹具流经零件被加工表面，有控制地除去零件表面材料，实现抛光、去毛刺、倒圆角等加工，其原理如图 8－18 所示。

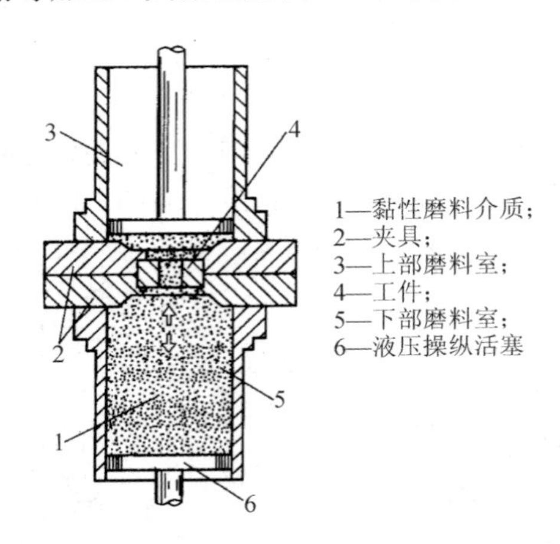

图 8－18　挤压珩磨抛光加工原理图

挤压珩磨抛光加工对象广泛，包括有色金属、黑色金属、硬质合金等材料，都可进行挤压珩磨抛光加工。抛光效果好，对各种不同原始表面状况，挤压珩磨都可使表面粗糙度值达 $Ra0.04 \sim 0.05\ \mu m$；加工效率高，一般加工时间只需几分钟至十几分钟；适用范围广，可对冲模、塑料成型模、拉丝模进行抛光加工；挤压珩磨加工孔径最小可达 0.35 mm。

挤压珩磨抛光加工可分为通孔式、阶梯形式、不通孔及外形(如加工凸模、型芯等)四种加工类型，如图 8－19 所示。

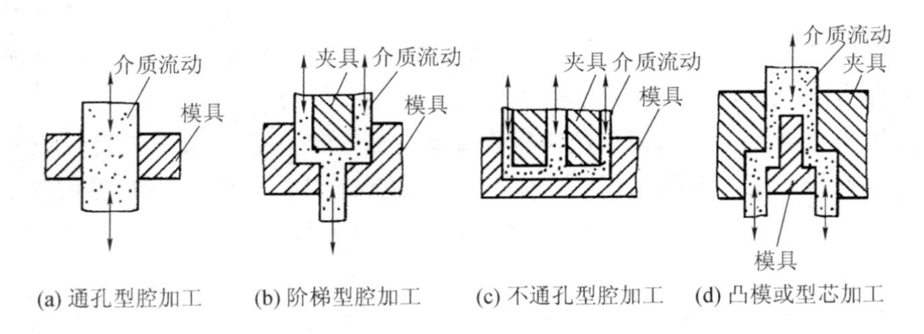

(a) 通孔型腔加工　(b) 阶梯型腔加工　(c) 不通孔型腔加工　(d) 凸模或型芯加工

图 8－19　挤压珩磨抛光加工方法

4. 抛光操作要点

(1) 抛光操作要点。

抛光操作时，应注意以下要点：

① 抛光与研磨的基本原理相同，因此对研磨的工艺要求也适用于抛光。

② 在制订抛光的工艺步骤时，应根据操作者的经验、所使用的工艺装备及材料性能等来确定工艺规范。

③ 在抛光时，应先用硬的抛光工具进行研抛，然后再使用软质抛光工具进行精抛。选好抛光工具后，可先用较粗粒度的抛光膏进行研磨，随后，再逐步减小抛光膏粒度。一般情

况下，每个抛光工具只能用同一种粒度的抛光膏，不能混用。手工抛光时，将抛光膏涂在工具上；机械抛光时，将抛光膏涂在工件上。

④ 严格保持工作场地清洁，操作者要注意环境卫生，以防不同粒度的磨料相互混淆，污染和影响抛光现场的卫生。

⑤ 在研抛时，应注意抛光工序间的清洗工作，要求每更换一次不同粒度的磨料时，就要进行一次煤油清洗，不能把上道工序使用的磨料带入到下道工序中。

⑥ 要根据抛光工具的硬度和抛光膏的粒度来施加压力。磨粒越细，则作用在抛光工具上的压力越轻，采用的抛光剂也就越稀。

⑦ 抛光用的润滑剂和稀释剂有煤油、汽油、10 号和 20 号机油、无水乙醇及工业透平油等。对这些润滑、清洗、稀释剂均要加盖保存。使用时，应分别采用玻璃管吸点法，像滴眼药水一样点在抛光件上，不要用毛刷在抛光件上涂抹。

⑧ 使用抛光毡轮、海面抛光轮、牛皮抛光轮等柔性抛光工具时，一定要经常检查这些柔性物质的研磨状态，以防因研磨过量而露出与其粘接的金属铁杆，造成抛光面的损伤。一般要求当柔性部分还有 2～3 mm 时，应及时更换新轮。

(2) 确定抛光是否完成的方法。

① 仔细观察抛光运动方向交叉变化的情况，当上道工序留下的抛光痕迹看不到时，结束本道工序。

② 本道工序的抛光痕迹随着抛光方向的转变会迅速跟随转移，即痕迹纹路取向一边倒；转一个方向抛研，其痕迹马上又朝此方向一边倒，见不到与研磨方向垂直的任何痕迹，说明本道工序选用的研磨剂粒度已经达到极限了。

5. 抛光缺陷分析

抛光过程中产生的主要问题是“过抛光”。由于抛光时间长，表面反而变得粗糙，并产生“橘皮状”或“针孔状”缺陷。这种情况主要出现在机械抛光时，而手工抛光时很少出现。

(1)“橘皮状”缺陷及处理办法。

抛光时压力过大且时间过长时，会出现这种情况。较软的材料容易产生这种抛光现象。其原因并不是钢材有缺陷，而是抛光用力过大，导致金属材料表面产生微小塑性变形所致。

解决方法：通过氮化或其他热处理方式增加材料的表面粗糙度；对于较软的材料，采用软质抛光工具。

(2)“针孔状”缺陷及处理办法。

由于材料中含有杂质，在抛光过程中，这些杂质从金属组织中脱落下来，形成针孔状小坑。

解决方法：避免用氧化铝抛光膏进行机械抛光；在适当的压力下作最短时间的抛光；另外，可采用优质合金钢材。

任务 8.3　去　毛　刺

去毛刺是钳工的最后一道工序，去毛刺有多种方法，如选择专用去毛刺工具，利用手电钻或钻床去毛刺，使用去毛刺机去毛刺等。

1. 专用去毛刺工具

(1) 角棱工件去毛刺工具。

角棱工件(如方块、矩形板等)去毛刺工具如图 8-20(a)所示，工具的切削部分可用废锯条改磨而成，用铆钉固定在刀柄上。使用它可以很容易地除掉角棱工件上的毛刺，如图 8-20(b)所示，比使用锉刀生产效率提高很多。

较大工件角棱上的毛刺，可使用如图 8-21 所示的工具去除。在一块旧板锉上装上把柄，握住把柄去除毛刺很方便。

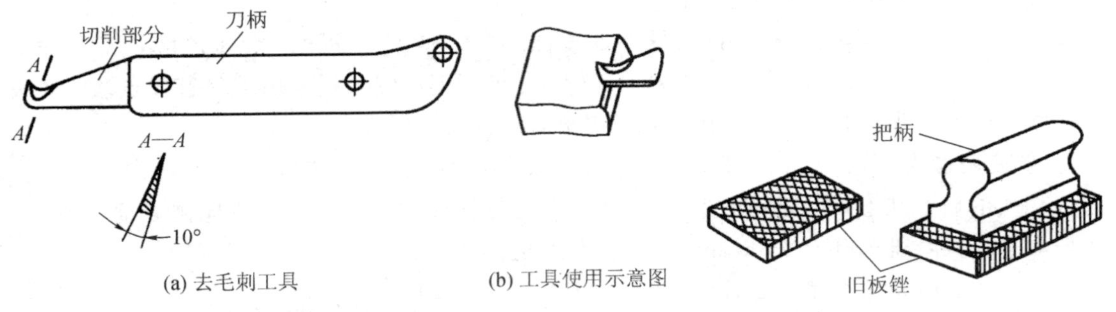

(a) 去毛刺工具　　(b) 工具使用示意图

图 8-20　角棱工件去毛刺工具和使用示意图　　图 8-21　较大工件去毛刺工具

(2) 孔口去毛刺工具。

在机械加工或装配过程中，由于光孔或螺纹孔的孔边经常残留毛刺，可采用工具去除，如图 8-22 所示。将一个短钻头固定在手柄内，使用时，将该工具插入工件孔内并加适当的压力均匀转动，即可将孔口的毛刺清除。

图 8-23 所示的孔口去毛刺工具是将一个铰刀形状的锥齿刀具插入柄部固定好，使用时适当加力转动即可去除孔口毛刺。该工具锥齿部分用 T8 工具钢制作，淬火硬度为 HRC55～HRC60。

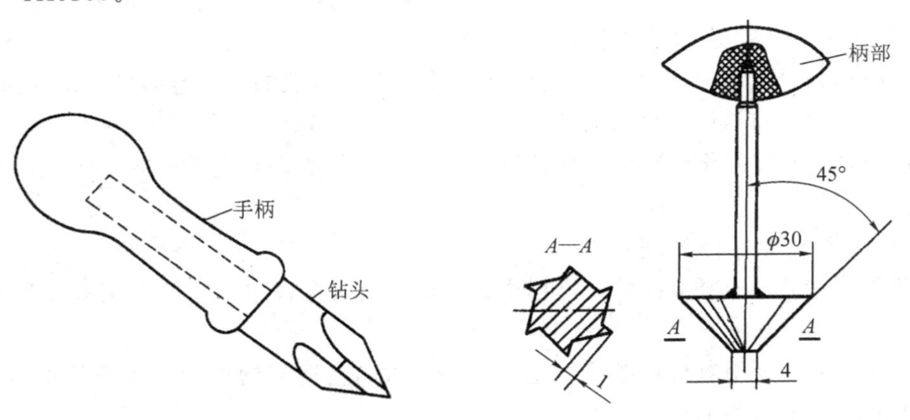

图 8-22　孔口去毛刺工具(短钻头)　　图 8-23　孔口去毛刺工具(锥齿刀具)

(3) 键槽去毛刺工具。

图 8-24 所示的键槽去毛刺工具，是将方形或三角形硬质合金刀片用螺钉固定在圆杆上，圆杆左端的一段弯曲约 30°，右端装上手柄。使用该工具去除键槽和窄槽边上的毛刺很方便。

孔内的键槽经刨、插或拉削加工后，往往在键槽的两侧面与内孔交接处留有两条凸状的毛刺，通常由钳工用锉刀修除，但稍不留意，锉刀容易破坏内孔表面，而且工作效率很低。使用如图 8-25 所示的去除孔内键槽毛刺的专用工具去除毛刺，则既能保证质量，又能提高效率。在导柱体 1 铣扁的上平面上的正中位置镶嵌与工件键槽滑配的导向平键 2，在导向平键 2 的右端插入一把主偏角等于负偏角并且均为 45°的高速钢刀体 4，并用螺钉 3 紧固，但刀体中心线必须与导向平键中心线重合。导柱体直径 d 与工件内孔之间为间隙配合。修毛刺时，只要将工具插入工件孔内，使导向平键 2 对准键槽，然后用手锤轻轻敲尾端，待工具通过工件内孔后，键槽两侧面与内孔交接处的两条凸状毛刺就被高速钢刀体 4 上的 45°倒角去除。

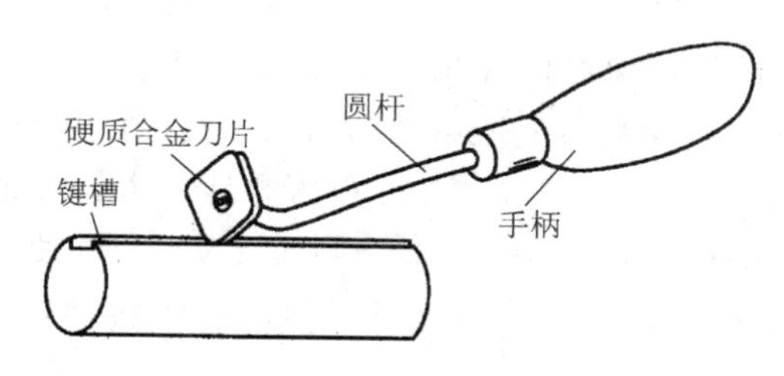

图 8-24 键槽去毛刺工具

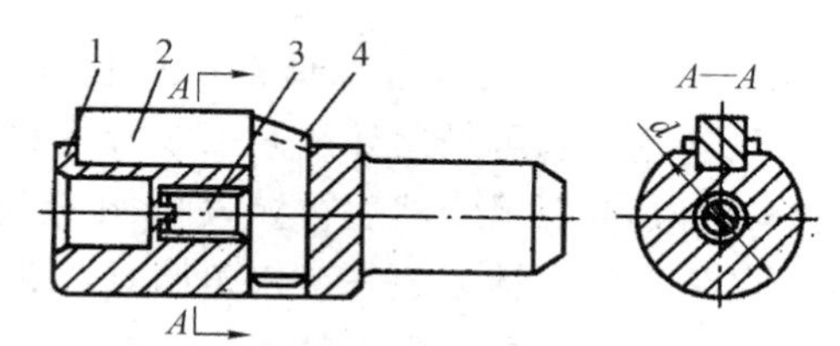

1—导柱体；2—导向平键；3—螺钉；4—高速钢刀体

图 8-25 去除孔内毛刺工具

2. 利用手电钻或钻床去毛刺

(1) 利用手电钻去毛刺。

去除工件两端的毛刺时，可将小砂轮夹紧在手电钻上，当手电钻转动起来时就可将毛刺去除，如图 8-26 所示。

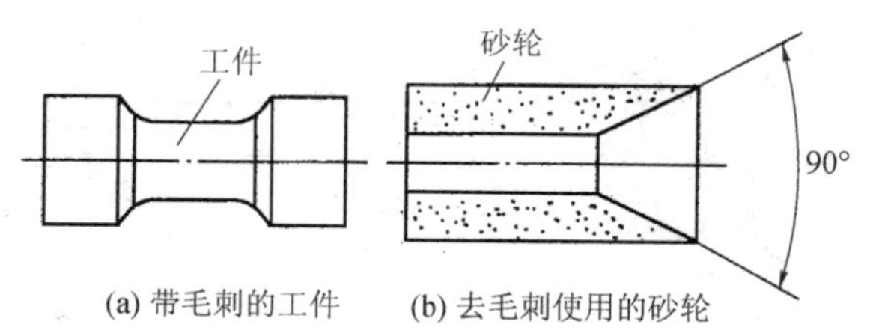

(a) 带毛刺的工件 (b) 去毛刺使用的砂轮

图 8-26 利用手电钻去毛刺

如图 8-27 所示，将一块厚约 18 mm 的橡胶板粘在钢板上，将钻头装夹在手电钻上，这样即可去掉工件钻孔后残留的毛刺。

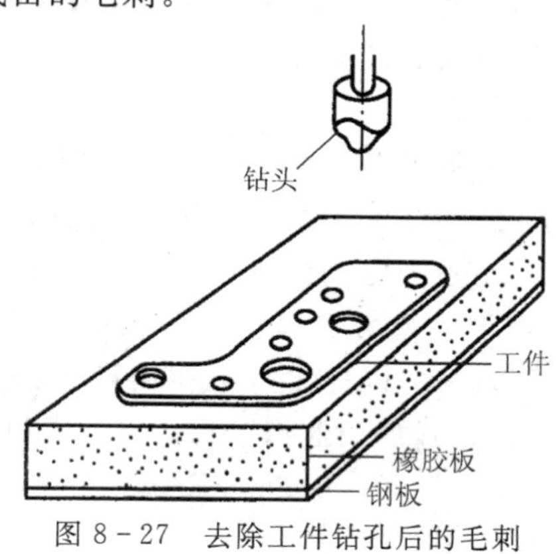

图 8-27 去除工件钻孔后的毛刺

(2) 利用钻床去除毛刺。

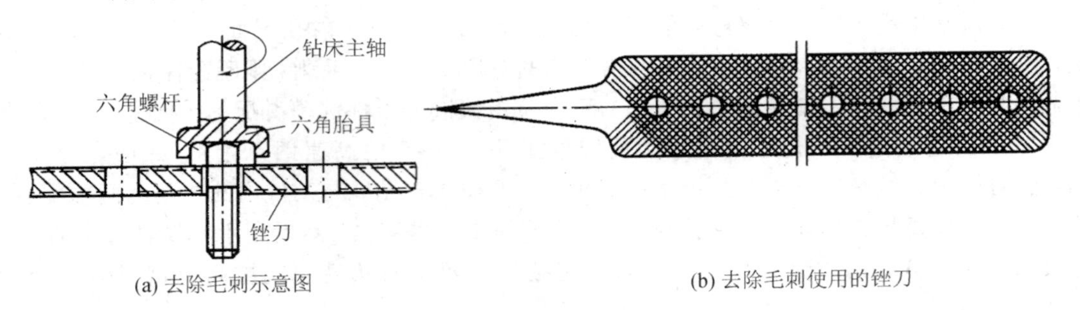

(a) 去除毛刺示意图　　(b) 去除毛刺使用的锉刀

图 8-28　钻床去除六角螺杆毛刺

六角螺杆头部或六角螺母都可以在冲床上冲制出来，但冲出后在端部往往有许多毛刺。去除这些毛刺可采用如图 8-28 所示的方法。在扁锉刀上适当地钻出几个孔(锉刀应经过退火处理后再钻孔，然后再淬火)，孔径比螺杆外径大 0.5 mm。将六角螺杆插入锉刀的孔中，在钻床的主轴上装一个六角胎具，使它和螺杆的六方相配。去毛刺时开动钻床，使六方的端部和锉刀接触。由于钻床主轴的旋转，使六角胎具带动螺杆在锉刀的孔中转动，这样就很快地锉掉了六方端部的毛刺。

去除环状冲压件内外圆口边毛刺的组合工具如图 8-29 所示。刀杆 1 右端尾部制成莫氏锥度的锥柄，以与钻床主轴的锥孔相配合，左端铣出两个长孔槽，分别与大刀盘 3 和小刀盘 4 滑动配合。具有双刃的大刀盘 3 靠楔铁 2 挤紧。两个小刀盘 4 是相对装在刀杆 1 的长孔槽里，借助压簧 5 起到使其离心向外的作用，用两个锁圈 6 加以控制。

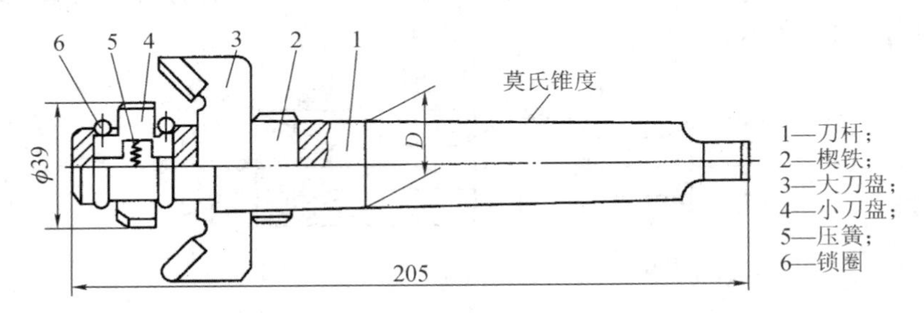

图 8-29　去除环状冲压板毛刺工具

去毛刺时，将整个工具装夹在钻床主轴锥孔内，通过刀杆 1 上的小刀盘 4，刮去工件孔口边毛刺，并以小刀盘 4 定心和导向，用双刃大刀盘 3 切除工件外圆边毛刺。大小刀盘可根据不同加工情况，采用高速钢或硬质合金材料制作。

(3) 使用振动去毛刺机去毛刺。

批量加工中，可使用振动去毛刺机去毛刺，如图 8-30 所示。固定在底座 11 上的电动机 9(1 kW、1440 r/min)，其轴心上装有两个相交为 100°的扇形偏心轮 10，偏心轮厚度为 20 mm，中心距与弦长各为 70 mm。当电动机启动时，带动扇形偏心轮 10，使它产生离心力而发出振动，从而通过弹簧 7(要求弹力均匀，一般可用 6～8 根)的作用，带动容器 2 一起抖动。容器 2 安装时必须注意水平，以免工件集积而影响去毛刺的质量和效率。容器 2 中放的磨料(碳化硅废砂轮块渗入适量的废润滑油后，作为磨料)和工件随容器的抖动而作周期性的翻动，达到去毛刺的目的。

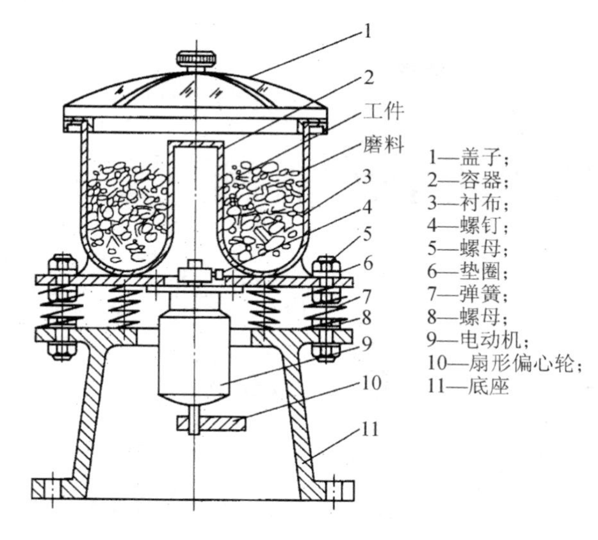

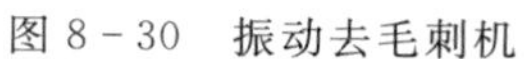
图 8－30　振动去毛刺机

GB/T 25635.1—2010
电解去毛刺机床 第1部分：精度检验

GB/T 25635.2—2010
电解去毛刺机床 第2部分：参数

盖子1用1.2 mm厚的钢板制成，上面镶有透明片，便于观察工件运动情况。容器2采用2 mm厚的钢板制成，外径为ϕ500 mm，高280 mm，底都要求非常圆滑，以便于工件翻动。容器可直接焊接在底座11上。衬布3需用1 mm厚的耐油橡皮布，用万能胶粘合在容器内部，以免容器2直接和磨料、工件碰撞，以减少磨损，同时还能减少噪声。螺钉4用于紧固扇形偏心轮10。弹簧7靠螺母5固定。

该振动去毛刺机效果良好，生产效率较高，适于多种形状的工件去毛刺时使用。

去毛刺的方法除了上面介绍的以外，还有使用专用装置去毛刺，以及化学去毛刺、电解去毛刺等。

思考与练习

8－1　简述研磨在模具加工中的作用。

8－2　抛光常用于何种零件加工？

8－3　简述球面抛光器的曲率半径和工件曲率半径的关系。

8－4　简述挤压珩磨抛光的加工对象。

项目9 零件的手工制作实例

◎ **学习目标**

· 了解零件手工制作实训的基本要求。

· 按照工具钳工(中级)职业技能鉴定标准，能动手完成四拼块配合件、蝶形配合件、十字块配合件、六方体镶嵌配合件等简单机械零件的手工制作任务。

零件手工制作实训的基本要求如下：

(1) 能看懂较复杂的机械零件图、一般的部件图和装配图，能绘制较复杂的零件图和简单零件的装配图。

(2) 能完成机械零件的划线、锯削、锉削、錾削、钻孔、铰孔、研磨、抛光和去毛刺等手工加工，并达到零件图样的技术要求。

(3) 能制作曲线样板和凸轮等形状较复杂的零件，表面粗糙度 Ra0.8～1.6 μm。

(4) 按图样要求刻字，做到整齐、清晰、大小一致。

(5) 根据机械零件与部件的技术要求，编制加工工艺和装配工艺规程。

(6) 按照工件的工艺技术要求组装复杂的组合夹具；装配、修理较复杂的中型或大型工装、夹具、模具。

(7) 能自制和修磨完成零件手工制作所需的切削刀具、专用工具和检具。

(8) 正确分析废品产生的原因和预防方法。

任务9.1 四拼块配合件的制作

手工制作如图9-1所示四拼块配合件，材料Q235，时间7小时。考核和评分标准见表9-1。

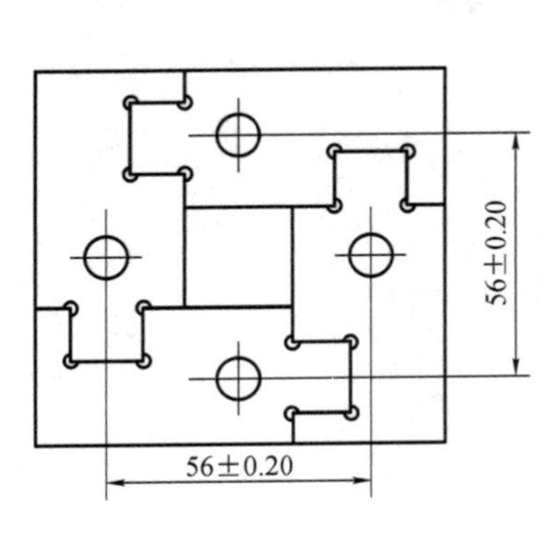

(a) 配合件图

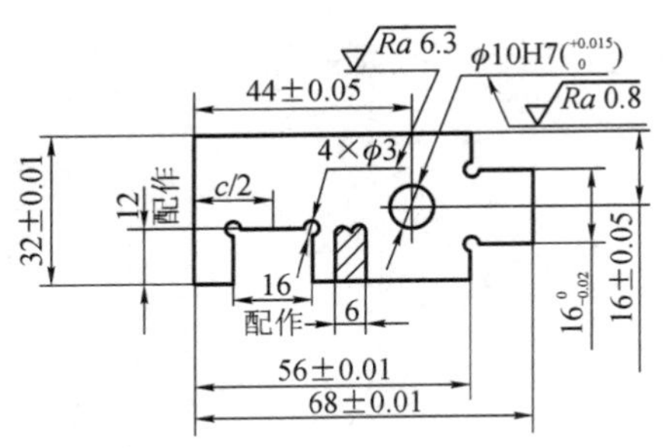

技术要求
1.按图要求制作四件拼块满足装配要求。
2.配合互换间隙不大于0.03，周边错位量不大于0.05。

$\sqrt{Ra\ 1.6}$ ($\sqrt{}$)

(b) 单件图

图9-1 四拼块配合件

表 9-1　考核和评分标准(四拼块配合件)

序号	考核项目	考试内容及要求	配分	检测结果	评分标准	备注
1	锉削	68±0.01 mm(4 处)	4		超差不得分	
2		56±0.01 mm(4 处)	4		超差不得分	
3		32±0.01 mm(4 处)	4		超差不得分	
4		$16_{-0.02}^{0}$ mm(4 处)	4		超差不得分	
5		Ra 1.6 μm(4 处)	11		超差不得分	
6	钻铰	$\phi 10_{0}^{+0.015}$ mm(4 处)	4		超差不得分	
7		16±0.05 mm(4 处)	4		超差不得分	
8		44±0.05 mm(4 处)	4		超差不得分	
9		Ra 0.8 μm(4 处)	4		超差不得分	
10	配合	间隙小于或等于 0.03 mm(20 处)	30		超差不得分	
11		错位量小于或等于 0.05 mm	5		超差不得分	
12		56±0.20 mm(2 处)	2		超差不得分	
13						
14						
工具设备使用与维护		正确规范使用工、刃、量具，合理保养及维护	5		主观评判：不符合要求酌情扣 1～5 分	
		正确规范使用设备，合理保养及维护设备	3		主观评判：不符合要求酌情扣 1～3 分	
		操作姿势、动作正确规范	2		主观评判：不符合要求不得分	
安全及其他		安全文明生产，符合国家颁发的有关法规或企业自定的有关规定	5		主观评判：一处不符合要求扣 2 分，发生较大事故者取消考核资格	
		操作工艺规程正确规范	5		主观评判：正确满分，一处不符合要求扣 1 分	
		考件工艺规程正确规范			考件局部缺陷不得分	

准备所需的材料，见图 9-2。所需设备见表 9-2，所需工具、量具、刃具见表 9-3、表 9-4。

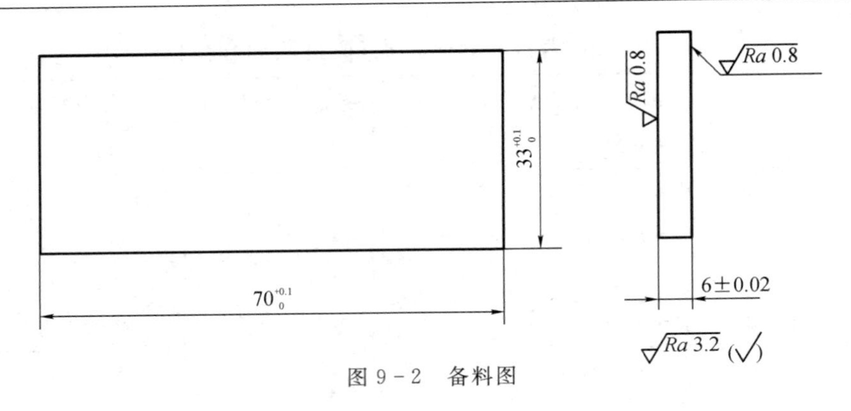

图 9-2　备料图

表 9-2　所需设备

序号	名称	规格	数量	备注
1	台钻	Z4112	1	台钻附件齐全
2	钻夹头	1～13 mm	1	
3	台虎钳	150 mm	1	
4	钳桌	2000 mm×3000 mm	1	六工位(中间设安全网)
5	划线平板	1500 mm×2000 mm	1	4 工位、蓝油
6	砂轮机	S3SL-250	1	白刚玉砂轮

表 9-3　所需工具、量具、刃具(实训场地准备)

序号	名称	规格	数量	备注
1	高度游标卡尺	0～300 mm	1	精度 0.02 mm
2	游标卡尺	0～150 mm	1	精度 0.2 mm
3	直角尺	100 mm×63 mm	1	1 级
4	平行座表(含表头)		1	精度 0.01 mm
5	外径千分尺	0～25 mm	1	精度 0.01 mm
6	外径千分尺	25～50 mm	1	精度 0.01 mm
7	外径千分尺	50～75 mm	1	精度 0.01 mm
8	游标万能角度尺	0～320°	1	精度 2′
9	钳工锉(三角锉、方锉、8×8 扁锉)	10″、8″、6″	各 1	粗、中、细
10	锯、锤子、尖錾		各 1	
11	钻头 ϕ9.8 mm、手用铰刀 ϕ10H7		若干	

续表

序号	名称	规格	数量	备注
12	塞尺、刀口形直尺 100	0.02～0.5 mm，100 mm	各 1	1 级
13	深度千分尺	0～25 mm	1	精度 0.01 mm
14	检验棒	ϕ10 mm×10 mm	1	
15	内外角样板	90°	1	
16	*Ra* 1.6 μm、*Ra* 0.8 μm 样板		各 1	

表 9-4　所需工具、量具、刃具(操作人员准备)

序号	名称	规格	数量	备注
1	软钳口		1	铜皮
2	划针		1	
3	样冲		1	
4	锯条		适量	
5	钻头	ϕ 3 mm	2	
6	金属直尺	0～150 mm	1	
7	锉刀刷		1	
8	毛刷		1	

1. 图样分析

(1) 考核要求。

① 公差要求：锉削 IT7；铰孔 IT7；配合间隙不大于 0.03 mm。

② 表面粗糙度：锉削 *Ra*1.6 μm；铰孔 *Ra*0.8 μm。

(2) 操作前准备。

① 了解技能鉴定的考核规则，按要求组织好工作场地，工、刃、量具、辅助工具摆放整齐。

② 按照备料技术要求，检查备料的各项技术指标，确定划线加工基准。

③ 编制各项操作的加工工艺步骤、加工方法及测量手段等。

2. 工艺分析

该配合件是多件配合，每个零件既是凸件，又是凹件，而且配合后，还有孔位精度要求。这四个零件图形、尺寸均相同，故可以四个一起划线，因为孔位精度要求为±0.05 mm，如四个零件锉好后再钻孔，要全部保证其精度比较困难，最好先钻、铰孔后，以孔中心线为基准加工其他尺寸。对于凸台尺寸，虽无对称度公差要求，但要达到配合要求就必须注意对称问题，故在加工中，可以用百分表来检查，不必用尺寸链换算的方法。对凹槽可互相试配，即可保证技术要求。

3. 技术要求分析

该配合件主要是尺寸公差要求较严格，故锉削时，应特别小心认真，保证尺寸公差要求；配合间隙 0.03 mm 虽较小，但只要保证每个零件的尺寸公差及形状公差都准确，就能达到技术要求；只要能保证零件对称、中心准确，配合后周边错位量就不会超差。

4. 评分标准分析

配合间隙占 30 分，这是一个主要的配分必须得到；其余每个尺寸都只有 1 分，不能粗心；丢失一个尺寸虽然只有 1 分，但它可能影响到配合分，故在锉削加工中，特别是在精锉修正时要细心；同时，可用百分表来检查四个零件的各处尺寸，应保证一致。

根据准备的量具分析可知，此题可以用多种方法进行加工，用深度千分尺来测量凸台深度，即 $16_{-0.02}^{\ 0}$ mm 时，可用一种加工方法；当没有准备深度千分尺时，要用外径千分尺，经过换算测量，又是另外一种加工方法。

根据以上分析，此题主要是用锉削来达到各项技术要求的，故在加工步骤上，都要以修正为主，同时要特别注意测量时的准确性。

5. 操作要点分析

保证孔位公差可采用精钻孔的方法，也可以以孔为基准，利用锉削方法达到孔位精度要求。根据此题情况和准备的工具情况，以孔为基准，用锉削外形来达到孔的位置精度比较好些。即：先将 ϕ10H7 的孔钻、铰好，达到孔径尺寸要求及表面粗糙度 $Ra0.8\ \mu m$ 要求后，然后以孔中心为测量基准加工另一邻边，保证孔中心到边的尺寸 16±0.05 mm。然后以孔中心为测量基准，用锉削方式保证尺寸 44±0.05 mm，同时保证对已加工邻边的垂直度要求。最后加工外形 68±0.01 mm 和 32±0.01 mm 的尺寸。这样即可保证孔位公差±0.05 mm 的技术要求，又能保证零件外形尺寸要求。同时也可保证配合后孔距 56±0.02 mm 的尺寸要求。

6. 加工工艺步骤

(1) 采用深度千分尺的测量方法。

① 检查毛坯料的尺寸及形位公差。

② 修正一对互相垂直的基准边。

③ 划 ϕ10H7 的孔位线。注意 16 mm、44 mm 两处尺寸应留有修正量。

④ 钻 ϕ9.8 mm 的孔，铰削达到 ϕ10H7。

⑤ 以孔为基准粗、细锉 68 mm×32 mm，达到技术要求(最好为上偏差)。

注意：保证孔距 16±0.05 mm 和 44±0.05 mm 的两组尺寸。

⑥ 划线：划凸、凹加工界线。

⑦ 钻工艺孔 ϕ3 mm 和凹槽处 ϕ9. 8 mm 孔。

⑧ 用锯削的方式，去掉凸台和凹槽处的余量。

⑨ 粗、精锉凸台，用深度千分尺测量两边，达到技术要求。

⑩ 粗、精锉凹槽，保证到端头 8 mm，到对边 20 mm 两处尺寸，公差为上偏差为好。

⑪ 试配各凹槽，达到技术要求。

注意：外侧面的位置公差及各面之间的配合间隙。

⑫ 全面修正，去掉装夹痕迹。

注意：修正时只能修正凹槽。

⑬ 检查尺寸及形位公差，去毛刺，打印记，涂油。

(2) 用外径千分尺的测量方法。

① 检查毛坯料的尺寸及形位公差。

② 划 ϕ10H7 的孔位线。注意，16、44 两处尺寸应留有修正量。

③ 钻 ϕ9.8 mm 的孔，铰削达到 ϕ10H7。

④ 以孔中心线为基准锉削长边，保证尺寸$16^{+0.05}_{0}$ mm。

⑤ 以孔中心线为基准锉削端面，保证尺寸$44^{+0.05}_{0}$ mm。

⑥ 以锉好的两边为划线基准，划外形尺寸界线。

⑦ 钻工艺孔 ϕ3 mm，同时，在凹槽中钻 ϕ9.8 mm 孔 1 个，靠一边为好。

⑧ 利用锯削方式，去掉凸合一个角(即凹槽边的角)。

⑨ 粗、精锉，达到尺寸$24^{0}_{-0.01}$ mm 和 56±0.01 mm 的要求，可利用百分表测量，同时可用百分表检查此面与底面的平行度误差。

⑩ 锯掉另外一个角。

⑪ 粗、精锉，达到尺寸$16^{0}_{-0.02}$ mm 和 56±0.01 mm 的要求。

⑫ 锯凹槽余料。

⑬ 粗、精锉底边和靠端面的边，用千分尺测量，保证到端面 $8^{+0.01}_{0}$ mm，到底面$20^{+0.01}_{0}$ mm。

⑭ 锉削 32 mm 尺寸，达到公差±0.01 mm。

⑮ 锉削 68 mm 尺寸，达到公差±0.01 mm。注意：四块都加工完成后进行试配。

⑯ 利用凸台和凹槽进行试配，达到凸台配合精度。注意：用锉削$16^{0}_{-0.02}$ mm 凸台的实际尺寸，来修配外形达到错位量小于或等于 0.05 mm。

⑰ 全面检查尺寸，去毛刺，打印记，涂油。

7. 注意事项

(1) 以孔为基准锉削长边时，要特别注意在钻、铰孔时，必须留有一定的修正量，否则，将无法达到孔位±0.05 mm 的技术要求。

(2) 用深度千分尺测量时，要注意测量面放置水平。特别是在只用深度千分尺的单边尺座测量时，更要注意尺座与零件外形贴紧，并放置水平。在测量尺寸时，应用棘轮测量，当测杆与被测面接触，棘轮发出“嗒嗒”声响时，即可读数。

(3) 用外径千分尺测量法加工时，应注意测量基准的选择，同时应注意计算，保证凸台的对称公差。

(4) 还可采用比较法进行测量，用百分表检查各凸台的尺寸公差，这样比较方便快捷。

任务 9.2 蝶形配合件的制作

手工制作如图 9-3 所示的蝶形配合件，材料 45 钢，时间 8 小时。考核和评分标准见表9-5。

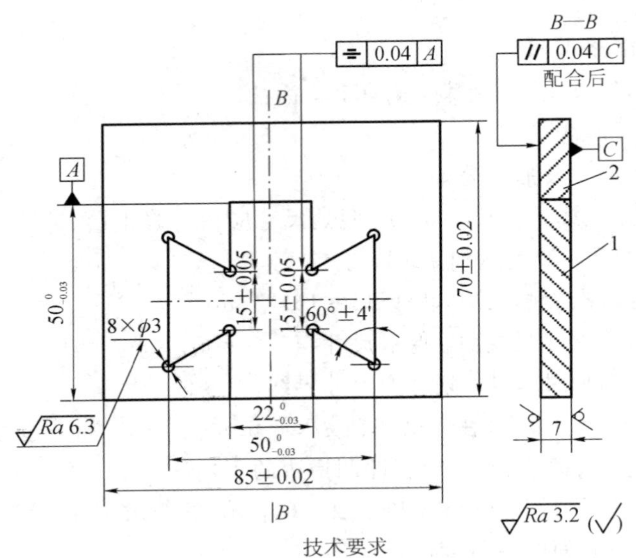

技术要求

以件1为基准，件2配件，配合互换间隙不大于0.05，下侧错位量不大于0.66。

图 9－3　蝶形配合件

表 9－5　考核和评分标准（蝶形配合件）

序号	考核项目	考试内容及要求	配分	检测结果	评分标准	备注
1	件 1	$50_{-0.03}^{\ 0}$ mm	4		超差不得分	
2		$22_{-0.03}^{\ 0}$ mm	4		超差不得分	
3		15±0.05 mm	8		超差不得分	
4		60°±4′（4 处）	8		超差不得分	
5		⌯ 0.04 A	8		超差不得分	
6		*Ra* 3.2 μm（12 处）	6		超差不得分	
7	件 2	70±0.02 mm	3		超差不得分	
8		85±0.02 mm	3		超差不得分	
9		*Ra* 3.2 μm（16 处）	8		超差不得分	
10	配合	间隙不大于 0.05 mm（22 处）	22		超差不得分	
11		错位量不大于 0.06 mm	4		超差不得分	
12		// 0.04 C	2		超差不得分	
工具设备的使用与维护		正确规范使用工、刃、量具，合理保养及维护工、刃、量具	5		主观评判：不符合要求酌情扣 1～5 分	
		正确规范使用设备，合理保养维护设备	3		主观评判：不符合要求酌情扣 1～3 分	
		操作姿势、动作正确规范	2		主观评判：不符合要求不得分	

续表

序号	考核项目	考试内容及要求	配分	检测结果	评分标准	备注
	安全及其他	安全文明生产，符合国家颁布的有关法规或企业自定的有关规定	5		主观评判：一处不符合要求扣2分，发生较大事故者取消考核资格	
		操作工艺规程正确规范	5		主观评判：正确满分，一处不符合要求扣1分	
		考件工艺规程规范			考件局部缺陷不得分	

准备所需的材料，见图 9-4。所需设备见表 9-6，所需工具、量具、刃具见表 9-7、表 9-8。

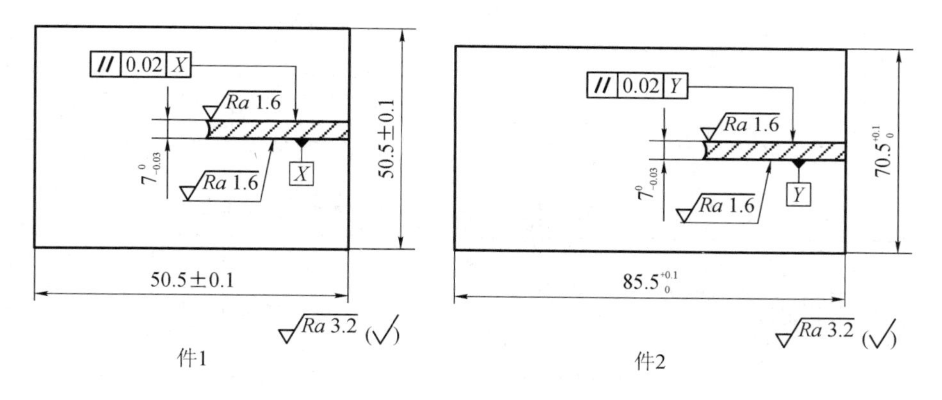

图 9-4 备料图

表 9-6 所需设备

序号	名称	规格	数量	备注
1	台钻	Z4112	1	台钻附件齐全
2	钻夹头	1～13 mm	1	
3	台虎钳	150 mm	1	
4	钳桌	2000 mm×3000 mm	1	六工位（中间设安全网）
5	划线平板	1500 mm×2000 mm	1	四工位、蓝油
6	砂轮机	S3SL—250	1	白刚玉砂轮
7	方箱		1	

表 9－7 所需工具、量具、刃具(实训场地准备)

序号	名称	规格	数量	备注
1	高度游标卡尺	0～300 mm	1	精度 0.02 mm
2	游标卡尺	0～150 mm	1	精度 0.02 mm
3	直角尺	100 mm×63 mm	1	1 级
4	平行座表(含表头)		1	精度 0.01 mm
5	外径千分尺	0～25 mm	1	精度 0.01 mm
6	外径千分尺	25～50 mm	1	精度 0.01 mm
7	外径千分尺	50～75 mm	1	精度 0.01 mm
8	游标万能角度尺	0～320°	1	精度 2′
9	钳工锉(扁锉、三角锉、方锉 8×6)	10in、8in、6in	各 1	2 号、3 号、5 号
10	锯、锤子、錾子		各 1	
11	V 形铁 120°		1	
12	检验轴	ϕ8 mm×10 mm	1	
13	塞尺，刀口形直尺	0.02～0.5 mm，100 mm	各 1	
14	整形锉		1 盒	

表 9－8 所需工具、量具、刃具(操作人员准备)

序号	名称	规 格	数量	备注
1	软钳口		1	铜皮
2	划针		1	
3	样冲		1	
4	锯条		适量	
5	钻头	ϕ3 mm，ϕ5 mm，ϕ10 mm，ϕ12 mm	各 1	
6	金属直尺	0～150 mm	1	
7	锉刀刷		1	
8	毛刷		1	

1. 图样分析

(1) 考核要求。

① 公差要求：锉削 IT7；配合间隙不大于 0.05 mm。

② 形位公差：对称度 0.04 mm；平行度 0.04 mm。

③ 表面粗糙度：锉削 Ra3.2 μm。

(2) 工艺要求分析。

该配合件是一个半封闭形式的插入配合件，以角度配合为主，同时又能进行换向配合。

需经过划线、钻孔、锯削去余料后，锉削达到图样技术要求。件 1 为凸件，件 2 为凹件，并且件 2 是以件 1 为基准配作的。件 1 的加工主要是角度及对称度，以 50 mm 的两个外形对称中心平面为设计基准，故件 1 的加工、划线、测量都无法和设计基准重合，必须采用间接测量的方法才能完成件 1 的加工。只要件 1 的尺寸及角度对设计基准的十字中心线保持一致，那么，就能在与件 2 配合后达到技术要求。根据准备工作情况来看，一无正弦规，二无成套样板，只准备了游标万能角度尺、外径千分尺等测量工具，所以操作时只能采用间接测量方法来保证尺寸的准确性和互换性，故在考虑加工步骤时，只能一步一步地加工。

(3) 技术要求分析。

技术要求配合间隙不大于 0.04 mm，而且互换后间隙不大于 0.04 mm，底边错位量不大于 0.05 mm，大平面扭曲量不大于 0.04 mm。这就要求件 1 的尺寸加工误差不能大，应控制在 0.02 mm 以内，角度误差也不能大，应控制在 2′以内，同时件 1 的形位误差也不能过大，特别是垂直于大平面的要求也都应不大于 0.02 mm 以内，这样才可以保证技术要求。故要求在加工件 1 时，应细心操作，认真测量，尽量保证形位公差、尺寸及角度误差都控制在最小范围。

(4) 评分标准分析。

件 1 配合 38 分，说明件 1(凸件)的重要性，再次提醒操作者重视；而件 2 配 14 分，主要是外形尺寸配分，故加工件 2 时，要注意外形尺寸加工；配合占 28 分，其间隙不大于0.05 mm (22 处含反转)配 22 分，即每处 1 分，应注意间隙的修配，力争保证达到要求；错位量 4 分，只要在加工中保证形位公差，是可以达到的。油光锉达到 $Ra3.2\ \mu m$ 是没有问题的。

从以上的分析看来，此试题重点在于考核如何选择对称零件的加工方法和测量方法。只要方法选择得当，又能认真细心地加工，就可达到各项技术要求。

2. 操作前的准备

(1) 了解技能鉴定的考核规则，按要求组织好工作场地，工、刃、量具、辅助工具摆放整齐。

(2) 按照备料技术要求，检查备料的各项技术指标，确定划线加工基准。

(3) 编制各项操作的加工工艺步骤、加工方法及测量手段等工艺文件。

3. 操作要点分析

件 1 燕尾的对称度加工，是根据测量工具来确定的，一般有三种方法：

(1) 用正弦规和百分表来检查时，可以一次去除所有余量进而加工成形。

(2) 用内外角度样板和尺寸样板控制的方法来加工对称燕尾。

(3) 用外径千分尺和测量柱采用间接测量方法来加工对称燕尾。

这几种方法中，第(1) 种精度高些；第(2)种考前应做几个分样板，比较麻烦；第(3)种是常用方法之一，主要问题是间接测量需通过尺寸链计算，一般用于精度较低之处。按量具准备情况来讲，只能采用第(3)种方法。

4. 加工工艺步骤

(1) 件 1 的加工步骤。

① 检查毛坯料，选择较好的一对垂直边进行修正，并作为划线基准。

② 粗、精锉 50 mm×50 mm 外形，达到垂直度、平行度和平面度误差均在 0.02 mm 以

内，尺寸加工到 50 mm 的上极限尺寸以内为好。可用百分表检查，使两组尺寸公差一致。

③ 划双燕尾的加工界线，并用 $\phi3$ mm 钻头钻出四个工艺孔。

④ 用锯削方式去掉 a 角余料，如图 9－5 所示。

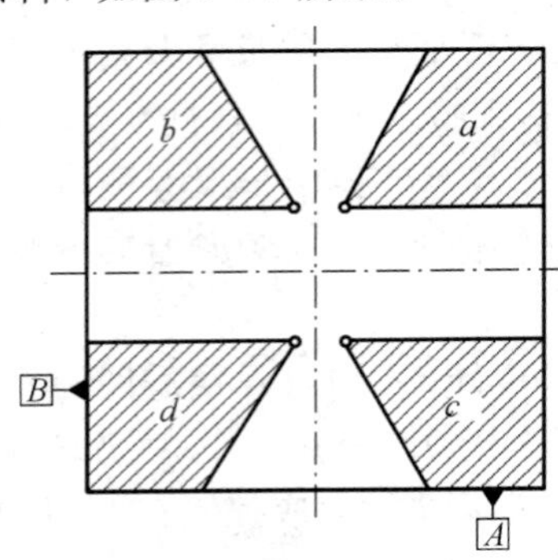

图 9－5　去掉各角余料

⑤ 粗、精锉 a 燕尾角，用外径千分尺测量到 A 边尺寸，达到技术要求，用检验轴 $\phi8$ mm和外径千分尺测量到 B 边的尺寸，达到技术要求，同时要用量角器测量 $60°\pm4'$的角度，达到技术要求。

⑥ 用锯削方式去掉 b 角余料，如图 9－5 所示。

⑦ 粗、精锉 b 燕尾角，用外径千分尺测量到 A 边尺寸，达到技术要求，用两个 $\phi8$ mm 检验轴测定燕尾中心距 15 ± 0.05 mm，达到技术要求，用量角器检查 $60°\pm4'$角度，达到技术要求，同时可用杠杆百分表校验两燕尾底边到 A 边尺寸的一致性。用 120° V 形铁检验 $60°\pm4'$燕尾两个斜边尺寸的一致性，这样两个角 $60°\pm4'$就对称了。

⑧ 重复第④步，去掉 c 角余料。

⑨ 重复第⑥、⑦、⑧步，去掉 d 角余料。注意在重复第⑧步的过程中，用百分表检验对称度时，以外形作为基准，要特别注意四个燕尾底边和斜边都能保证尺寸一致，公差越小越能保证互换精度要求。

⑩ 最后进行全面检查，去毛刺、清洗后交验。

(2) 件 2 的加工步骤。

① 检查毛坯料，修正垂直度较好的一边垂直边，作为划线基准。

② 粗、精锉外形尺寸，达到公差要求。

③ 划内燕尾线，用 $\phi3$ mm 钻头钻四个工艺孔，用 $\phi4$ mm 钻头钻排孔，并用錾子去余料。或用 $\phi12$ mm 钻头在直槽角处、两个燕尾角处各钻一个孔，用锯削方式去掉余料。

④ 粗锉内燕尾，留 0.1 mm 的精修量。

⑤ 用件 1 进行试配、修正，达到配合要求和互换要求。

⑥ 检查错位量，进行微量修正。

⑦ 全面检查各项技术要求，去毛刺、清洗、交验。

5. 注意事项

(1) 件 1 外形修正时由于尺寸加工到上偏差的附近，在修配时对某些高点修正就不会使尺寸超差。

(2) 使用检验轴和外径千分尺测量尺寸属于间接测量法，加工过程中需利用尺寸链的方法来计算尺寸公差，以便更好地保证精度。

(3) 用杠杆百分表校验尺寸时，应注意表头要垂直于工件表面，同时要多次校验，以免测量不准。

(4) 件 2 去内燕尾余料时，如用錾削方式去余料，容易使工件变形。建议最好使用锯割的方式去余料，这样可避免工件变形。

(5) 如果件 2 外形尺寸及形位公差都比较好，也可用间接测量法加工内燕尾，留下 0.02 mm 余量进行修配，这样试配时间用的会少些。但这需要根据自己的加工能力和水平而定。

(6) 在试配时，特别注意不要用锤子敲击件 1 配入，这样可能引起件 2 变形，造成配合后平行度超差。

任务 9.3　十字块配合件的制作

手工制作图 9－6 所示十字块配合件，材料 Q235，时间 6 小时。

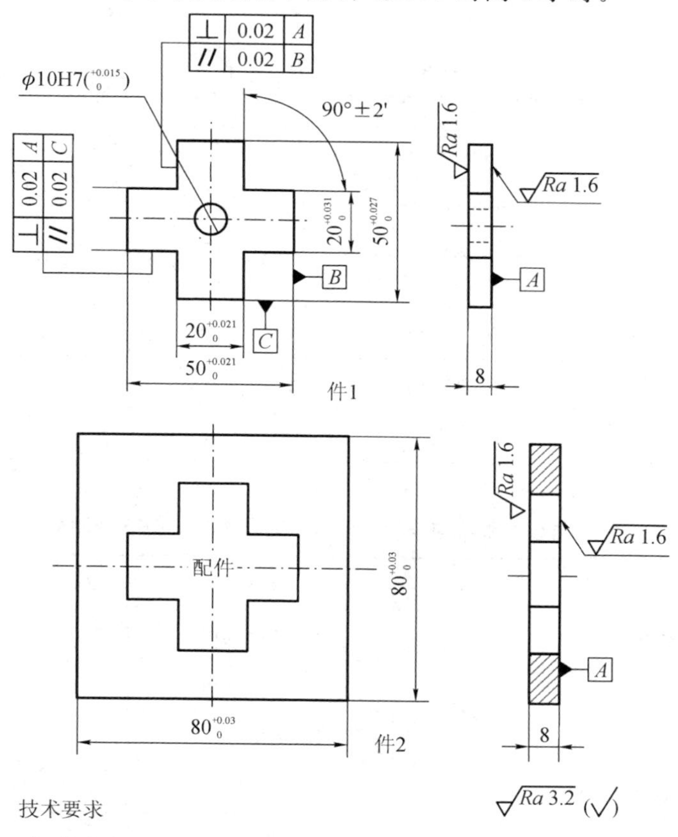

技术要求

1.件1镶嵌在件2内，其配合间隙不大于0.03 mm；件1应在件2内进行互换和反转，且配合间隙均匀，不大于0.03 mm。

2. 配合后，A面平面度误差不大于0.02 mm。

3.φ10H7孔对件2外形对称度误差不大于0.05 mm。

图 9－6　十字块配合件

所准备的材料见图 9－7。所需设备见表 9－9，所需工具、量具、刃具见表 9－10、表 9－11。

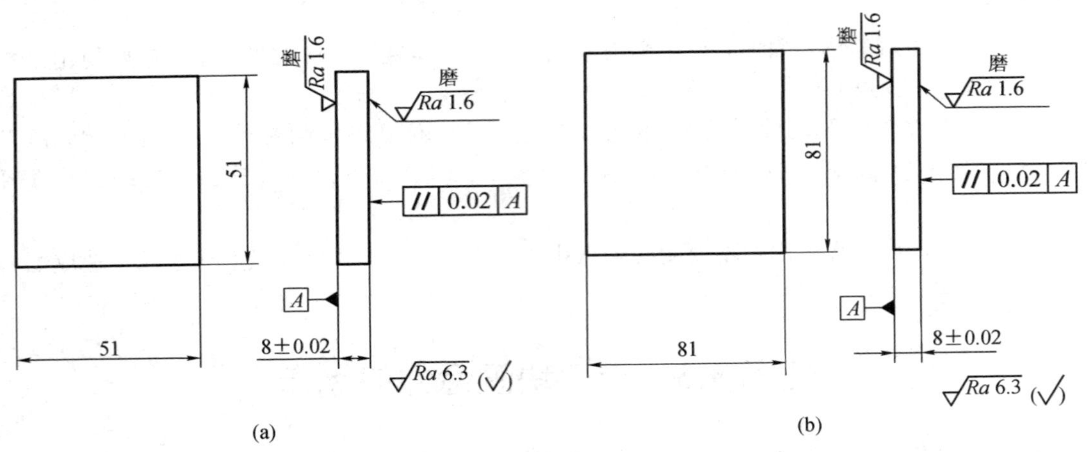

图 9－7　备料图

表 9－9　所需设备

序号	名称	规格	数量	备注
1	台钻	Z4112	1	台钻附件齐全
2	钻夹头	1～13 mm	1	
3	台虎钳	150 mm	1	
4	钳工台	2000 mm×3000 mm	1	六工位(中间设安全网)
5	划线平板	1500 mm×2000 mm	1	工位、蓝油
6	砂轮机	S3SL—250	1	白刚玉砂轮

表 9－10　所需工具、量具、刃具(实训场地准备)

序号	名称	规格	数量	备注
1	高度游标卡尺	0～300 mm	1	精度 0.02 mm
2	游标卡尺	0～150 mm	1	精度 0.2 mm
3	直角尺	100×63 mm	1	1 级
4	平行座表(含表头)		1	精度 0.01 mm
5	外径千分尺	0～25 mm	1	
6	外径千分尺	25～50 mm	1	
7	外径千分尺	50～75 mm	1	精度 0.01 mm

续表

序号	名称	规格	数量	备注
8	外径千分尺	75～100 mm	1	精度 0.01 mm
9	深度千分尺	0～25 mm	1	
10	杠杆千分尺	0～0.8 mm	1	
11	锉(扁锉、三角锉、方锉)	25 mm，28 mm	各 1	2 号、3 号、5 号
12	锯、锤、錾子		各 1	
13	量块		1	1 级
14	塞尺，刀口尺	自定	各 1	
15	磨石(三角形、圆形、扁形)		各 1	
16	钻头	ϕ4 mm、ϕ8 mm、ϕ9.8 mm、ϕ12 mm	各 1	
17	整形锉		1	
18	塞规	ϕ10H7	1	
19	手用铰刀	ϕ10H7	1	

表 9-11　所需工具、量具、刃具(操作人员准备)

序号	名称	规格	数量	备注
1	软钳口		1	铜皮
2	划针		1	
3	样冲		1	
4	锯条		适量	
5	钻头	ϕ3 mm，ϕ5 mm，ϕ10 mm，ϕ12 mm	1	
6	金属直尺	0～150 mm	1	
7	锉刀刷		1	
8	毛刷		1	

1. 图样分析

1）考核要求

(1) 尺寸公差：锉削 IT7，铰孔 IT7，配合间隙不大于 0.03 mm。

(2) 形位公差：垂直度 0.02 mm，平行度 0.02 mm。

(3) 表面粗糙度：锉削面 Ra3.2 μm，铰孔 Ra0.8 μm。

2）工艺要求分析

（1）配合件的结构分析。

此配合件是一个全封闭的配合，配合的各面间均为垂直关系。需经过划线、锯削、錾削去除余料，以锉削达到图样要求。图形中有一个中心孔，对外轮廓有对称度 0.02 mm 的要求，只要加工工艺和测量方法正确，是完全可以达到的。从试题要求上分析，件 1 为凸件，形状都是外直角，既便于测量，又便于锉削，比较好加工，易达到各项技术要求。

根据量具准备情况分析，件 1 可采用以下几种测量方法：

① 采用外径千分尺通过间接计算的测量方法。

② 采用深度千分尺直接测量的方法。

③ 采用杠杆百分表和量块作比较的测量方法。

这三种测量方法均可达到图样规定的技术要求，但加工步骤却不一样。

另外，件 1 中心有 ϕ10H7 的中心孔，虽然对件 2 的外形有对称度 0.02 mm 的技术要求，却没有标注对件 1 外形的要求，但件 1 在件 2 内配合有反转互换要求，这样就说明中心孔对件 1 也同样是有对称度 0.02 mm 的要求的，因此在考虑加工步骤时，必然要考虑 ϕ10H7 孔的对称要求。

件 2 只有外形有尺寸要求，内十字是以件 1 配作的，但配合后中心孔 ϕ10H7 的对称度有要求，说明内十字的配合必须在件 2 的中心上，也要求对称，故加工件 2 时，也要考虑好对称关系。

（2）技术要求的分析。

此配合件主要强调件 1 在件 2 内配合，间隙要小于 0.03 mm，间隙要求比较严，同时做到反转互换时的间隙相等，就说明凸件（件 1）一定要加工到公差的中差范围内，且每组尺寸、角度都要做到中差，这样才能达到配合、互换及反转要求。错位量主要是对大平面的垂直度要求，只要加工中注意垂直度，就可保证此项技术要求。

从以上分析可知，此配件主要是考核基本操作和测量方法，只要测量准确，加工步骤正确，还是容易保证各项技术要求的，关键在于不能粗心，要认真、仔细地测量和加工。根据量具准备情况，加工件 1 时三种方法均可采用，第一种方法需用尺寸链换算，需逐个角依次加工；第二种方法，不用换算尺寸，但由于测量面比较小，深度千分尺不能测量准确；第三种方法比较好，用量块和杠杆百分表作比较测量，尺寸测量精度高，测量面积大，省时。因此，最好采用第三种测量方法来确定加工步骤。

2. 操作要点分析

中心孔 ϕ10H7 对外形有对称度要求，其实是中心孔 ϕ10H7 对件 1、件 2 均有对称度要求，在加工中可以用以下几种方法：

① 用卡尺测量来保证孔的位置度要求。先进行钻孔、扩孔、铰孔完成 ϕ10H7 孔的加工，以孔中心到四周各边尺寸相等来保证孔的位置度要求，这种方法能达到的精度较低，但仍可满足要求。

② 用杠杆百分表和量块配合测量来保证孔的位置度要求。用杠杆百分表和量块定好测量尺寸，用杠杆百分表测量孔到四周各边尺寸是否正确及一致，这种方法能达到的精度较高，适用于精度要求高的零件加工。

③ 用钻孔、扩孔、铰孔的方法来保证孔的位置度。先加工好件 1 及件 2 的外形，配合

后再用划线、钻孔、扩孔、铰孔的方法来达到此题的技术要求。这种划线、钻孔、扩孔、铰孔多用于对精度要求一般的零件进行加工。

该配合件对称度要求较高，宜采用第二种方法。但最终仍需以测量工具来确定测量方法并最后决定采用哪种加工方法。

3. 加工工艺步骤

1）凸件的制作

(1) 凸件的制作方法一。

第一种制作凸件的方法，即采用外径千分尺测量的加工方法，基本步骤如图 9－8 所示。

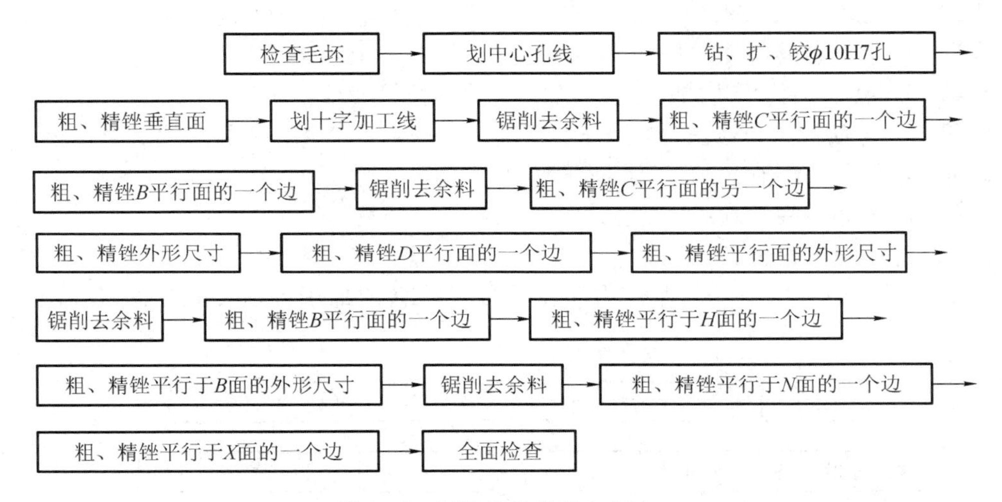

图 9－8　制作凸件的基本方法一

步骤 1：检查毛坯情况，选择一对比较好的垂直边为划线基准。

步骤 2：划中心孔 ϕ10H7 的加工线。

步骤 3：钻、扩、铰 ϕ10H7 孔达到技术要求。

步骤 4：以 ϕ10H7 孔中心为基准，粗、精锉一对垂直面 B、C。要保证中心孔到 B、C 的尺寸公差一致，最好在对称公差的 1/3 左右。

步骤 5：以 B、C 面为基准划十字加工界线。

步骤 6：用锯削方式去掉 C 面对边一个直角余料，如图 9－9(a)所示。

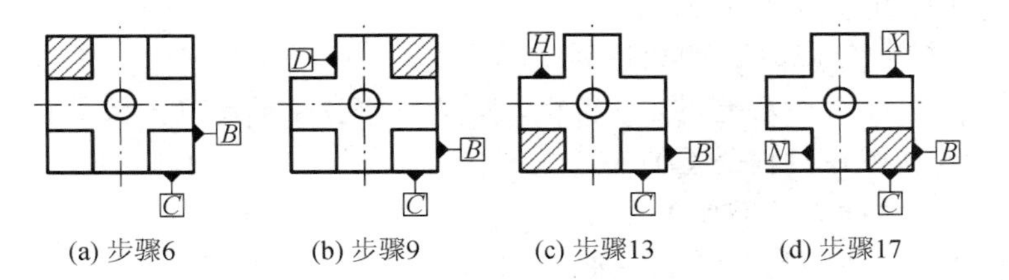

图 9－9　十字块的加工(一)

步骤 7：粗、精锉平行 C 面的一个边达到尺寸及平行 C 面的要求。

步骤 8：粗、精锉平行 B 面的一个边达到尺寸及平行 B 面的要求。

步骤 9：用锯削方式去掉 C 面对边的另一个角余料，如图 9－9(b)所示。

步骤 10：粗、精锉平行 C 面的一个边达到尺寸及平行 C 面的要求。

步骤 11：粗、精锉平行 C 面的外形尺寸达到技术要求。

步骤 12：粗、精锉平行 D 面的一个边达到尺寸及平行 D 面的要求。

步骤 13：用锯削方式去掉 B 面对边一个直角余料，如图 9－9(c)所示。

步骤 14：粗、精锉平行 B 面的一个边达到尺寸及平行 B 面的要求。

步骤 15：粗、精锉平行 H 面的一个边，达到尺寸及平行 H 面的要求。尺寸及平行度应与上一个凸台尺寸及平行度一致。

步骤 16：粗、精锉平行 B 面的外形尺寸达到技术要求。

步骤 17：用锯削方式去掉最后一个角的余料，如图 9－9(d)所示。

步骤 18：粗、精锉 N 面的一个直角底边，达到技术要求。

步骤 19：粗、精锉 X 边的一个直角底边，达到技术要求。

步骤 20：全面检查与修正，达到外形两组尺寸一致，四个直角的尺寸及形位公差均应一致。同时，校验中心孔 ϕ10H7 到外形两组尺寸的一致性。

步骤 21：清洗，去毛刺。

(2) 凸件的制作方法二。

第二种制作凸件的方法，即采用深度千分尺测量的加工方法，基本步骤如图 9－10 所示。

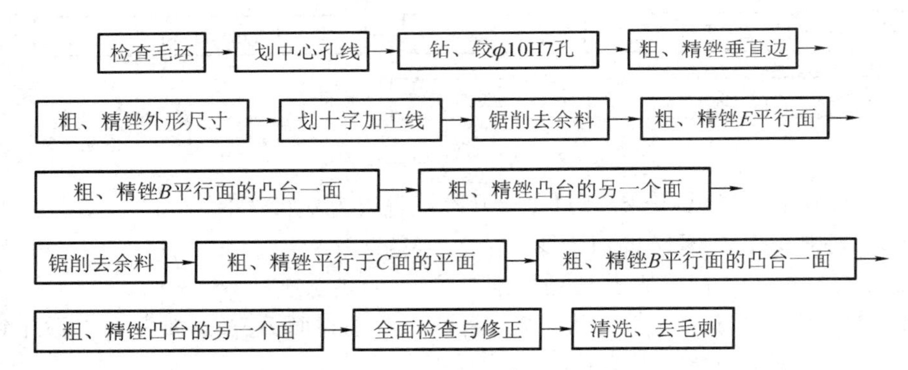

图 9－10　制作凸件的基本方法二

步骤 1：检查毛坯情况，选择一对比较好的垂直边为划线基准。

步骤 2：划中心孔 ϕ10H7 的加工线。

步骤 3：钻、扩、铰 ϕ10H7 的孔达到技术要求。

步骤 4：以 ϕ10H7 孔中心基准，进行粗、精锉一对垂直面 B、C。要保证中心孔到 B、C 的尺寸公差一致，最好在对称公差的 1/3 左右。

步骤 5：以 B、C 面为基准加工外形。

步骤 6：以 B、C 面为基准划十字加工界线。

步骤 7：用锯削方式去掉 E 面的两个直角余料，如图 9－11(a)所示。

步骤 8：粗、精锉平行 E 面的两个边，达到尺寸及平行 E 面的要求。

步骤 9：粗、精锉平行于 B 面的凸台一边的尺寸达到技术要求。

步骤 10：粗、精锉平行于 F 面的凸台一边的尺寸达到技术要求。

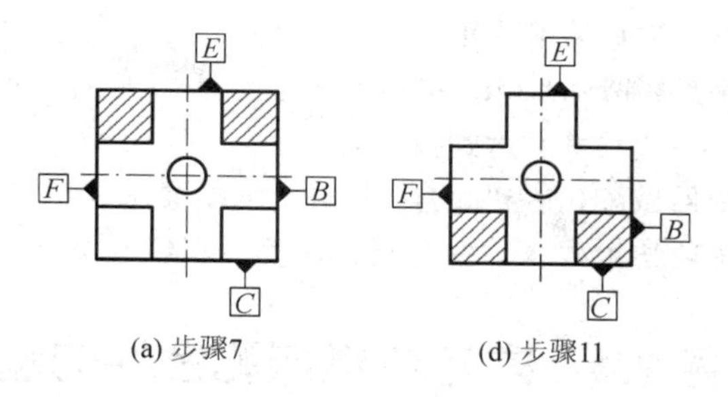

图 9 - 11　十字块的加工(二)

步骤 11：用锯削方式去掉 C 面的两个直角余料，如图 9 - 11(b)所示。可根据自己锉削情况，留锉削量 0.1～0.3 mm。

步骤 12：粗、精锉平行于 C 面的两个边，达到尺寸及平行于 C 的要求。尺寸及平行度应与 D 边的尺寸及平行度一致。

步骤 13：粗、精锉平行于 B 面的凸台一边的尺寸达到技术要求。用深度尺检查尺寸及平行度时，是以 B 面为基准进行测量，应控制到尺寸中差范围。此尺寸应控制在外形尺寸的中差范围。

步骤 14：粗、精锉平行于 F 面的凸台一边的尺寸达到技术要求。

步骤 15：全面检查与修正，达到外形两组尺寸一致，四个直角的尺寸及形位公差均应一致。同时，校验中心孔 ϕ10H7 到外形两组尺寸的一致性。

步骤 16：清洗，去毛刺。

2) 凹件的制作

凹件制作的基本方法如图 9 - 12 所示。

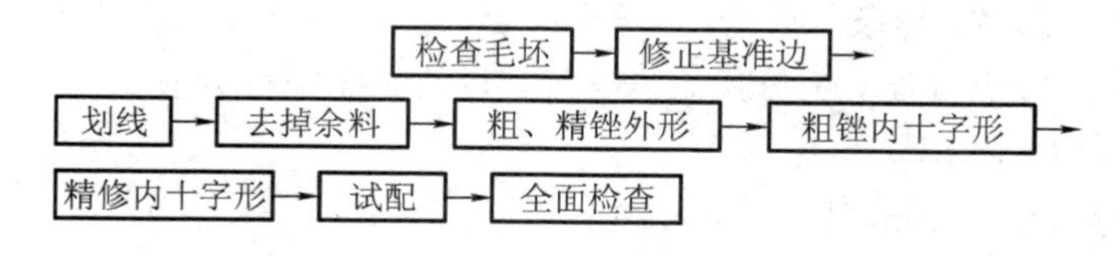

图 9 - 12　制作凹件的基本方法

步骤 1：检查毛坯情况，选择一对较好的垂直边作为基准。

步骤 2：修正基准边，使之符合技术要求。

步骤 3：以基准边为划线基准，划出内十字形加工线和外形加工线。

步骤 4：用钻孔和锯削方式去掉内十字形余料和外形余料，如图 9 - 13 所示。

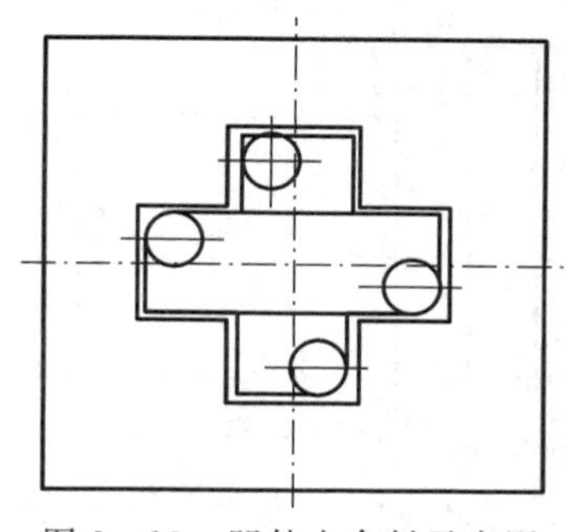

图 9 - 13　凹件去余料示意图

步骤 5：粗、精锉外形达到技术要求。

步骤 6：粗锉内十字形，留 0.1 mm 左右余料进行精加工。

步骤 7：精修内十字各边尺寸，达到技术要求。

步骤 8：用凸件与凹件试配，达到配合、反转、互换要求。

步骤 9：全面检查各项技术要求，去毛刺、清理、交验。

任务 9.4 六方体镶嵌配合件的制作

手工完成如图 9－14 所示六方体镶嵌配合件制作，材料 Q235。

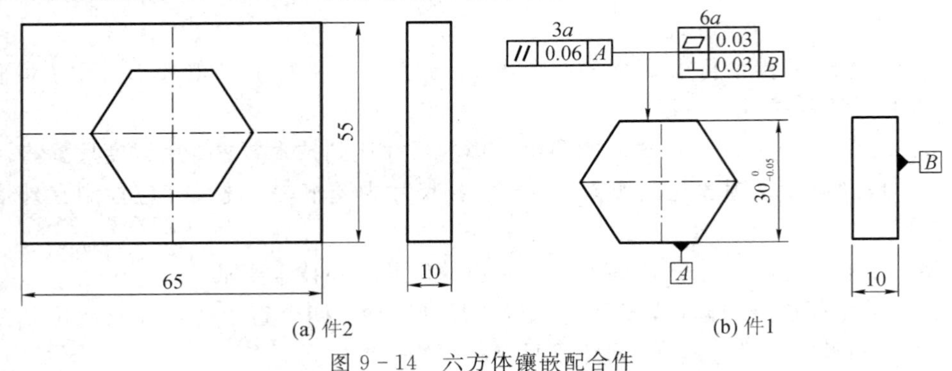

图 9－14 六方体镶嵌配合件

1. 制作准备

(1) 准备工具、量具及刀具如下：

窄錾子，锤子，锯弓，锯条，平锉，三角锉，$\phi5$ mm、$\phi6$ mm、$\phi10$ mm 麻花钻，游标高度尺，游标卡尺，刀口形直尺，千分尺，正弦规，量块，杠杆百分表。

(2) 准备材料如下：

Q235 钢，规格为 65 mm×90 mm×10 mm。

2. 制作工艺与步骤

六方体配合件属于封闭式镶配，通过此实训掌握板料制作六角体(正多边形)的加工方法、误差检测和修正方法。

检查来料合格后，将其分成两块 65 mm×55 mm×10 mm 和 65 mm×$30_{-0.05}^{\ 0}$ mm×10 mm，如图 9－15 所示，平面度、垂直度、平行度均为 0.03 mm，表面粗糙度 $Ra\leqslant3.2\mu$m。

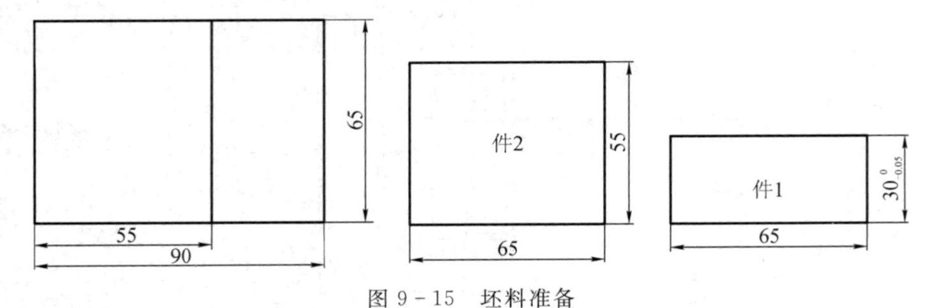

图 9－15 坯料准备

1）加工外六方体

（1）先精加工 65 mm×$30_{-0.05}^{0}$ mm 的尺寸，保证垂直度。再采用坐标法划出 a～f 六点坐标值，并划出六角形，如图 9－16 所示。

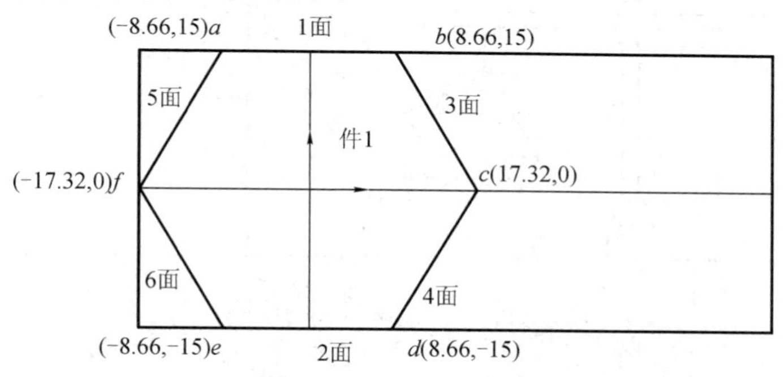

图 9－16　坐标法划线

（2）加工第 3 面(bc 面)。

① 用锯子沿两线去除右边的材料，如图 9－17 所示。

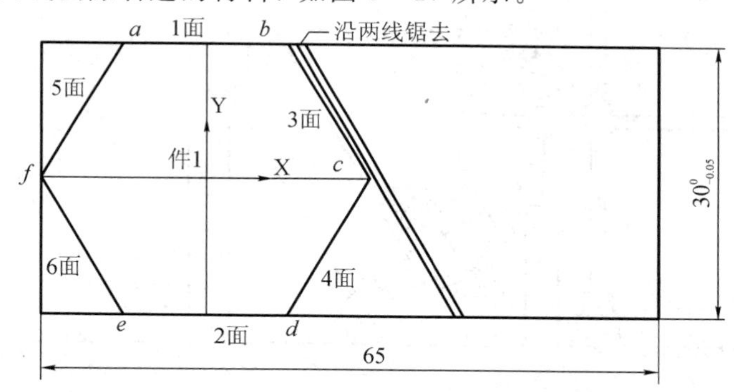

图 9－17　去除右边的材料

② 用锉刀进行锉削加工，保证第 1 面与第 3 面(b(c)g 面)的夹角为 120°，表面粗糙度 $Ra \leqslant 3.2\ \mu m$，垂直度为 0.05 mm，如图 9－18 所示。

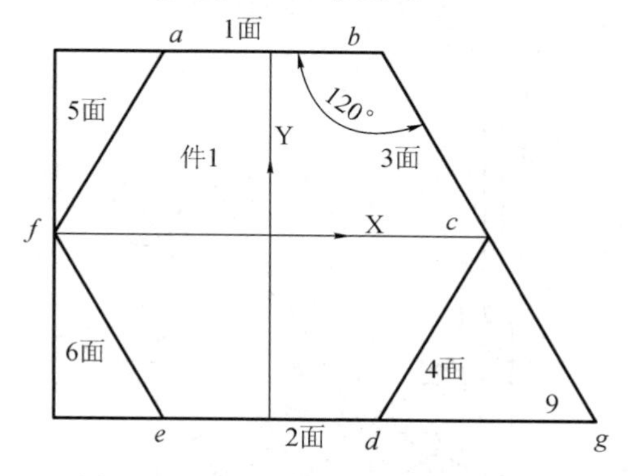

图 9－18　锉削加工第 1 面和第 3 面

③ 用正弦规、量块、百分表检测第 3 面的位置度，检测方法如图 9－19 所示。

图 9－19 中量块高度 $H=56.66$ mm，因为 $\sin\alpha=H/L$，$\alpha=60°$，正弦规长度 $L=100$ mm，所以 $H=\sin60°\times100$ mm，如图 9－20 所示。

④ 采用比较法检测第 3 面的尺寸，方法如图 9－21 所示。

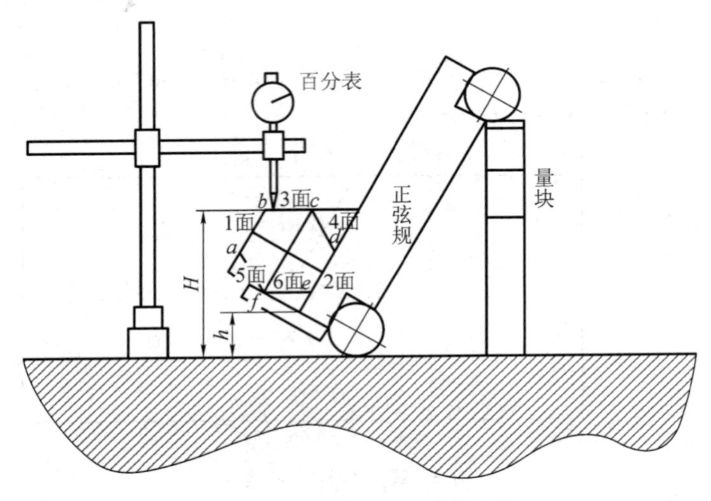

图 9－19　检测第 3 面的位置度

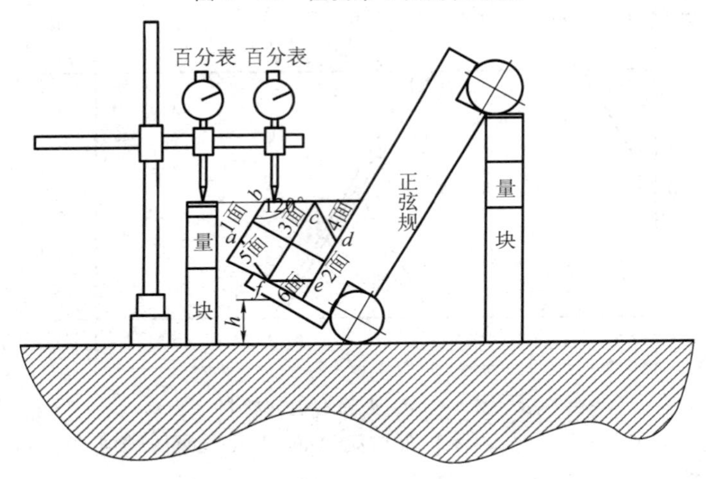

图 9－20　量块计算

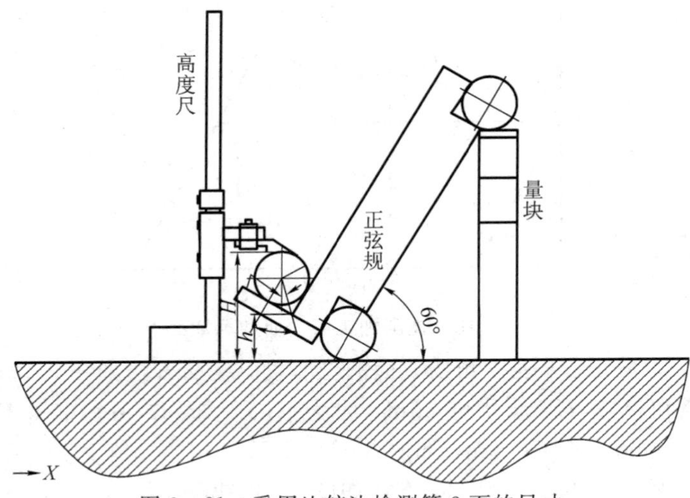

图 9－21　采用比较法检测第 3 面的尺寸

⑤ 采用比较法测量：比较百分表的浮动范围，从而检测第 3 面到底面的尺寸 M，如图 9－22 所示。

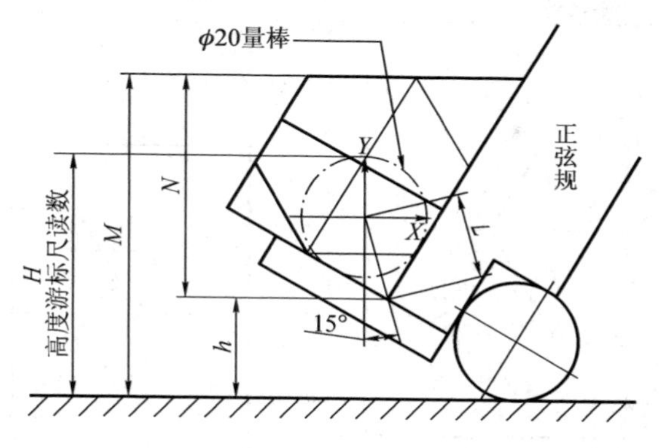

图 9－22 检测第 3 面到底面的尺寸 M

由图 9－21 可知，$h=H-\cos15°\times L-D/2$，$L=1.414\times D/2$，$M=N+h$。其中 L 为正弦规长度，D 为图中检测圆棒直径。

(3) 第 4 面的加工方法、测量方法与第 3 面相同。

特别注意的是：第 4 面的 M 值必须与第 3 面的 M 值相等，从而确定第 3 面与第 4 面的夹角为 120°。

(4) 然后加工第 5 面和第 6 面，如图 9－23 所示。

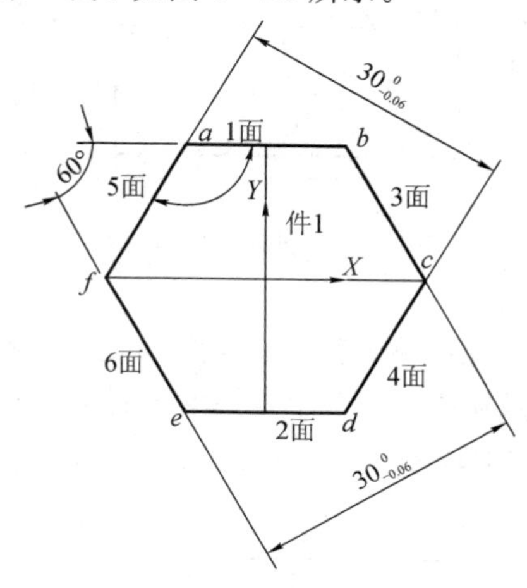

图 9－23 加工第 5 面和第 6 面

① 先加工第 5 面，控制第 6 面与第 3 面的尺寸为$30^{\ 0}_{-0.05}$ mm，与第 1 面的角度为 120°，表面粗糙度 $Ra\leqslant3.2\ \mu m$，垂直度为 0.05 mm。

② 再加工第 6 面，控制第 5 面与第 4 面的尺寸为$30^{\ 0}_{-0.05}$ mm，与第 1 面的夹角为 60°，表面粗糙度 $Ra\leqslant3.2\ \mu m$，垂直度为 0.05 mm。

(5) 最后去毛刺，复检。

2) 加工内六角体件 2(采用锉配的方法进行加工)

(1) 划线。先找正件 2 中心，再采用坐标法划出 $a\sim f$ 六点坐标值，并划出六角形，如图 9－24 所示。

(2) 钻孔。用 ϕ5 mm 或 ϕ6 mm 的钻头钻排孔，进行排料，或者用 ϕ10 mm 的钻头在坐标原点钻 3～4 个孔，易于排料，如图 9－25 所示。

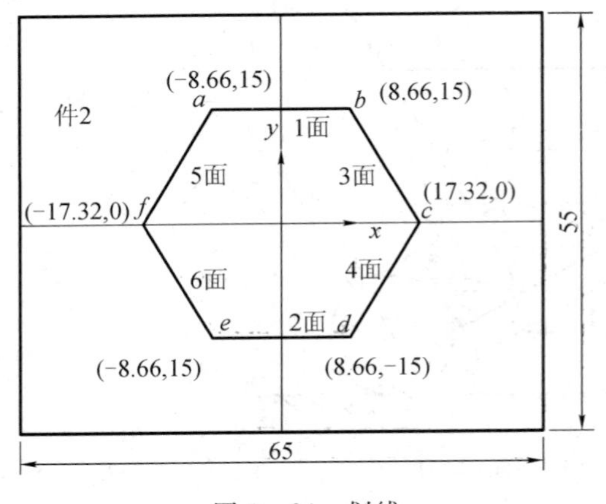

图 9－24　划线

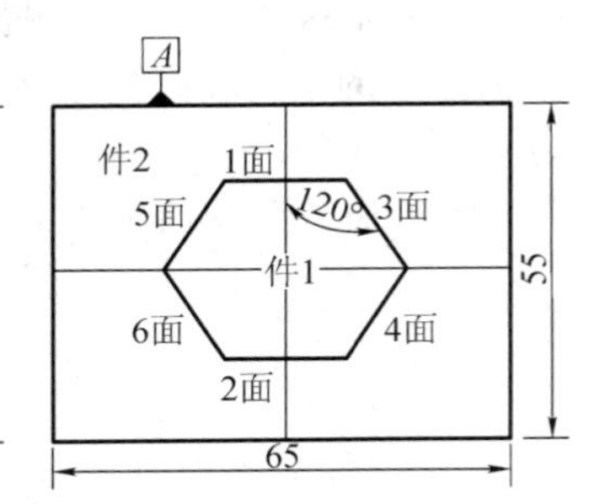

图 9－25　钻孔去除材料

(3) 排料后，粗加工划线，留 0.2 mm 的余量进行精加工锉削，如图 9－26 所示。

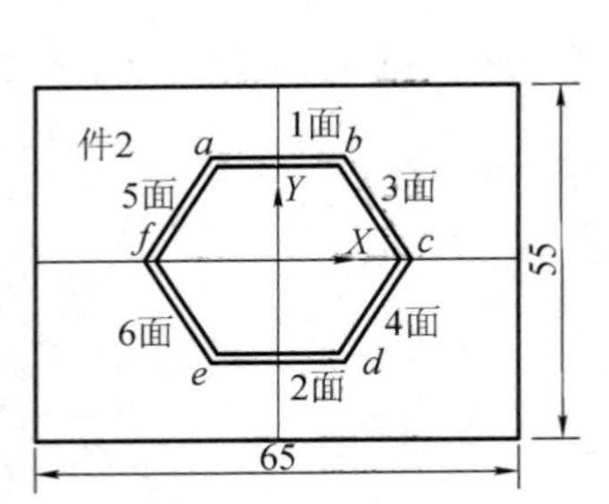

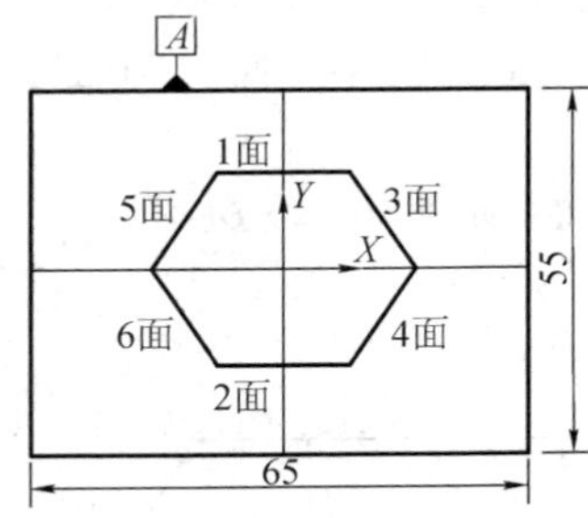

件2 1面 5面 120° 3面 件1 6面 4面 2面 55 65

图 9－26　粗加工后再划线

(4) 精加工(采用锉配法加工)。

① 先精加工件 2 第 1 面，控制第 1 面与基准面 A 的平行度。

② 然后精加工第 2 面，控制第 2 面与第 1 面的平行度、尺寸为 30 mm(配合)，用件 1 定位定向试配，如图 9－27 所示。

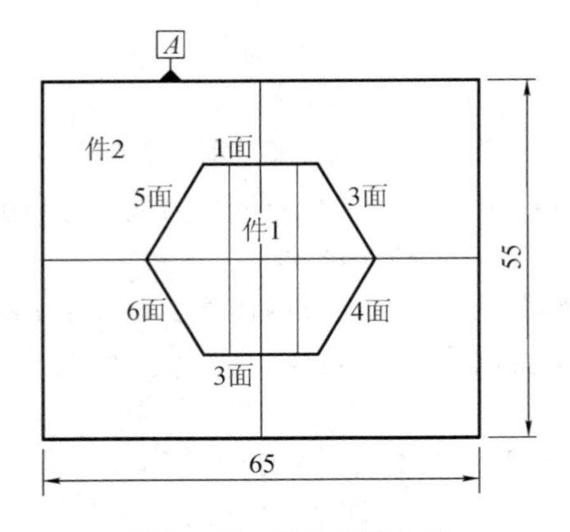

图 9－27　精加工第 2 面

③ 再精加工第 3 面，控制第 3 面与第 1 面的夹角为 120°。

④ 再精加工第 6 面，控制第 6 面与第 1 面的夹角为 60°，与第 3 面的尺寸为 30 mm(配合)，用件 1 定位定向试配，如图 9 - 28 所示。

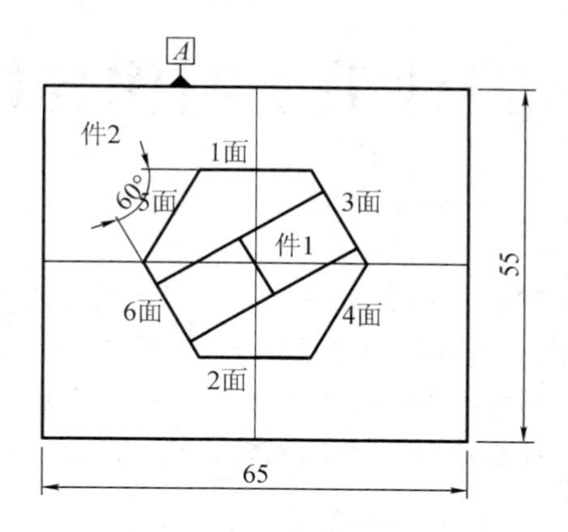

图 9 - 28　精加工第 6 面

⑤ 最后精加工第 4 面和第 5 面，如同第 3 面和第 6 面。

3）整体修配

先单面换位配合，再换向配合，修配，达到配合精度。

4）测控说明

(1) 用百分表先测量第 3 面的高度 M，再测量第 4 面的高度，看两次测量值是否相等，如果相等，则证明第 3 面和第 4 面的夹角为 120°。

(2) 正弦规是利用正弦定义测量角度和锥度等的量规，也称正弦尺。它主要由一钢制长方体和固定在其两端的两个相同直径的钢圆柱体组成。正弦规一般用于测量小于 40°的角度，在测量小于 30°的角度时，精确度可达 3″。

(3) 量块具有两个互相平行的工作面，而且工作面之间的长度尺寸非常准确，是一种结构简单、准确度高、使用方便的量具。具有专门用途的专用量块，如计量室专门检定卡尺、千分尺的成套量块，在检定工作中，使用方便，准确度高，可减少量块由于研合所造成的磨损，能大大提高检定工作效率。量块的正确使用应注意以下几点：

① 量块必须经过检定，并有合格证书。

② 检定量具的量块等级应符合规程要求。

③ 量块测量范围应能满足所检量具的需要。

④ 量块的使用必须符合温度规范。检定量具或使用量块时，应使量块或量具与工件温度尽可能一致。

项目 10 零件手工制作与检测题例

◎ 学习目标

· 按照工具钳工(中级)职业技能鉴定标准，能完成角度凸台镶配、T 字角度镶配、凸凹件暗配、圆弧梯形镶配、皮带轮样板、锥度样板副、角度量块、燕尾圆弧配合件、组合内四方配合件、六方定位组合件等简单机械零件的手工制作任务。

· 按照图纸要求，能完成接头等简单机械零件的测量。

任务 10.1 角度凸台镶配

手工完成如图 10-1 所示的角度凸台镶配，材料 Q235。

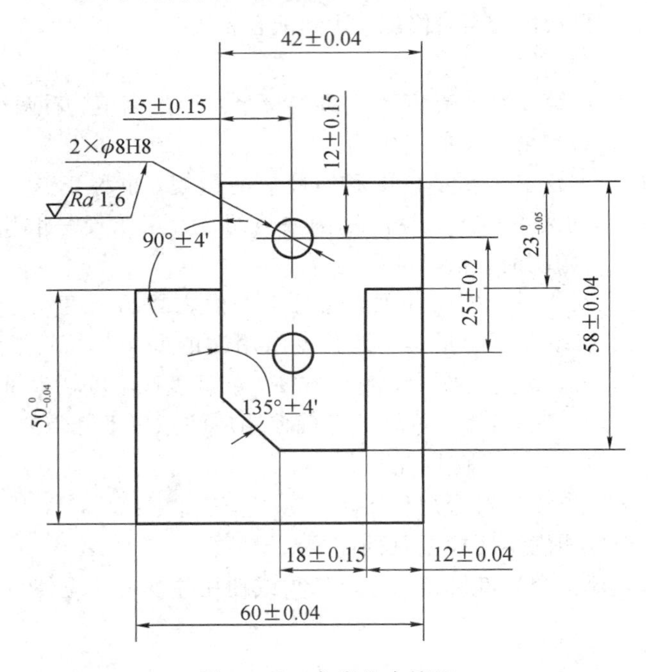

图 10-1 角度凸台镶配

1. 考核内容

(1) 所有加工表面粗糙度为 Ra3.2 μm(图中另有标注的除外)。

(2) 以凸件为基准配作凹件，配合间隙应小于或等于 0.05 mm。

(3) 单侧错位量小于或等于 0.06 mm。

(4) 去除毛刺，倒棱角 R0.3 mm。

2. 工时定额

工时定额为 5 h。

3. 安全文明生产

(1) 能正确执行安全技术操作规程。

(2) 能按企业有关文明生产的规定，做到工作场地整洁，工件、工具摆放整齐。

4. 考核标准

考核标准如表 10－1 所示。

表 10－1　考核标准(角度凸台镶配)

考核项目		项次	技术要求	配分	评分标准	实测	扣分	成绩
角度凸台镶配	凸件	1	42±0.04	3	超差无分			
		2	$23_{-0.05}^{0}$	3	超差无分			
		3	58±0.04	3	超差无分			
		4	12±0.15	3	超差无分			
		5	18±0.15	3	超差无分			
		6	135°±4′	3	超差无分			
		7	$2\times\phi 8H8$　Ra 1.6	2 处×2	1 处超差扣 2 分			
		8	12±0.04	3	超差无分			
		9	15±0.15	3	超差无分			
		10	25±0.2	3	超差无分			
	凹件	9	60±0.04	3	超差无分			
		10	$50_{-0.04}^{0}$	3	超差无分			
	配合	15	配合间隙≤0.05	5 处×4	1 处超差扣 4 分			
		16	90°±4′	5	超差无分			
		17	错位量≤0.06	4	超差无分			
		18	粗糙度 Ra1.6	4	超差无分			
职业素养		19	安全意识	10	该项成绩 18 分以上为及格			
		20	职业行为习惯	20				
考评人员				评分人员		总评成绩		
注：职业素养考核不及格(分数为 18 分以下)的，总评成绩判为不合格。								

任务 10.2　T 字角度镶配

手工制作如图 10－2 所示的 T 字角度镶配，材料 Q235。

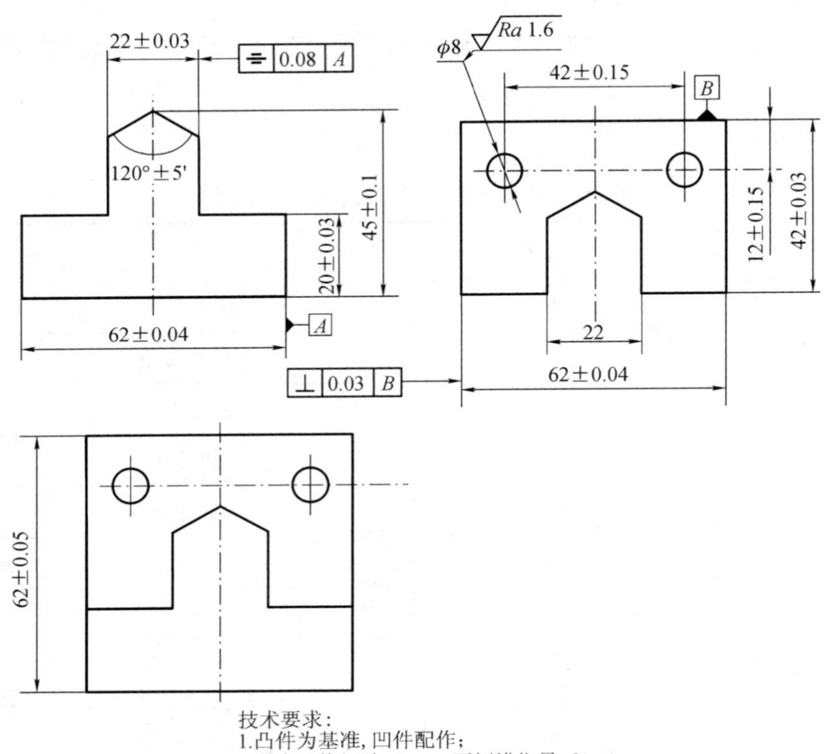

图 10－2　T 字角度镶配

1. 考核内容

（1）所有加工表面粗糙度为 *Ra*3.2 μm。

（2）以凸件为基准配作凹件，配合间隙小于或等于 0.05 mm。两侧错位量小于或等于 0.10 mm。

（3）去除毛刺，倒棱角 *R*0.3 mm。

2. 工时定额

工时定额为 5 h。

3. 安全文明生产

（1）能正确执行安全技术操作规程。

（2）能按企业有关文明生产的规定，做到工作场地整洁，工件、工具摆放整齐。

4. 考核标准

考核标准如表 10－2 所示。

表 10－2 考核标准(T字角度镶配)

考核项目		项次	技术要求	配分	评分标准	实测	扣分	成绩
T字镶配	凸件	1	62±0.04	3	超差无分			
		2	22±0.03	3	超差无分			
		3	20±0.03	3	超差无分			
		4	45±0.10	3	超差无分			
		5	对称度 0.08	3	超差无分			
		6	120°±5′	3	超差无分			
	凹件	7	62±0.04	3	超差无分			
		8	42±0.03	3	超差无分			
		9	12±0.15	3	超差无分			
		10	2×ϕ8 *Ra* 1.6	2	超差无分			
		11	42±0.15	3	超差无分			
		12	垂直度 0.03	3	超差无分			
	配合	15	配合间隙≤0.05	12 处×2	1 处超差扣 2 分			
		16	62±0.06	3	超差无分			
		17	错位量≤0.10	4	超差无分			
		18	粗糙度 *Ra*1.6	4	超差无分			
职业素养		19	安全意识	10	该项成绩 18 分以上为及格			
		20	职业行为习惯	20				
考评人员				评分人员		总评成绩		
注：职业素养考核不及格(分数为 18 分以下)的，总评成绩判为不合格。								

任务 10.3 凸凹件暗配

手工制作如图 10－3 所示凸凹件暗配，材料 Q235。

1. 考核内容

(1) 锯削处不得自行锯开，否则作为废件处理。

(2) 所有加工表面粗糙度为 *Ra*3.2 μm。

(3) 配合互换间隙应小于或等于 0.05 mm，两侧错位量小于或等于 0.06 mm。

(4) 去除毛刺，倒棱角 *R*0.3 mm。

2. 工时定额

工时定额为 5 h。

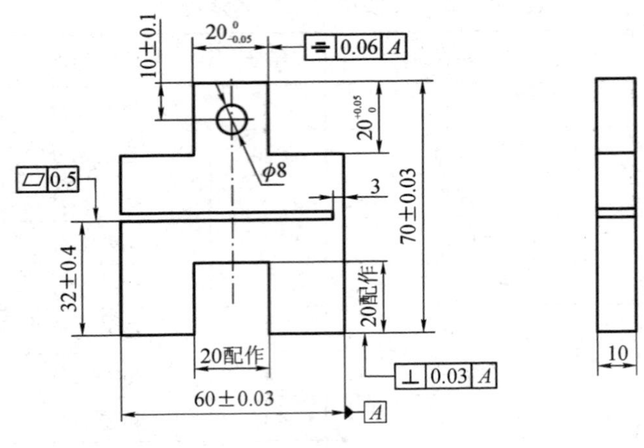

图 10－3 凸凹件暗配

3. 安全文明生产

(1) 能正确执行安全技术操作规程。

(2) 能按企业有关文明生产的规定，做到工作场地整洁，工件、工具摆放整齐。

4. 考核标准

考核标准如表 10－3 所示。

表 10－3 考核标准(凸凹件暗配)

考核项目		项次	技术要求	配分	评分标准	实测	扣分	成绩
凸凹件暗配	工件	1	70±0.03	4	超差无分			
		2	60±0.03	4	超差无分			
		3	$20_{-0.05}^{0}$	4	超差无分			
		4	$20_{0}^{+0.05}$	2 处×4	1 处超差扣 4 分			
		5	对称度 0.06	4	超差无分			
		6	垂直度 0.03	4	超差无分			
		7	锯削平面度 0.5	4				
		8	粗糙度 *Ra* 3.2	12×0.5	1 处超差扣 0.5 分			
		9	10±0.10	3	超差无分			
		10	32±0.40	3	超差无分			
	配合	11	配合间隙≤0.05	10 处×2	1 处超差扣 2 分			
		12	错位量≤0.06	2 处×3	1 处超差扣 3 分			

续表

考核项目	项次	技术要求	配分	评分标准	实测	扣分	成绩
职业素养	13	安全意识	10	该项成绩18分以上为及格			
	14	职业行为习惯	20				
考评人员			评分人员		总评成绩		
注：职业素养考核不及格(分数为18分以下)的，总评成绩判为不合格。							

任务 10.4　圆弧梯形镶配

手工制作如图 10-4 所示圆弧梯形镶配，材料 Q235。

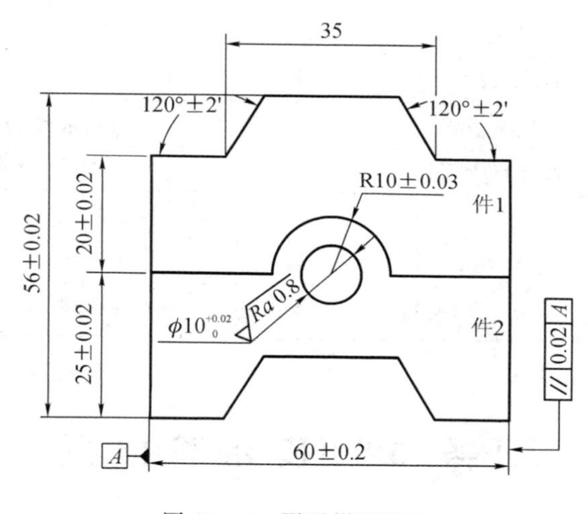

图 10-4　圆弧梯形镶配

1. 考核内容

(1) 件 2 梯形槽按件 1 配作，件 1 尺寸 $R10$ 按件 2 配作，配合间隙小于或等于 0.05 mm。

(2) 所有加工表面粗糙度为 $Ra3.2\ \mu m$，不准使用专用工、夹具加工、抛光。

(3) 去除毛刺，倒棱角 $R0.3$ mm。

2. 工时定额

工时定额为 5 h。

3. 安全文明生产

(1) 能正确执行安全技术操作规程。

(2) 能按企业有关文明生产的规定，做到工作场地整洁，工件、工具摆放整齐。

4. 考核标准

考核标准如表 10-4 所示。

表 10－4　考核标准(圆弧梯形镶配)

<table>
<tr><th colspan="2">考核项目</th><th>技术要求</th><th>配分</th><th>评分标准</th><th>实测</th><th>成绩</th></tr>
<tr><td rowspan="11">作品</td><td rowspan="2">件 1</td><td>20±0.02　2 处</td><td rowspan="11">70</td><td rowspan="11">每处超差扣 2 分，扣完为止。</td><td></td><td rowspan="11"></td></tr>
<tr><td>120°±2′　2 处</td><td></td></tr>
<tr><td rowspan="3">件 2</td><td>25±0.02　2 处</td><td></td></tr>
<tr><td>$R10\pm0.03$</td><td></td></tr>
<tr><td>$\phi\,10^{+0.02}_{0}$</td><td></td></tr>
<tr><td rowspan="6">配合</td><td>平行度 0.02</td><td></td></tr>
<tr><td>56±0.02</td><td></td></tr>
<tr><td>配合间隙≤0.05(8 处)</td><td></td></tr>
<tr><td>翻边间隙≤0.05(8 处)</td><td></td></tr>
<tr><td>错位量≤0.06</td><td></td></tr>
<tr><td>粗糙度 $Ra3.2$(20 处)</td><td></td></tr>
<tr><td colspan="2" rowspan="2">职业素养</td><td>安全意识</td><td>10</td><td rowspan="2">该项成绩 18 分以上为及格</td><td></td><td rowspan="2"></td></tr>
<tr><td>职业行为习惯</td><td>20</td><td></td></tr>
<tr><td colspan="2">考评人员</td><td></td><td>评分人员</td><td></td><td>总评成绩</td><td></td></tr>
<tr><td colspan="7">注：职业素养考核不及格(分数为 18 分以下)的，总评成绩判为不合格。</td></tr>
</table>

任务 10.5　皮带轮样板

手工制作图 10－5 所示皮带轮样板，材料 Q235。

1. 考核内容

(1) 件 2 梯形槽按件 1 配作，配合间隙小于或等于 0.05 mm。

(2) 所有加工表面粗糙度为 $Ra3.2\ \mu m$，不准使用专用工，夹具加工，抛光。

(3) 去除毛刺，倒棱角 $R0.3$ mm。

(4) 考件表面不许有敲打痕迹，如有敲击痕迹则扣 10 分。

2. 工时定额

工时定额为 5 h。

3. 安全文明生产

(1) 能正确执行安全技术操作规程。

(2) 能按企业有关文明生产的规定，做到工作场地整洁，工件、工具摆放整齐。

4. 考核标准

考核标准如表 10－5 所示。

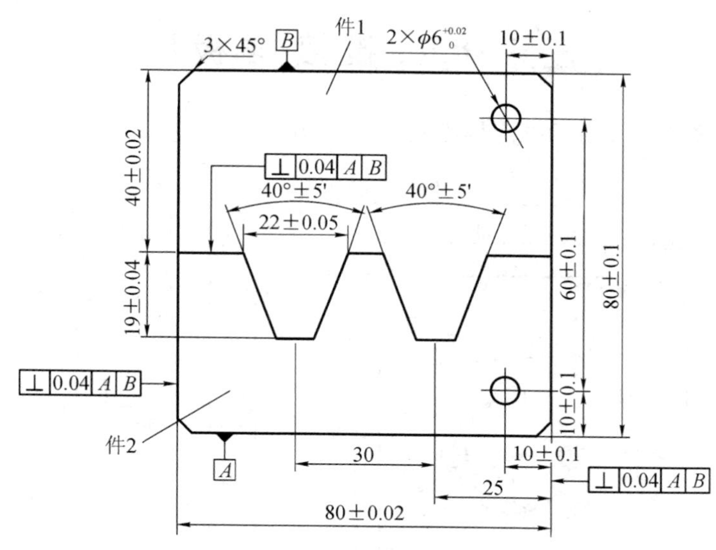

图 10-5　皮带轮样板

表 10-5　考核标准(皮带轮样板)

考核项目		技术要求	配分	评分标准	实测	成绩
作品	件 1	$\phi 6^{+0.02}_{0}$	70	每处超差扣 2 分，扣完为止。		
		40°±5′　2 处				
		10±0.1　2 处				
		3×45°　2 处				
		19±0.04				
	件 2	10±0.1　2 处				
		$\phi 6^{+0.02}_{0}$				
	配合	60±0.1				
		60±0.1				
		垂直度 0.04(4 处)				
		配合间隙≤0.05(9 处)				
		翻边间隙≤0.05(9 处)				
		错位量≤0.06				
		粗糙度 *Ra* 3.2(24 处)				
职业素养		安全意识	10	该项成绩 18 分以上为及格		
		职业行为习惯	20			
考评人员			评分人员		总评成绩	

注：职业素养考核不及格(分数为 18 分以下)的，总评成绩判为不合格。

任务 10.6　锥度样板副

手工制作如图 10－6 所示锥度样板副，材料 45 钢。

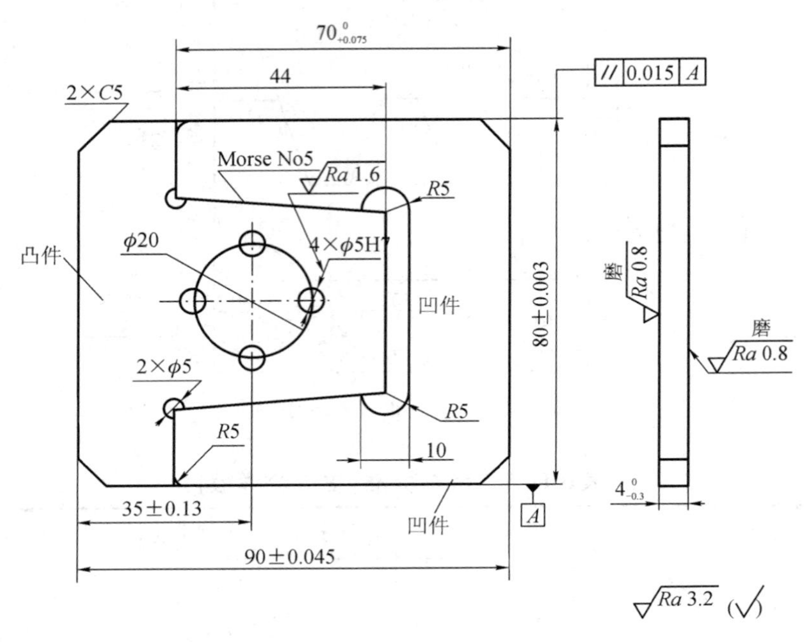

图 10－6　锥度样板副

制作要求如下：

（1）公差要求：锉削为 IT8～IT10，铰孔为 IT7。

（2）单边配合间隙：0.05 mm。

（3）形位要求：形位公差为 0.02 mm，位置公差为 0.05 mm。

（4）表面粗糙度：锉削为 Ra3.2 μm，铰削为 Ra1.6 μm。

（5）工时定额：300 分钟。

考核要求略。

任务 10.7　角度量块

手工制作如图 10－7 所示角度量块组合件，材料 CrWMn 钢。

制作要求如下：

（1）公差要求：研磨角度尺寸为自由公差。

（2）表面粗糙度：锉削为 Ra1.6 μm，研磨为 Ra0.05 μm。

（3）工时定额：8 小时。

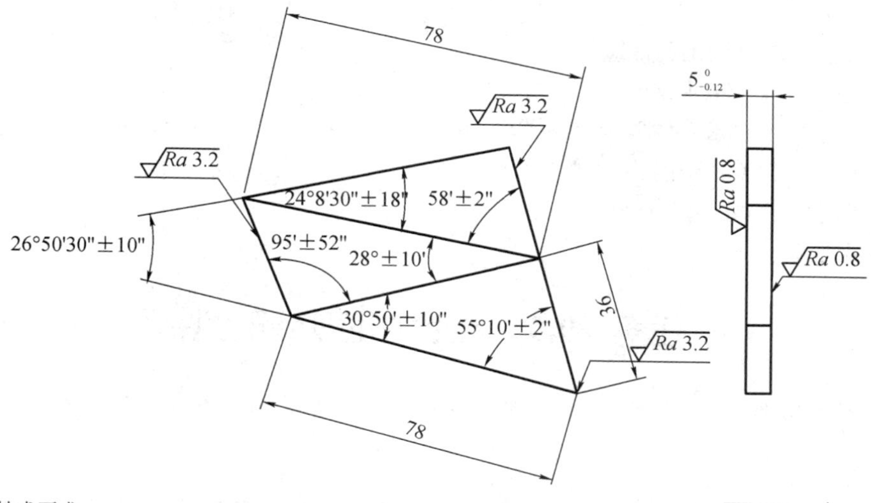

技术要求

1. 三块三角形角度块规定在一个坯料件上划线排样，然后下料加工。
2. 研磨时，应用正弦规和杠杆千分表检测其工作角度的误差值；三件如图组合后，其研合性良好

Ra 0.05 (√)

图 10－7　角度量块组合件

考核要求略。

任务 10.8　燕尾圆弧配合件

手工制作如图 10－8 所示燕尾圆弧配合件，材料 45 钢。

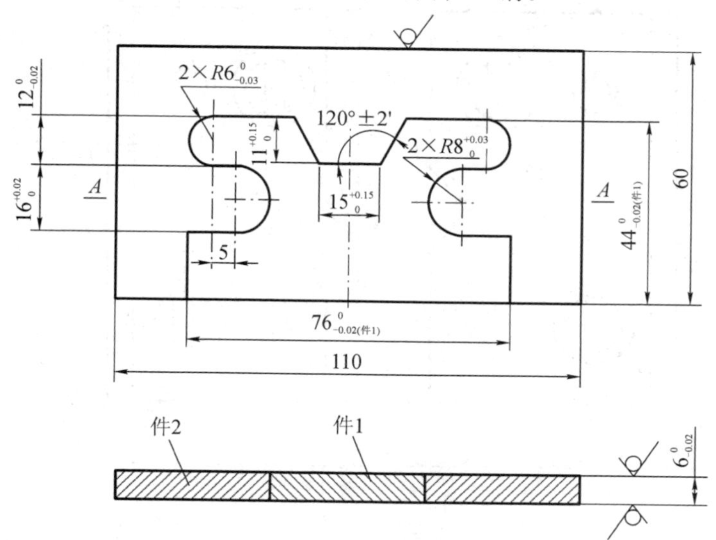

技术要求

件2按件1配作，配合互换间隙不大于0.04 mm，下侧错位量不大于0.04 mm。

Ra 3.2 (√)

图 10－8　燕尾圆弧配合件

制作要求：

(1) 公差要求：锉削为 IT7。

(2) 配合间隙：0.04 mm。

(3) 形位公差要求：位置公差为 0.02 mm。

(4) 表面粗糙度：锉削为 Ra3.2 μm。

(5) 工时定额：7 小时。

考核要求略。

任务 10.9　组合内四方配合件

手工制作如图 10－9～图 10－12 所示组合内四方配合件，材料 Q235。

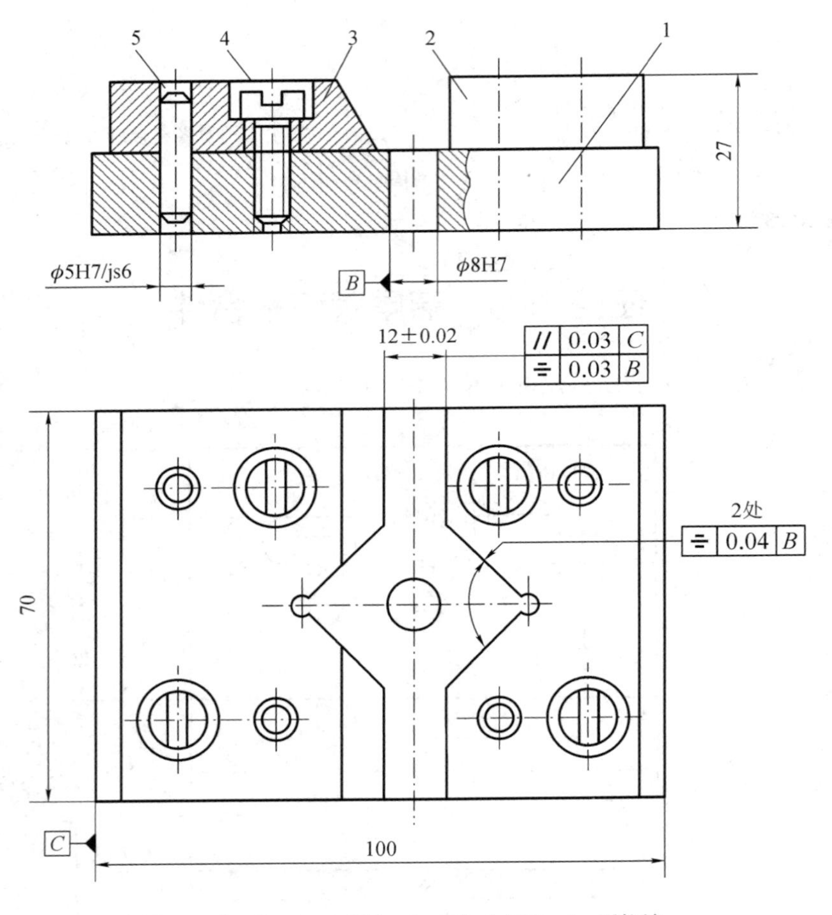

1—底板；2—右V板；3—左V板；4—圆柱头螺钉；5—圆柱销。

图 10－9　组合内四方配合件的装配图

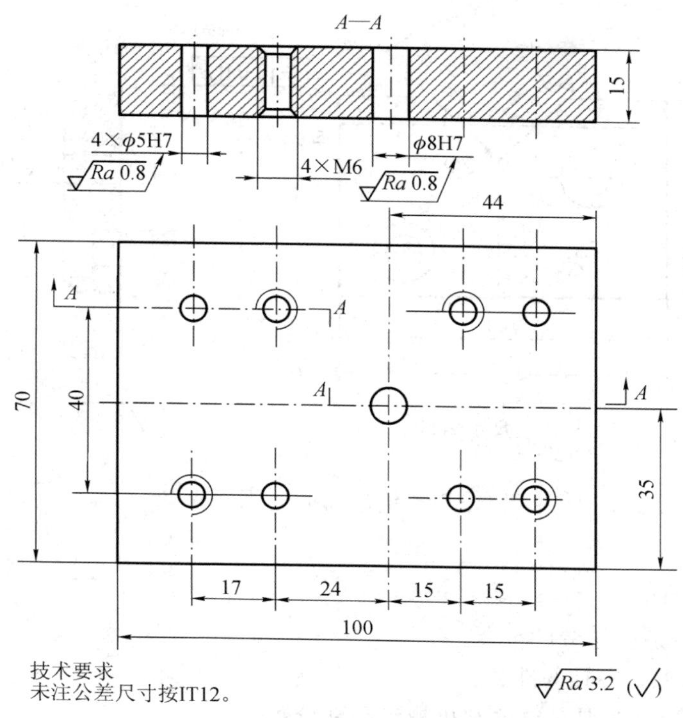

图 10 - 10　组合内四方制件的底板

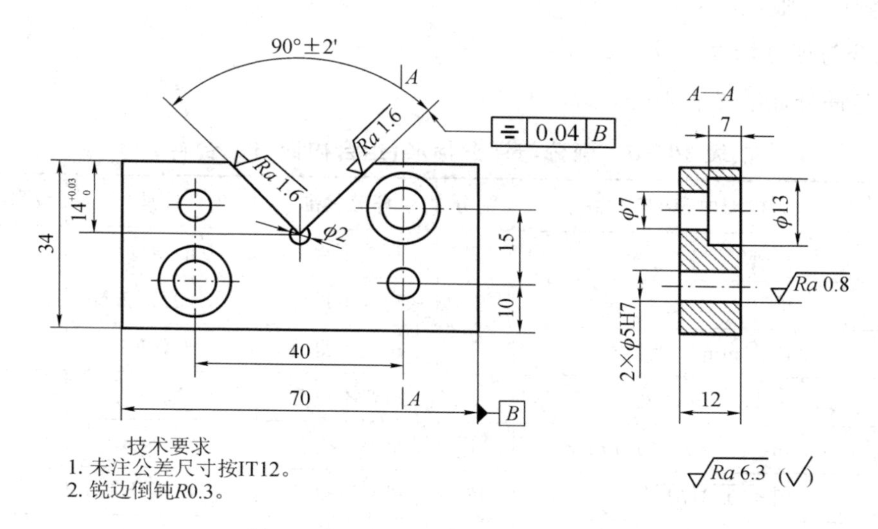

图 10 - 11　组合内四方制件的右 V 板

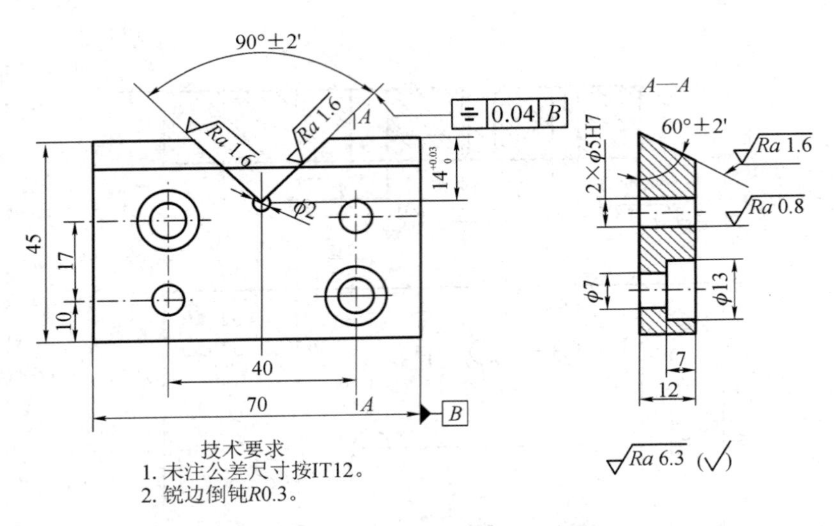

图 10－12 组合内四方制件左 V 板

1. 操作要求

(1) 熟悉考件图样。

(2) 检查毛坯是否与考件符合。

(3) 工具、量具、夹具的准备。

(4) 设备的检查(主要是电气和机械传动部分)。

(5) 划线及划线工具的准备。

(6) 安全文明生产要求的准备。

(7) 操作时限：6 小时。

2. 配分与评分标准

配分与评分标准见表 10－6。

表 10－6 配分与评分标准(组合内四方配合件)

序号	检测内容	配分	评分标准	量具	检测结果	扣分
1	60°±2′	7	超差不得分	万能角度尺		
2	90°±2′(2 处)	8	超差不得分	百分表正弦规		
3	$14^{+0.03}_{0}$ mm(2 处)	8	超差不得分	千分尺		
4	2×φ5H7 mm(2 处)	8	超差不得分	塞规		
5	10 mm、7 mm、40 mm、45 mm(2 处)	6	超差不得分	游标卡尺		
6	⌯ 0.03 B	12	超差不得分	杠杆百分表		
7	φ7 mm、φ13 mm、φ7 mm(2 处)	6	超差不得分	游标卡尺		
8	44 mm、35 mm、40 mm、17 mm	8	超差不得分	游标卡尺		
	φ8H7 mm	2	超差不得分	心轴		

续表

序号	检测内容	配分	评分标准	量具	检测结果	扣分
9	24 mm、15 mm、15 mm	5	超差不得分	游标卡尺		
10	12±0.02 mm	5	超差不得分	量块		
11	// 0.03 C	4	超差不得分	百分表		
12	⌯ 0.03 B	4	超差不得分	百分表		
13	Ra1.6 μm(6 处)	6	超差不得分	目测		
14	Ra0.8 μm(5 处)	5	超差不得分	目测		
15	安全文明生产	6	设备、工量具使用及操作中的安全要领，工作服的穿戴等	考场记录		

任务 10.10 六方定位组合件

手工制作如图 10-13～图 10-15 所示六方定位组合件，材料 Q235。

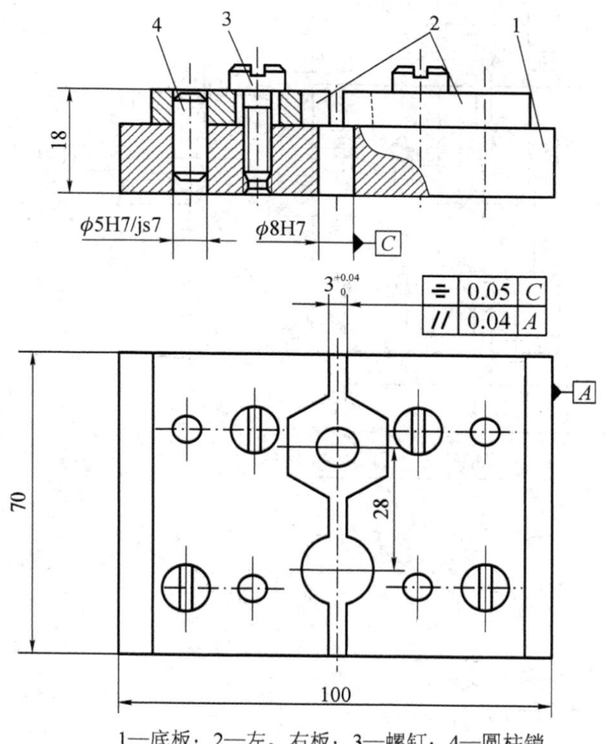

1—底板；2—左、右板；3—螺钉；4—圆柱销

图 10-13 六方定位组合件的装配图

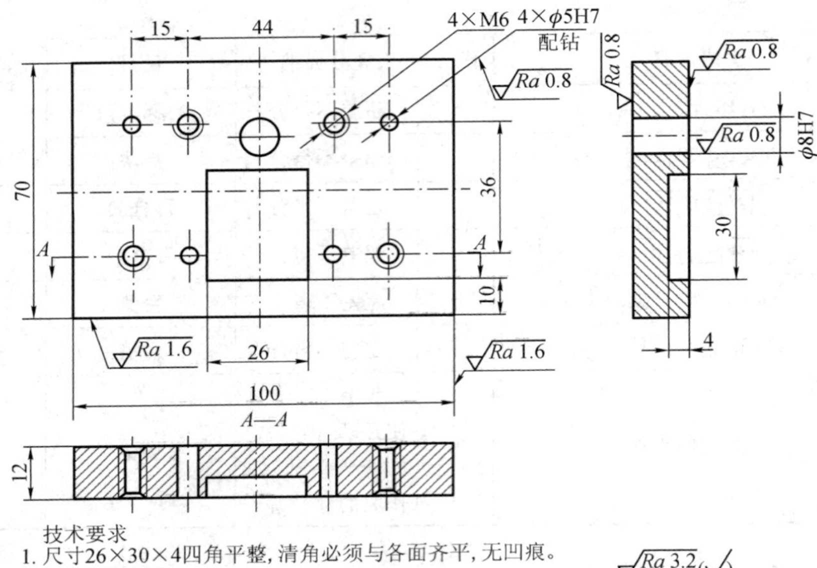

图 10-14 六方定位组合件的底板

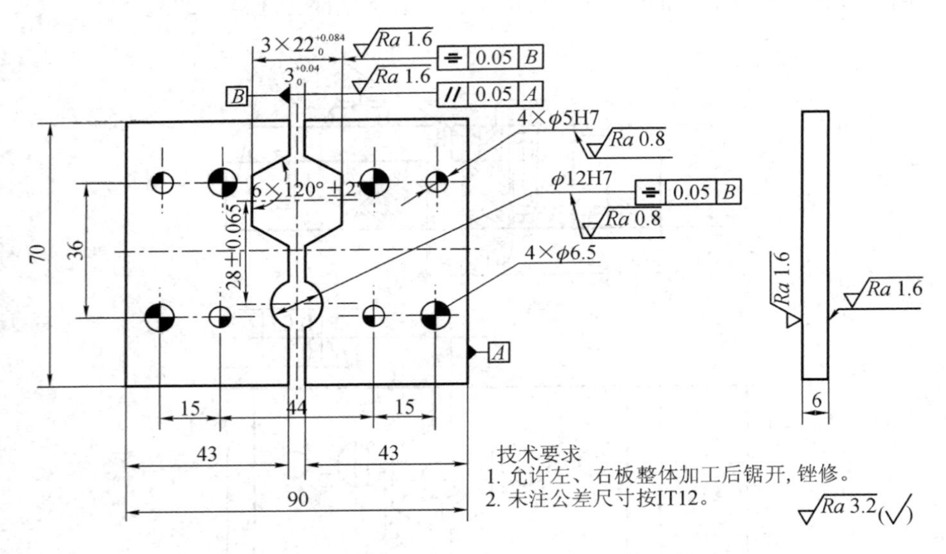

图 10-15 六方定位组合件的左、右板组合图

1. 操作要求

(1) 熟悉考件图样。

(2) 检查毛坯是否与考件符合。

(3) 工具、量具、夹具的准备。

(4) 设备的检查(主要是电气和机械传动部分)。

(5) 划线及划线工具的准备。

(6) 安全文明生产要求。

(7) 操作时间：8 小时。

2. 技术要求

(1) 采用锯、锉、钻、铰的方法制作，加工后应达到图样要求的尺寸公差。对称度公差 0.05 mm，平行度公差 0.05 mm；锉削表面粗糙度为 Ra1.6 μm，铰孔表面粗糙度为 Ra0.8 μm，其他 Ra3.2 μm。

(2) 正确执行安全技术操作规程。

(3) 应按企业有关文明生产的规定，做到工作场地整洁，工件、工具、量具等摆放整齐。

3. 考核与评分标准

考核与评分标准见表 10－7。

表 10－7　考核与评分标准(六方定位组合件)

序号	考核要求	配分	评分标准	检测结果	扣分	得分
1	ϕ8H7，Ra0.8 μm	8	超差不得分			
2	26 mm×30 mm×4 mm 四角平整，4 侧面 Ra3.2 μm	10	超差不得分			
3	15 mm(4 处)，44 mm、36 mm 各 2 处	8	超差不得分			
4	4×ϕ5H7，Ra0.8 μm	8	超差不得分			
5	6×120°±2′(6 处)	12	超差不得分			
6	$3\times22^{+0.084}_{0}$ mm，Ra1.6 μm(6 处)	12	超差不得分			
7	$3^{+0.04}_{0}$ mm(3 处)，Ra1.6 μm(6 处)	12	超差不得分			
8	28±0.065 mm	4	超差不得分			
9	ϕ12H7，Ra0.8 μm	4	超差不得分			
10	// 0.05 A	3	超差不得分			
11	⌯ 0.05 B	3	超差不得分			
12	⌯ 0.05 C	6	超差不得分			
13	外观	4	超差不得分			
14	设备、工量具使用及操作中的安全要领、工作服的穿戴等	6	根据情节酌情扣分			
总分		100	总得分			

参考文献

[1] 何建民. 钳工操作技术与窍门[M]. 北京：机械工业出版社，2006.
[2] 刘洪璞. 模具钳工实用技能[M]. 北京：机械工业出版社，2006.
[3] 门佃明. 钳工操作技术[M]. 北京：化学工业出版社，2006.
[4] 张能武. 模具钳工技能实训教程[M]. 北京：国防工业出版社，2006.
[5] 付宏生. 模具识图与制图[M]. 北京：化学工业出版社，2006.
[6] 伍先明，王群，庞佑霞，等. 塑料模具设计指导[M]. 北京：国防工业出版社，2006.
[7] 应龙泉. 模具制作实训[M]. 北京：人民邮电出版社，2007.
[8] 刘洪璞. 模具钳工实用技能[M]. 北京：机械工业出版社，2006.
[9] 苏伟，朱红梅. 模具钳工技能实训[M]. 北京：人民邮电出版社，2007.
[10] 任级三，孙承辉. 工具钳工实训与职业技能鉴定(修正版)[M]. 沈阳：辽宁科学技术出版社，2007.
[11] 陆建中，周志明. 金属切削原理与刀具[M]. 北京：机械工业出版社，2006.
[12] 温上樵，杨冰. 钳工基本技能项目教程[M]. 北京：机械工业出版社，2008.
[13] 熊建武. 机械零件的公差配合与测量[M]. 大连：大连理工大学出版社，2010.
[14] 熊建武. 模具零件的手工制作[M]. 北京：机械工业出版社，2009.
[15] 徐洪义. 装配钳工(技师、高级技师)[M]. 北京：中国劳动和社会保障出版社，2008.
[16] 陈山弟. 形位公差与检测技术[M]. 北京：机械工业出版社，2009.
[17] 甘永立. 几何量公差与检测实验指导书[M]. 6 版. 上海：上海科学技术出版社，2010.
[18] 吴五一. 模具钳工[M]. 长沙：湖南大学出版社，2009.
[19] 熊建武. 模具零件的工艺设计与实施[M]. 北京：机械工业出版社，2009.
[20] 熊建武. 模具制造工艺项目教程[M]. 上海：上海交通大学出版社，2010.
[21] 魏丽燕. 模具钳工[M]. 北京：机械工业出版社，2015.
[22] 张华. 模具钳工工艺与技能训练[M]. 北京：机械工业出版社，2006.
[23] 郑法贵. 模具钳工技能实训[M]. 北京：高等教育出版社，2017.
[24] 卢尚文，徐文庆，熊建武. 模具零件的手工制作与检测[M]. 2 版. 北京：北京理工大学出版社，2019.
[25] 熊建武，周进，郭紫贵. 钳工工艺与实训[M]. 合肥：合肥工业大学出版社，2014.
[26] 张卫民. 模具钳工技能训练[M]. 2 版. 北京：电子工业出版社，2010.
[27] 秦涵. 模具钳工训练教程[M]. 北京：化学工业出版社，2010.